普通高等教育"十三五"系列教材

嵌入式系统设计及应用

主 编 韩 洁 姚 敏 高宇鹏

副主编 王 瑞 刘 丽 黄向宇 江连海

U0232133

华中科技大学出版社
http://www.hustp.com
中国·武汉

内 容 简 介

从家用电器产品到汽车、火车和飞机的安全控制系统;从智能手机到 PDA(掌上电脑);从机械加工到生产线上的机器人、机械手;从航天飞机、载人飞船,到水下核潜艇,到处都有嵌入式系统和嵌入式技术的应用。可以说嵌入式技术是信息技术的一个新的发展,也是当前最热门的技术之一。

本书共分 10 章,主要包括以下几个部分的内容:①嵌入式系统的特点和发展情况;②ARM 技术和三星 S3C2440A 处理器结构;③ARM 汇编编程基础知识和 ARM 开发调试环境;④S3C2440A 处理器的时钟与电源管理单元,存储结构和相关存储器的使用,I/O 端口与中断控制器的使用,串行通信接口 UART 模块、IIC 总线接口和 SPI 总线接口的使用,以及 LCD 显示器接口的使用;⑤嵌入式 Linux 开发的流程和实例。

本书内容充实,体系完整,重点突出。阐述循序渐进,由浅入深。各章均安排了丰富的例题和习题,便于学生的学习。

为了方便教学,本书还配有电子课件等教学资源包,任课教师和学生可以登录"我们爱读书"网注册并浏览,任课教师还可以发邮件至 hustpeiit@163.com 索取。

本书可作为高等院校电子信息工程、通信工程、物联网工程、自动控制、电气自动化、计算机科学与技术等专业进行嵌入式系统教学的教材,也可作为工程技术人员进行嵌入式系统开发与应用的参考书。

图书在版编目(CIP)数据

嵌入式系统设计及应用/韩洁,姚敏,高宇鹏主编.—武汉:华中科技大学出版社,2019.2(2021.12 重印)
ISBN 978-7-5680-4980-1

Ⅰ.①嵌…　Ⅱ.①韩…②姚…③高…　Ⅲ.①微型计算机-系统设计-高等学校-教材　Ⅳ.①TP360.21

中国版本图书馆 CIP 数据核字(2019)第 034688 号

嵌入式系统设计及应用
Qianrushi Xitong Sheji ji Yingyong

韩 洁　姚 敏　高宇鹏　主编

策划编辑:康　序
责任编辑:狄宝珠
封面设计:孢　子
责任监印:朱　玢
出版发行:华中科技大学出版社(中国·武汉)　　　　电话:(027)81321913
　　　　　武汉市东湖新技术开发区华工科技园　　　　邮编:430223
录　　排:武汉三月禾文化传播有限公司
印　　刷:武汉市籍缘印刷厂
开　　本:787mm×1092mm　1/16
印　　张:15
字　　数:384 千字
版　　次:2021 年 12 月第 1 版第 2 次印刷
定　　价:38.00 元

前

言

前言
PREFACE

随着移动通信技术、物联网及云计算等新一代信息技术的迅猛发展,很多传统产业都开始出现新的发展。我们发现这些新的信息技术构成及其内涵,嵌入式系统技术作为新兴技术的发展基础其身影无处不在。从随身携带的 mp3、语言复读机、手机、PDA 到家庭之中的智能电视、智能冰箱、机顶盒,再到工业生产、娱乐中的机器人,无不采用嵌入式技术。

本书共分为 10 章。

第 1 章嵌入式系统概述介绍了嵌入式系统的特点和应用领域;第 2 章 ARM 技术与处理器体系结构重点讲述了 ARM 技术和 ATM 与 Thumb 工作状态下寄存器的结构,还介绍了 ARM920T 内核和处理器的结构;第 3 章 ARM 指令与汇编语言程序设计讲解了 ARM 汇编指令和汇编程序实例;第 4 章 ARM 集成开发环境介绍了常用的两种集成开发环境以及调试的方法;第 5 章时钟控制模块讲述了时钟模块配置的方法和电源管理的模式,重点介绍了 PWM 定时器和看门狗定时器以及实时时钟 RTC 模块的使用方法;第 6 章存储控制器模块讲述了嵌入式系统存储器结构和两种启动方式,重点介绍了 SDRAM 接口电路连接、Nor Flash 存储器和 Nand Flash 接口连接方法;第 7 章 I/O 端口与中断控制器模块介绍了 I/O 端口操作方法,以及中断控制器的配置实例;第 8 章串行通信接口模块介绍了常用的 UATR 接口、IIC 总线和 SPI 总线控制器的使用方法;第 9 章讲述了 LCD 控制器及其应用;第 10 章介绍嵌入式操作系统 Linux 的实践。

本书的主要特点如下。

(1)通俗易懂:满足应用型本科能力培养的需要,重点介绍了 ATM 处理器的接口电路的使用,对实践中用到的开发环境和调试方法进行讲述,每个章节尽可能简述实例的应用。

(2)体系完整:从 ARM 技术和汇编指令编程开始介绍,进一步到具体芯片的应用最后是系统的搭建和介绍了一个完整应用例程,涵盖了嵌入式系统的主要技术。

(3)技术面广:由基础理论到系统的实现,包括底层 ARM 技术,处理器使用,开发和调试环境的使用,嵌入式 Linux 系统交叉开发调试环境搭建和嵌入式驱动的开发例程的流程讲解。

　　本书由武昌首义学院韩洁、武汉东湖学院姚敏、山西农业大学信息学院高宇鹏担任主编，由哈尔滨远东理工学院王瑞、武昌首义学院刘丽和黄向宇、青岛理工大学琴岛学院江连海担任副主编。其中，第2章、第3章、第5章、第6章至第8章由韩洁编写，第4章由姚敏编写，第10章中10.1至10.3小节由高宇鹏编写，第9章中9.6至9.10小节由王瑞编写，第9章中9.1至9.5小节由刘丽编写，第1章由黄向宇编写，第10章中10.4至10.6小节由江连海编写。

　　在本书的编写过程中，我们力图全面反映嵌入式技术各方面的知识、理论、技术和实践经验。

　　同时在编写本书过程中编者尽量做到注重对学生综合应用能力的培养和训练，并注重理论联系实践，相关知识点尽可能做到深入浅出，在内容的组织和编写方法上力求新颖，在语言上力求通俗易懂。但由于编者水平有限，有待今后进一步完善。书中难免存在不妥和错误之处，恳请读者不吝赐教。

　　为了方便教学，本书还配有电子课件等教学资源包，可以登录"我们爱读书"网浏览，任课教师还可以发邮件至 hustpeiit@163.com 索取。

编　者
2021 年 12 月

目录

2

目录

3

第①章 嵌入式系统概述

1.1 嵌入式系统的发展历史及定义

人类进入 21 世纪,随着移动通信技术、物联网及云计算等新一代信息技术的迅猛发展,很多传统产业都开始出现新的发展。我们发现这些新的信息技术构成及其内涵,嵌入式系统技术作为新兴技术的发展基础其身影无处不在。

1.1.1 嵌入式系统的发展历史

嵌入式系统的产生可以追溯到 20 世纪的 70 年代,从英特尔公司推出的第一片可编程四位微处理器 4004 开始,目前有上千种型号各种类型的微处理器在实际生活中被大规模应用。

嵌入式系统发展的初级阶段是以单片机的形式出现的。20 世纪 70 年代单片机的出现,使得汽车、家电、工业机器、通信装置以及成千上万种产品可以通过内嵌电子装置来获得更佳的使用性能。最早的单片机是 Intel 公司的 8048,它出现在 1976 年。Motorola 同时推出了 68HC05,Zilog 公司推出了 Z80 系列。这些早期的单片机均含有一些低容量的存储器和简单的内部功能模块。在 20 世纪 80 年代初,Intel 又进一步完善了 8048,在它的基础上研制成功了 8051。8051 单片机的出现是嵌入式技术发展历史上的一个里程碑式的事件。迄今为止,51 系列的单片机仍然是最为成功的单片机芯片,在各种产品中有着非常广泛的应用。

51 系列单片机处理的数据字长是八位的,其内部资源也相对有限,进入 21 世纪,蓬勃发展的信息技术使得应用系统对于核心智能部件的数据处理、计算及控制能力要求越来越高,51 单片机已无法满足这种巨大的市场需求,由此,嵌入式计算机也就快速的由 8 位处理器过渡到 16 乃至 32 位处理器占据应用主流的时代,目前在市场上,以 ARM、POWERPC、MIPS 等系列的 32 位嵌入式微处理器已经成为市场主流,同时,嵌入式计算机技术仍在向更高、更快、更强的方向迅猛发展,64 位及多核并行处理器的年代即将到来。

微电子产业目前已成为许多国家优先发展的产业。以超深亚微米工艺和 IP 核复用技术为支撑的系统芯片技术是国际超大规模集成电路发展的趋势和 21 世纪集成技术的主流。嵌入式系统正是集成电路发展过程中的一个标志性成果,它把计算机直接嵌入到应用系统中,融合了计算机软/硬件技术、通信技术和微电子技术,是一种微电子产业和信息技术产业的最终产品。

1.1.2 嵌入式系统的定义

那么到底如何给嵌入式系统一个明确的定义呢?这里可以从以下两个角度来理解嵌入式系统的内涵。

1. 从应用对象的角度

根据 IEEE(国际电气和电子工程师协会)的定义:嵌入式系统是"用于控制、监视或者辅助操作机器和设备的装置"(原文为 devices used to control, monitor, or assist the operation of equipment, machinery or plants)。

2. 从计算机技术应用的角度

嵌入式系统是指以应用为中心,以计算机技术为基础,软硬件可减裁,适应应用系统对功能、可靠性、成本、体积和功耗等严格要求的专用计算机系统。

这是目前国内普遍认同的定义。它体现了"嵌入、专用性、计算机"的基本要素和特征。

嵌入式系统即时一个复杂系统的一部分,即系统中的系统,负责完成某部分特定功能,但不具备完整的系统功能。例如汽车电子控制系统就是一个很复杂的电子控制中枢系统,它包含了几十个功能模块,每个功能模块都是一个独立的嵌入式系统,完成一种独立的子功能。实际上在汽车这样复杂的控制系统里常常会有几十颗嵌入式微处理器存在。

嵌入式系统也是作为一个独立的系统存在,可实现独立完整的功能。例如,人们常随身携带的 mp3 播放器,由一颗嵌入式微处理器、音频编解码模块及液晶显示屏组成,可以完成 mp3 等数字音频格式的乐曲播放。这里的"嵌入"我们可以理解成播放软件嵌入到微处理器,使其具备了智能播放能力。

1.2 嵌入式系统特点及组成

嵌入式系统与通用计算机系统既有相似之处(运算器,控制器,存储器,输入/输出设备),也有明显区别。

1. 嵌入式系统的特点

嵌入式系统是应用于特定环境下执行面向专业领域的应用系统,所以不同于通用型计算机系统应用的多样化和实用性。它与通用计算机相比具有以下特点。

1)专用性强

嵌入式系统面向特定任务针对特定应用环境而设计的电子装置,其使用的处理器大多是为特定用户群体设计的专用处理器,软件系统和硬件的结合非常紧密,一般要针对硬件进行软件的系统移植。

2)系统精简

和通用 PC 系统比较起来,嵌入式系统的内部资源还是相对有限的,不管是 CPU 工作频率还是系统存储空间都会受到限制,不可能无止境地提高,因此嵌入式系统的软件硬件必须高效率设计,软/硬件裁减到最佳,控制系统成本,也利于实现系统安全。

3)软件代码固化存储

为了提高程序执行速度和系统可靠性,嵌入式系统的目标代码通常固化于非易失性存储器(EEPROM 和 Flash)芯片中,而不存储于外部磁盘等载体中。

4)要求高可靠性

嵌入式系统运行环境千变万化,个体差异很大,常常需要系统能在较为严酷的环境下正常工作,这就要求设计者必须保证系统的高可靠性和冗余度,其软硬件应能长时间稳定运行。

5)需要专门的开发工具和环境

由于嵌入式系统本身不具备自主开发能力,即使设计完成后,用户通常也不能对其中的程序功能进行修改。必须有一套完备的开发工具和环境才能进行开发。如 ARM 应用软件的开发需要编辑工具、编译工具、链接软件、调试软件等。

2. 嵌入式系统的基本组成

通常,嵌入式系统中的系统程序(包括操作系统)和应用程序是浑然一体的。嵌入式系统本身是一个外延性极广的名词,目前通常指的是能够运行操作系统的软硬件综合体。

总体上,嵌入式系统可以划分成硬件部分和软件部分。硬件部分一般由高性能的嵌入式处理器、存储器和外围的接口电路组成。软件部分由嵌入式实时操作系统(RTOS:realtime operating system)和运行的应用程序构成。软件和硬件之间由所谓的中间层(BSP 层,board support package 即板级支持包)连接。嵌入式系统组成框图如图 1-1 所示。

从图 1-1 可以看出,嵌入式系统由硬件和软件构成,下面介绍硬件层和软件层。

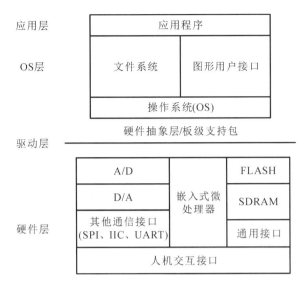

图 1-1　嵌入式系统组成框图

1) 硬件部分

嵌入式处理器是嵌入式系统的硬件核心部件,与通用处理器不同之处是它的专用性。市场主流嵌入式处理器有 ARM 系列、Power PC 系列、X86 系列等。

ARM 微处理器是目前应用领域非常广的处理器,到目前为止,ARM 微处理器及技术的应用几乎已经遍及工业控制、消费类电子产品、通信系统、网络系统、无线系统等各类产品市场,深入到各个领域。ARM 系列处理器是英国先进 RISC 机器公司(Advanced RISC Machines ARM)的产品。ARM 公司是业界领先的知识产权供应商,是 IP 核(Intellectual Property core)设计公司,采用 IP 授权的方式允许半导体公司生产基于 ARM 的处理器产品,提供基于 ARM 处理器内核的系统芯片解决方案核技术授权,不提供具体的芯片。此外,ARM 芯片还获得了许多实时操作系统供应商的支持,如 Win_CE、Linux、Vxworks、μC/OS 等。

Power PC 体系结构规范是在 20 世纪 90 年代,由 IBM,Apple 和 Motorola 公司联合开发的芯片,其架构的特点是可伸缩性好、方便灵活,Power-PC 架构处理器的主频为 25～700 MHz 不等,在能量消耗、整合程度及价格方面差异悬殊,PowerPC 市场占有率不是很高,但在通信系统的控制和管理中用得很多。

X86 是一个 Intel 通用计算机系列的标准编号缩写,也标识一套通用的计算机指令集合。X86 系列处理器包括 Intel8086、80186、80286、80386 以及 80486 以 86 结尾系列,其采用了典型的 CISC 体系结构,性能强大、速度快,常用于工控系统。

嵌入式系统外围设备是指在一个嵌入式系统硬件构成中,除了核心控制部件嵌入式微处理器以外的各种存储器、输入/输出接口、通信接口及电源时钟电路等。

存储器是计算机系统的记忆设备。它用于存放计算机的程序指令、要处理的数据、中间运算结果以及各种需要计算机保存的信息,是嵌入式系统中不可缺少的一个重要组成部分。目前常见的存储设备按使用的存储器类型分为以下几种。

(1) 静态易失型存储器(RAM,SRAM)。

(2) 动态易失型存储器(DRAM)。

(3) 非易失性存储器 ROM(MASK ROM,EPROM,EEPROM,FLASH)。

(4) 外部辅助存储器(硬盘、光盘及 SD/MMC/TF 卡等)。

其中 FLASH(闪存)以可擦写次数多、存储速度快、容量大及价格便宜等优点在嵌入式领域已得到广泛的应用。

CPU 与外部设备的连接和数据交换都需要通过接口设备来实现。这些接口设备被统称为输入/输出接口,其功能是负责实现 CPU 通过系统总线把 I/O 电路和外围设备联系在一起,实现与外围设备的信息交互。典型的输入/输出接口有 LCD 显示器接口、键盘接口及触摸屏接口等。

2）软件部分

如果把微处理器比作嵌入式系统的心脏,那么嵌入式软件则可看成是整个系统的大脑和灵魂,只有注入了具备控制和计算能力的软件思维,嵌入式系统才能真正具有类似人类的分辨判断及决策行动能力。

对于功能简单仅包括应用程序的嵌入式系统一般不使用操作系统,仅有应用程序和设备驱动程序。随着技术的发展和应用需求的不断提高,高性能嵌入式系统应用越来越广泛,嵌入式系统中操作系统使用成为必然发展趋势。

具有操作系统的嵌入式软件结构一般包含四个层面:驱动层程序、嵌入式操作系统(EOS)、操作系统的应用程序接口(API)及应用程序层。

驱动层程序是为上层软件提供设备的操作接口,上层软件不必理会外围设备的具体操作,只需调用驱动程序提供的接口即可。驱动层程序又包括硬件抽象层 HAL、板级支持包 BSP 和设备驱动程序。

硬件抽象层 HAL(hardware abstraction layer)是位于操作系统内核与硬件电路之间的接口层,其目的在于将硬件抽象化,使得嵌入式系统的设备驱动程序与硬件设备无关,从而提高系统的可移植性。

板级支持包 BSP(board support package)是介于嵌入式系统主板硬件和操作系统内部驱动程序之间的一层,是实现对操作系统的支持,为驱动程序提供访问硬件设备寄存器的函数包,使其能够更好地运行于硬件主板。主要功能是系统启动时,完成对硬件的初始化,为驱动程序提供访问硬件的手段。

设备驱动程序是为上层软件提供设备的操作接口,系统中安装设备后,只有在安装相应的设备驱动程序之后才能使用。上层软件只需调用驱动程序提供的接口,而不去理会设备具体内部操作,就能实现对设备的操作。

嵌入式操作系统(EOS)是具有存储器管理、分配、中断处理、任务调度与任务通信、定时器响应并提供多任务处理等功能的稳定的、安全的软件模块集合,是整个软件系统的核心。操作系统中提供的 API(application programming interface) 是一系列的复杂函数、消息和结构的集合,软件开发人员通过使用 API 函数,可以加快应用程序的开发,统一应用程序的开发标准。目前常见的嵌入式操作系统有 Vxworks、PSOS、Windows-CE、uC/OS 及 Linux 等。

目前免费型的嵌入式操作系统主要有 Linux 和 μC/OS-II,它们在价格方面具有很大的优势。如嵌入式 Linux 操作系统以价格低廉、功能强大、易于移植而且程序源码全部公开等优点正在被广泛采用,已成为嵌入式设备软件平台的首选。

应用程序层是实现系统各种功能的关键,好的应用软件使得同样的硬件平台能更高效的完成系统功能,使设备具有更大的经济价值。嵌入式应用层软件是建立在系统的主任务(Main Task)基础之上,针对特定的实际专业领域,基于相关嵌入式硬件应用平台的并能完成用户预期任务的计算机软件,主要通过调用系统的 API 函数对系统进行操作,完成用户应用功能开发。

 ## 1.3　嵌入式系统应用领域及发展趋势

1. 嵌入式系统应用领域

中国正处于由世界制造大国向制造强国转型升级的过程中,要求我们制造的产品具有更高的性能、丰富的功能和更高的附加值,这就促进了嵌入式技术在国民经济生活中各个层面的广泛应用,当前嵌入式系统的应用已涉及生产、工作、生活各个方面,如图1-2所示。从家用电子电器产品中的冰箱、洗衣机、电视、微波炉到 MP3、DVD;从汽车控制到火车、飞机的安全防范;从手机电话到 PDA;从医院的 B 超、CT 到核磁共振器;从机械加工中心到生产线上的机器人、机械手;从航天飞机、载人飞船,到水下核潜艇,到处都有嵌入式系统和嵌入式技术的应用。可以说它是信息技术的一个新的发展,是信息产业的一个新的亮点,也成为当前最热门的技术之一。

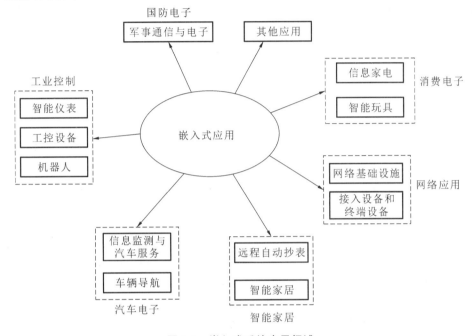

图 1-2 嵌入式系统应用领域

目前,嵌入式系统中的核心芯片大多采用的是 ARM(acorn RISC machine)微处理器。

1)消费类电子产品

消费类电子产品的销量早就超过了 PC 若干倍,并且还在以每年 10% 左右的速度增长。消费类电子产品主要包括便携音频视频播放器、数码相机、掌上游戏机等,当前最热门的消费类电子产品就是智能手机的迅猛发展了。以智能手机为代表的移动设备可谓是近年来发展最为迅猛的嵌入式行业,随着国内 5G 时代的脚步日益临近,可以预料到手机领域的软硬件都必将面临一场更大的变革。

2)信息家电

这将称为嵌入式系统最大的应用领域,冰箱、空调等的网络化、智能化将引领人们的生活步入一个崭新的空间。即使人不在家里,也可以通过电话线、网络进行远程控制,在这些设备中,嵌入式系统将大有用武之地。

3)工业控制

在过去的十几年里基于嵌入式芯片的工业自动化设备已获得长足的发展,目前已经有大量的 8、16、32 位嵌入式微控制器应用在工业生产领域中。在工业过程控制、数字机床、电力系统、电网安全、电网设备监测、石油化工系统里采用先进的嵌入式技术来实现信息化、网络化、智能化是提高生产效率和产品质量、减少人力资源的主要途径,也是实现中国制造2025 规划的必然路径。

4)军事国防

军事国防历来就是嵌入式系统的重要应用领域。20 世纪 70 年代,嵌入式计算机系统首先被应用在武器控制系统中,后来又用于军事指挥控制和通信系统,这些技术的应用极大地提高了军队的战斗力。目前,在各种武器控制装置(火炮、导弹和智能炸弹制导引爆等控制装置)、坦克、舰艇、轰炸机、陆海空各种军用电子装备、雷达、电子对抗装备、军事通信装备、野战指挥作战用各种专用设备等中,都可以看到嵌入式系统的身影。例如,使用嵌入式技术的武器就曾为美军在海湾战争中发挥重要的作用。

5) 网络应用

Internet 的发展,产生了大量网络基础设施、接入设备、终端设备的市场需求。这些设备中大量使用嵌入式系统。

6) 其他应用

各类收款机、POS 系统、电子秤、条形码阅读机、商用终端、银行点钞机、IC 卡输入设备、取款机、自动柜员机、自动服务终端、防盗系统、各种银行专业外围设备以及各种医疗电子仪器,无一不用到嵌入式系统。

2. 嵌入式系统的发展前景

信息时代、数字时代使得嵌入式产品获得了巨大的发展契机,为嵌入式市场展现了美好的前景,也对嵌入式生产厂商提出了新的挑战,从中我们可以看出未来嵌入式系统的几大发展趋势。

1) 网络互联成为必然趋势

未来的嵌入式设备为了适应网络发展的要求,必然要求硬件上提供各种网络通信接口。传统的单片机对于网络支持不足,而新一代高性能嵌入式处理器已经普遍内嵌网络接口,除了支持 TCP/IP 协议,还有的支持 IEEE1394、USB、CAN、Bluetooth 或 IrDA 通信接口中的一种或者几种,也需要提供相应的通信组网协议软件和物理层驱动软件。软件方面系统内核支持网络模块,甚至可以在设备上嵌入 Web 浏览器,真正实现随时随地用各种设备上网。

2) 嵌入式系统将在移动互联网和物联网应用中大放异彩

国家"十三五"发展规划中明确地将移动互联网和物联网技术应用作为新一代信息技术的两个重要的发展方向来推动,而无论是移动互联网中的移动智能终端还是物联网系统中的智能传感节点及数据网关,其核心技术基础就是嵌入式系统,嵌入式技术必将在这两个重要的应用方向上发挥巨大的作用。

物联网时代是嵌入式系统的网络应用时代。无线传感器网络出现后,将嵌入式系统局域物联网带入到一个全面(有线、无线)的发展时代。与此同时,嵌入式微处理器的以太网接入技术有了重大的突破,使众多的嵌入式系统、嵌入式系统局域物联网方便地与互联网相连,将互联网与嵌入式系统推进到一个全新物联网时代。

3) 嵌入式微处理器将会向多核融合技术发展

无所不在的智能必将带来无所不在的计算,大量的音视频信息、物理感知数据等需要高速的处理器来处理,面对海量数据单个处理器可能无法在规定的时间完成处理,因此引入并行计算技术采用多个执行单元同时处理信息将成为必然的发展趋势,目前含有四核乃至八核的嵌入式微处理器已在智能手机中得到广泛应用。同时更应关注的一个新的发展趋势就是,在复杂的信息处理系统中 ARM+DSP 及 ARM+FPGA 这种不同功能取向的多核融合技术也正成为业界研究的热点。

4) 精简系统内核、算法,降低功耗和软硬件成本

未来的嵌入式产品是软硬件紧密结合的设备,为了减低功耗和成本,需要设计者尽量精简系统内核,只保留和系统功能紧密相关的软硬件,利用最低的资源实现最适当的功能,这就要求设计者选用最佳的编程模型和不断改进算法,优化编译器性能。因此,既要软件人员有丰富的硬件知识,又需要发展先进嵌入式软件技术,如 Java、Web 和 WAP 等。

5) 提供友好的多媒体人机交互界面

嵌入式设备能与用户亲密接触,最重要的因素就是它能提供非常友好的用户界面。直

观漂亮的图形界面、灵活的控制方式，使得人们感觉嵌入式设备就像是一个熟悉的老朋友。这方面的要求使得嵌入式系统设计者要在人机交互界面及多媒体技术上痛下苦功。手写文字输入、语音识别输入、类windows的图形操作界面都会让使用者获得自由的感受。如苹果手机的巨大成功关键就在于苹果公司的设计师将关注点聚焦在用户的直观体验上，设计出的产品常常引领了消费新潮流。

6）向系统化方向发展

嵌入式开发是一项系统工程，因此要求嵌入式系统厂商不仅要提供嵌入式软硬件系统本身，而且需要提供强大的硬件开发工具和软件包支持。目前很多厂商已经充分考虑到这一点，在主推系统的同时，将开发环境也作为重点推广。比如三星在推广其 ARM 系列芯片的同时还提供开发板和板级支持包（BSP），而 WindowsCE 在主推系统时也提供 Embedded VC++作为开发工具，还有 Vxworks 的 Tonado 开发环境、DeltaOS 的 Limda 编译环境等等都是这一趋势的典型体现。当然，这也是市场激烈竞争的结果。

作为智能设备及终端产品的核心基础，嵌入式技术的应用已经渗透到社会工作及生活的各个领域。嵌入式技术的成熟应用，也进一步加速了物联网、智能硬件、移动互联网的产业化进程。行业调查数据显示，目前嵌入式产品应用最多的三大领域依然是"消费电子、通信设备、工业控制"，所占比例分别是 23%、17% 和 13%，三大领域所占比例之和占 53%，未来嵌入式系统将会走进 IT 产业的各个领域，成为推动整个产业发展的核心中坚力量。

目前我国对嵌入式系统设计人才需求较大的行业主要是分布在消费电子、汽车电子、医疗电子、信息家电、通信设备、手持设备、工业控制、安防监控等领域。其中消费类电子产品开发是当前最热门，是从业工程师最多的行业，占到 62%，其次是 53% 在通信通讯领域，46% 在工业控制领域。

当前，嵌入式技术研发人才需求缺口巨大。以嵌入式领域的 3G/4G 为例，目前我国的 3G/4G 核心人才不足万人，基本上都受雇在几个大型的运营商和设备厂商。市场急需的嵌入式开发人才以及 4G 时代所需的增值业务开发人才非常抢手，业内人士认为，目前嵌入式系统开发出现 30～50 万的人才缺口。随着车载电子应用、手持娱乐终端及信息家电在国内的普及，近年来国内外企业纷纷加大了对嵌入式业务的投入，相关人才需求也逐渐加大。具备较丰富的软硬件综合设计能力的嵌入式开发工程师已成为人才市场上的稀有资源。

1.4 嵌入式系统开发流程

当前，嵌入式开发已经逐步规范化，在遵循一般工程开发流程的基础上，嵌入式开发又具备了自身的一些特点。如图 1-3 所示为嵌入式系统开发的一般流程。主要包括系统需求分析（要求有严格规范的技术要求）、体系结构设计、软硬件及机械系统设计、系统集成、系统测试，最终得到可交付产品等。

嵌入式系统开发模式最大特点是软件、硬件综合开发。这是因为嵌入式产品是软硬件的有机结合体，软件针对硬件开发、固化、不可修改。

1. 系统需求分析

确定设计任务和设计目标，并提炼出设计规格说明书，作为正式设计指导和验收的标

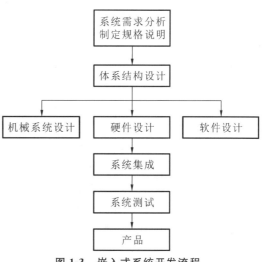

图 1-3 嵌入式系统开发流程

准。系统的需求一般分功能性需求和非功能性需求两方面。功能性需求是系统的基本功能，如输入输出信号、操作方式等；非功能需求包括系统性能、成本、功耗、体积、重量等因素。

2. 体系结构设计

描述系统如何实现所述的功能和非功能需求,包括对硬件、软件和执行装置的功能划分,以及系统的软件、硬件选型等。一个好的体系结构是设计成功与否的关键,实际工作中可采取绘制系统功能框图的方式来定义描述系统,它可以较为准确地说明系统的功能分配及体系架构。

3. 硬件/软件协同设计

基于体系结构,对系统的软件、硬件进行详细设计。为了缩短产品开发周期,设计往往采取并行的方式。嵌入式系统设计的工作大部分都集中在软件设计上,采用面向对象技术、软件组件技术、模块化设计是现代软件工程经常采用的方法。

4. 软硬件集成调试

把系统的软件、硬件和执行装置集成在一起,进行调试,发现并改进单元模块设计过程中的错误。

5. 系统功能测试

对设计好的系统进行测试,看其是否满足规格说明书中给定的功能要求,检验其是否达到系统规格的标准。

 ## 1.5 Linux 内核介绍

1. Linux 内核的概念

在 IT 术语中,内核既是操作系统的心脏,也是它的大脑,因为内核控制着基本的硬件。内核是操作系统的核心,具有很多最基本功能,如虚拟内存、多任务、共享库、需求加载、共享的写时拷贝(copy-on-write)可执行程序和 TCP/IP 网络功能。Linux 系统框图如图 1-4 所示。

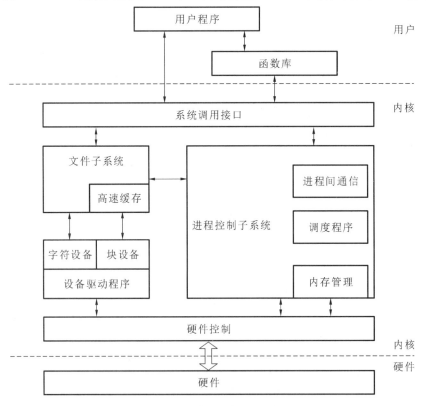

图 1-4 Linux 系统框图

一个完整可用的操作系统主要由 4 部分组成:硬件、操作系统内核、操作系统服务和用户应用程序。最上面是用户(或应用程序)空间。这是用户应用程序执行的地方。用户空间之下是内核空间,Linux 内核正是位于这里。

Linux 内核的起源可追溯到 1991 年芬兰大学生 Linus Torvalds 编写和第一次公布 Linux 的日子。尽管到目前为止 Linux 系统早已远远发展到了 Torvalds 本人之外的范围,但 Torvalds 仍保持着对 Linux 内核的控制权,并且是 Linux 名称的唯一版权所有人。自发布 Linux 0.12 版起,Linux 就一直依照 GPL(通用公共许可协议)自由软件许可协议进行授权。

Linux 内核本身并不是操作系统。它是一个完整操作系统的组成部分。Red Hat、Novell、Debian 和 Gentoo 等 Linux 发行商都采用 Linux 内核,然后加入更多的工具、库和应用程序来构建一个完整的操作系统。

2. Linux 内核的发展

自 1991 年 11 月由芬兰的 Linus Ttorvalds 推出 Linux 0.1.0 版内核至今,Linux 内核已经升级到 Linux3.5(写本文档时,www.kernel.org 发布的最新版 Linux 内核)。其发展速度是如此的迅猛,是目前市场上唯一可以挑战 Windows 的操作系统。如图 1-5 所示,内核版本发展和使用者数量呈正比的关系。

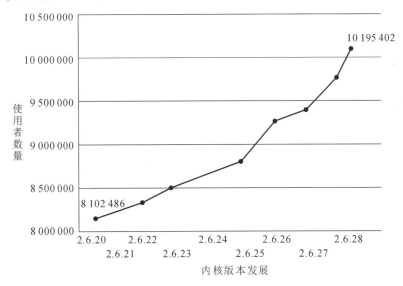

图 1-5　Linux 内核发展

Linux 内核在其发展过程中得到分布于全世界的广大 OpenSource 项目追随者的大力支持。尤其是一些曾经参与 Unix 开发的人员,他们把应用于 Unix 上的许多应用程序移植到 Linux 上来,使得 Linux 的功能得到巨大的扩展。

目前比较稳定的版本是 Linux3.16.3。在 Linux 的版本号中,第一个数为主版本号。第二个为次版本号。第三个为修订号。次版本号为偶数表明是稳定发行版本,奇数则是在开发中的版本。

随着其功能不断加强,灵活多样的实现加上其可定制的特性以及开放源码的优势,Linux 在各个领域的应用正变得越来越广泛。目前 Linux 的应用正有舍去中间奔两头的趋势,即在 PC 机上 Linux 要真正取代 Windows,或许还有很长的路要走,但在服务器市场上它已经牢牢站稳脚跟。而随着嵌入式领域的兴起更是为 Linux 的长足发展提供了无限广阔的空间。目前专门针对嵌入式设备的 Linux 改版就有好几种,包括针对无 MMU 的 uClinx 和针对有 MMU 的标准 LINUX 在各个硬件体系结构的移植版本。基于像 Exynos4412 这样的内核的 ARM-LINUX 使用了 MMU 的内存管理,对进程有保护,提高了嵌入式系统中多进程的保护能力。使用户应用程序的可靠性得以提高,降低了用户的开发难度。

 ## 1.6 本章小结

本章简述嵌入式系统定义,嵌入式系统特点及组成,嵌入式系统应用领域及发展趋势,嵌入式系统开发流程。

 ## 1.7 本章习题

1.什么是嵌入式系统?请列举几个常见的嵌入式系统。

2.嵌入式系统与通用计算机有哪些区别?

3.嵌入式系统的发展分为哪几个阶段?

4.请列举嵌入式系统的主要应用领域。

5.嵌入式系统的组成是什么?

6.嵌入式系统开发的一般流程是什么样的?

7.什么是 LINUX 内核?作用是什么? LINUX 系统的组成是什么样的?

第②章 ARM 技术与处理器体系结构

ARM(acorn RISC machine)处理器是英国 Acorn 有限公司设计的低功耗成本的第一款 RISC(reduced instruction set computer,精简指令集计算机)微处理器。

 ## 2.1　ARM 体系结构的发展历程

2.1.1　ARM 公司介绍

英国 ARM(advanced RISC machine)公司成立于 1990 年。在 1985 年 4 月 26 日,第一个 ARM 原型在英国剑桥的 Acorn 计算机有限公司诞生(在美国 VLSI 公司制造)。目前,ARM 架构处理器已在高性能、低功耗、低成本应用领域中占据领先地位。

ARM 公司是嵌入式 RISC 处理器的知识产权 IP 供应商。它为 ARM 架构处理器提供了 ARM 处理器内核(如 ARM7TDMI、ARM9TDMI、ARM10TDMI 等)和 ARM 处理器宏核(ARM720T、ARM920T /922T /940T、ARM1020E/1022E 等),由各半导体公司(ARM 公司合作伙伴)在上述处理器内核或处理器宏核基础上进行再设计,嵌入各种外围和处理部件,形成各种嵌入式微处理器(EMPU)或嵌入式微控制器(EMCU)。

2.1.2　ARM 体系的特点

1. 单周期操作

ARM 指令系统中的指令只需要执行简单的和基本的操作,因此其执行过程在一个机器周期内完成。

2. 采用加载/存储指令结构

ARM 只采用了加载和存储两种指令对存储器进行读和写的操作,面向运算部件的操作都经过加载指令和存储指令从存储器取出后预先存放到寄存器内,以加快执行速度。

3. 固定的 32 位长度指令

ARM 指令系统的指令格式固定为 32 位长度,指令译码结构简单,效率高。

4. 地址指令格式

由于编译开销大,需要尽可能优化,因此采用 3 地址指令格式,较多寄存器和对称的指令格式便于生成优化代码。

5. 指令流水线技术

ARM 采用多级流水线技术,以提高指令执行的效率;ARM7 采用冯·诺依曼体系结构的 3 级指令流水线;ARM9TDMI 采用基于哈佛体系结构的 5 级指令流水线技术;ARM10 采用 6 级指令流水线。

2.1.3　ARM 体系的发展

ARM 主要内核系列包括 ARM1、ARM2、ARM3、ARM6、ARM7、ARM8、ARM9、ARM9E、ARM10、ARM11、SecureCore、ARMCortex、StrongARM(DEC)、XScale(Intel)。

ARM 指令集版本包括 ARMv1、ARMv2、ARMv2a、ARMv3、ARMv4T、ARMv4、ARMv5TE、ARMv6、ARMv7……

其中目前仍在采用的内核系列有 ARM9、ARM9E、ARM10、ARM11、SecureCore、ARMCortex、XScale(Intel)。

ARM 芯片一般根据内核系列进行划分,每个内核系列含有若干种内核类型,如表 2-1 所示。

表 2-1 ARM 内核系列的发展版本

ARMv1	ARM1
ARMv2	ARM2
ARMv2a	ARM2aS、ARM3
ARMv3	ARM6、ARM600、ARM610
	ARM7、ARM700、ARM7500、ARM7100
ARMv4T	ARM7TDMI、ARM710T、ARM720T、ARM740T
ARMv4	StrongARM、ARM8、ARM810
ARMv4T	ARM9TDMI、ARM910T、ARM920T、ARM940T
ARMv5T	ARM10TDMI
ARMv5TE	ARM9E-S、ARM1020E
ARMv4T	ARM922T
	SecureCore:SC200、SC210
ARMv5TE	XScale(Intel)
	ARM926EJ-S
ARMv6	ARM1136J(F)-S
	ARM1156、ARM1176
ARMv7-M	ARM Cortex-M1、ARM Cortex-M3
ARMv7	ARM Cortex-A8
	ARM Cortex-R4、ARM Cortex-R4F

表 2-1 只是一个粗略的划分,部分变种版本未计入;目前采用的许多内核是在引入新技术后,对上述一些内核进行修订后的版本,具体内核型号有所不同,如表 2-2 所示。现有的 ARM 内核型号的工艺和主频(MHz)如表 2-3 所示。

根据应用目标的不同,目前的 ARM 内核分为 3 大类。

1. 应用处理器(Application Processors)类

(1) 面向无线、娱乐、数字图像等应用;

(2) 运行复杂操作系统(如 Linux、Palm OS、Win CE 等)。

2. 嵌入式处理器(Embeded Processors)类

(1) 面向嵌入式实时系统应用方向(含微控制器);

(2) 在功耗、性能、复杂度等方面比应用处理器低。

3. 安全内核(SecureCore)类

面向高安全性应用(如智能卡、SIM 卡、支付终端等)。

表 2-2 ARM 公司的内核型号

应用处理器	ARMv4T	ARM720T、ARM920T、ARM922T
	ARMv5TE	ARM1022E、ARM1026EJ-S、ARM1020E、ARM926EJ-S
	ARMv6	ARM11 MPCore、ARM1136J(F)-S、ARM1176JZ(F)-S
	ARMv7	ARM Cortex-A8
嵌入式处理器	ARMv4T	ARM7TDMI、ARM7TDMI-S
	ARMv5TE	ARM1026EJ-S、ARM946E-S、ARM966E-S、ARM968E-S、ARM996HS、ARM7EJ-S
	ARMv6	ARM1156T2(F)-S
	ARMv7-M	ARM Cortex-M1、ARM Cortex-M3
	ARMv7	ARM Cortex-R4、ARM Cortex-R4F
安全内核	ARMv4T	SecurCore SC100、SecurCore SC200

现在 ARM 基于 ARMv8 和 ARMv9 的架构推出了一种面向企业级市场的新平台标准。此外,他们还开始在物联网领域发力。需要考虑操作系统和工作负载的影响。ARM 处理器和基于 ARM 的服务器需要合适的操作系统。

表 2-3 当前一些内核型号的工艺和主频(MHz)

内核 \ 主频/工艺	0.18 μm	0.13 μm	90 nm	65nm
ARM7TDMI	115	133	236	
ARM920T、ARM922T	200	250		
ARM946E-S	166	230/200	440/230	
ARM1020E	210	325		
ARM926EJ-S	200	276/238	470/250	
ARM11 系列、ARM11 PCore			620/320	
ARM Cortex-M3	100/50	135/50	191/50	
ARM Cortex-R4		300/207	500/210	
ARM Cortex-A8				650/1100
SecurCore SC200	110			

2.2 ARM 技术

2.2.1 处理器的两种工作状态

1. 两种工作状态

ARM 指令结构包含 32 位 ARM 指令集和 16 位 Thumb 指令集。因此 ARM 处理器有两种工作状态,分别如下。

(1) ARM 状态:这种状态下执行的是 32 位字方式的 ARM 指令,要求指令满足字边界对齐。

(2) Thumb 状态:这种状态下执行 16 位半字方式的 Thumb 指令,要求指令满足半字边界对齐。

在异常处理(详见后面的 ARM 处理器的工作模式)时,必须是 ARM 状态下的 ARM 指令,如果工作于 Thumb 状态,必须将其切换到 ARM 状态,才能执行 ARM 指令。在程序执行的过程中,处理器可随时在这两种工作状态间进行切换,切换时并不影响处理器的工作模式和相应寄存器中的内容。

ARM 处理器复位后开始执行代码时总是只处于 ARM 状态,如果需要,则可通过下面的方法切换到 Thumb 状态。

2. 状态切换方法

可以利用指令在 ARM 状态和 Thumb 状态之间进行切换。两种工作状态之间切换的具体方法如下。

1)由 ARM 状态进入 Thumb 状态

当操作数寄存器 Rm 的状态位 bit[0]为 1 时,执行 BX Rm 指令进入 Thumb 状态(指令详细介绍见第 3 章)。

2)由 Thumb 状态进入 ARM 状态

当操作数寄存器 Rm 的状态位 bit[0]为 0 时,执行 BX Rm 指令进入 ARM 状态。当处理器进行异常处理时,则从异常向量地址开始执行,系统将自动进入 ARM 状态。

例 2-1 状态的切换举例。

```
                ;从 ARM 状态切换到 Thumb 状态
LDR    R0,= Lable+ 1     ;R0 的 bit[0]= 1
BX     R0                ;跳转到 Lable 处执行,状态切换到 Thumb 状态
                ;从 Thumb 状态切换到 ARM 状态
LDR    R0,= Lable        ;R0 的 bit[0]= 1
BX     R0                ;跳转到 Lable 处执行,状态切换到 Thumb 状态
```

ARM 和 Thumb 之间状态的切换不影响处理器的模式或寄存器的内容。ARM 处理器在开始执行代码时,只能处于 ARM 状态。

值得注意的是所有的异常都是 ARM 状态下进行,如果处理器在 Thumb 状态进入异常,则当异常处理(IRQ、FIQ、Undef、Abort 和 SWI)返回时,自动切换到 Thumb 状态。

2.2.2 体系结构支持的数据类型

1. ARM 处理器支持下列数据类型

ARM 微处理器中支持字节(8 位)、半字(16 位)、字(32 位)3 种数据类型,其中字需要 4 字节对齐(地址的低两位为 0)、半字需要 2 字节对齐(地址的最低位为 0)。每一种又支持有符号数和无符号数,因此认为共有 6 种数据类型。

如果是 ARM 指令,则必须固定长度,使用 32 位指令,且必须以字为边界对齐;如果是 Thumb 指令,则指令长度为 16 位,必须以 2 字节为对齐。

除了数据传送指令支持较短的字节和半字的数据类型外,在 ARM 内部所有的操作都是面向 32 位操作数的。当从储存器调用一个字节或半字时,根据指令对数据的操作类型,将其无符号或有符合的符合自动扩展成 32 位,进而作为 32 位数据在内部进行处理。

2. 存储格式

存储一个字(32 位)的地址空间规则(数据的存储格式)如表 2-4 所示。

表 2-4 数据的存储格式

地址 A 的字			
地址 A+2 的半字		地址 A 的半字	
31 24	23 16	15 8	7
地址 A+3 的字节	地址 A+2 的字节	地址 A+1 的字节	地址 A 的字节

位于地址 A 的字包含四个字节,字节地址位于 A、A+1、A+2 和 A+3。

位于地址 A 的字包含 2 个半字,半字地址位于 A 和 A+2。

位于地址 A 的半字包含的 2 个字节,位于地址 A 和 A+1。

位于地址 A+2 的半字包含 2 个字节,位于地址 A+2 和 A+3。

ARM 处理器可以将存储器中的 4 个字节(1 个字)按以下两种格式存储。

1) 大端格式(big-endian)

"大端"格式:较高的有效字节存放在较低的存储器字节地址,较低的有效字节存放在较高的存储器字节地址。

2) 小端格式(little-endian)

"小端"格式:较高的有效字节存放在较高的存储器地址,较低的有效字节存放在较低的存储器地址。

例 2-2 存储格式举例。

把一个 32 位字 0x12345678,存放在起始地址为 0x8000 的存储单元里面,字节地址依次为:0x8000,0x8001,0x8002,0x8003。

在大端存储方式下:0x8000 单元存放 0x12,0x8001 单元存放 0x34,0x8002 单元存放 0x56,而 0x8003 单元存放 0x78,如图 2-1 所示。在小端存储方式下:0x8000 单元存放 0x78,0x8001 单元存放 0x56,0x8002 单元存放 0x34,而 0x8003 单元存放 0x12,如图 2-2 所示。

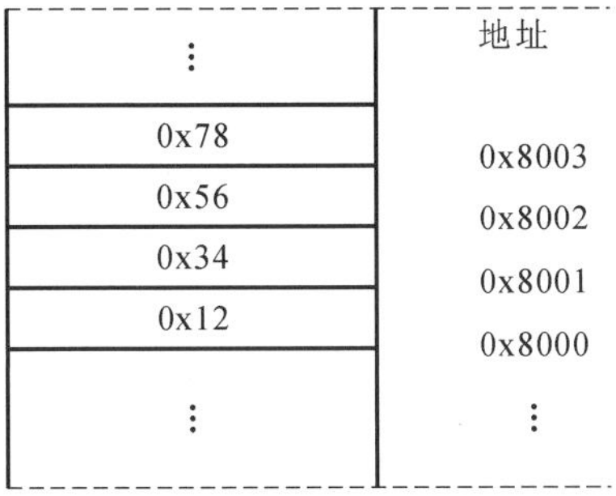

图 2-1   大端储存空间 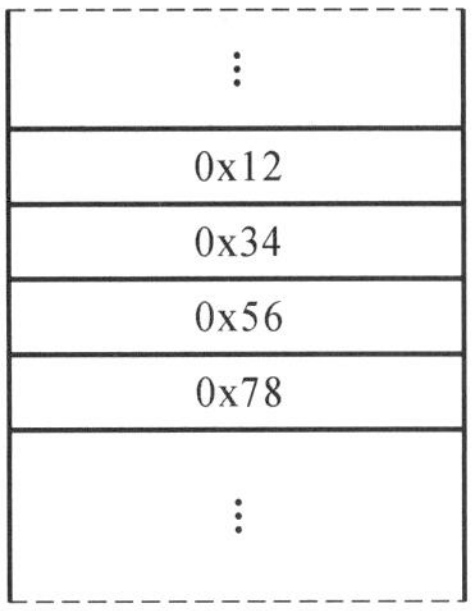   图 2-2   小端储存空间

ARM 处理器能方便地配置为其中任何一种存储器方式,但它们的缺省设置为小端格式。在本书中我们将通篇采用“小端”格式,即较高的有效字节存放在较高存储器地址。

2.2.3   ARM 处理器工作模式

ARM 处理器共有 7 种不同的处理器模式和两种工作状态,ARM 处理器在当前时刻只能工作在七种模式中的任何一种和 ARM、Thumb 状态中一种。ARM 处理器共支持所列的 7 种处理器模式如表 2-5 所示。

表 2-5   ARM 处理器 7 种工作模式

CPSR[4:0]	模　式	用　　途	可访问的寄存器
10000	用户	正常用户模式,程序正常执行模式	PC,R0~R14,CPSR
10001	FIQ	处理快速中断,支持高速数据传送或通道处理	PC,R14_fiq~R8_fiq,R0~R7,CPSR,SPSR_fiq
10010	IRQ	处理普通中断	PC,R14_irq~R13_fiq,R0~R12,CPSR,SPSR_irq
10011	SVC	操作系统保护模式处理软件中断(SWI)	PC,R14_svc~R13_svc,R0~R12,CPSR,SPSR_svc
10111	中止	处理存储器故障、实现虚拟存储器和存储器保护	PC,R14_abt~R13_abt,R0~R12,CPSR,SPSR_abt
11011	未定义	处理未定义的指令陷阱,支持硬件协处理器的软件仿真	PC,R14_und~R13_und,R0~R12,CPSR,SPSR_und
11111	系统	运行特权操作系统任务	PC,R0~R14,CPSR

在软件控制、外部中断或异常处理下可以引起处理器工作模式的改变。

大多数的用户程序是运行在用户模式下,这时应用程序不能够访问一些受操作系统保护的系统资源,也不能改变模式。应用程序也不能直接进行处理器模式的切换,除非异常(exception)发生,这允许操作系统来控制系统资源的使用。

除用户模式外的其他6种模式称为特权模式。特权模式中除系统模式以外的5种模式又称为异常模式，特权模式由异常模式和系统模式组成。

特权操作模式主要处理异常和监控调用(有时称为软件中断)。它们可以自由的访问系统资源和改变模式。

异常模式主要用于处理中断和异常，当应用程序发生异常中断时，处理器进入相应的异常模式。

2.3 ARM状态下的寄存器构成

如图2-3所示，ARM处理器总共有37个寄存器，在不同的工作模式和处理器状态下，程序员可以访问的寄存器也不尽相同。这37个寄存器按它在用户编程中的功能划分，可以分为以下两类寄存器。

2.3.1 31个通用寄存器

在这31个通用寄存器中包括了程序计数器(PC)，这些寄存器都是32位的，具体包括：R0～R15；R13_svc、R14_svc；R13_abt、R14_abt；R13_und、R14_und；R13_irq、R14_irq；R8_frq-R14_frq。

<table>
<tr><td></td><td></td><td colspan="6">特权模式</td></tr>
<tr><td></td><td></td><td></td><td colspan="5">异常模式</td></tr>
<tr><td></td><td>用户</td><td>系统</td><td>SVC</td><td>中止</td><td>未定义</td><td>IRQ</td><td>FIQ</td></tr>
<tr><td rowspan="16">31个分组寄存器</td><td colspan="7">R0</td></tr>
<tr><td colspan="7">R1</td></tr>
<tr><td colspan="7">R2</td></tr>
<tr><td colspan="7">R3</td></tr>
<tr><td colspan="7">R4</td></tr>
<tr><td colspan="7">R5</td></tr>
<tr><td colspan="7">R6</td></tr>
<tr><td colspan="7">R7</td></tr>
<tr><td colspan="6">R8</td><td>R8-fiq</td></tr>
<tr><td colspan="6">R9</td><td>R9-fiq</td></tr>
<tr><td colspan="6">R10</td><td>R10-fiq</td></tr>
<tr><td colspan="6">R11</td><td>R11-fiq</td></tr>
<tr><td colspan="6">R12</td><td>R12-fiq</td></tr>
<tr><td colspan="2">R13(SP)</td><td>R13-svc</td><td>R13-abt</td><td>R13-und</td><td>R13-iiq</td><td>R13-fiq</td></tr>
<tr><td colspan="2">R14(LR)</td><td>R14-svc</td><td>R14-abt</td><td>R14-und</td><td>R14-iiq</td><td>R14-fiq</td></tr>
<tr><td colspan="7">R13(PC)</td></tr>
<tr><td rowspan="2">状态寄存器</td><td colspan="7">CPSR</td></tr>
<tr><td colspan="2">无</td><td>SPSR-svc</td><td>SPSR-abt</td><td>SPSR-und</td><td>SPSR-irq</td><td>SPSR-fiq</td></tr>
</table>

图2-3 ARM状态下的寄存器组

分组寄存器供相应的异常处理程序使用，这样就可以保证在进入异常模式时，用户模式下的寄存器(保存了程序运行状态)不被破坏，以避免异常出现时用户模式的状态不可靠。

1. 不分组寄存器R0～R7

R0～R7是不分组寄存器。这意味着在所有处理器模式下，它们每一个都访问的是同一个物理寄存器。它们是真正并且在每种状态下都统一的通用寄存器。

在使用时必须注意对同一寄存器在不同模式下的数据保护。

2. 分组寄存器 R8～R14

1）FIQ 模式分组寄存器 R8～R12

在 FIQ 模式下使用 R8_fiq～R12_fiq,FIQ 处理程序可以不必保存和恢复中断现场,从而使 FIQ 中断的处理过程更加迅速。

2）FIQ 以外的分组寄存器 R8～R12

在 FIQ 模式以外的其他 4 种异常模式下,可以访问 R8～R12 的寄存器和用户模式、系统模式下的 R8～R12 没有区别,是属于同一物理寄存器,也没有任何指定的特殊用途。

3. 分组寄存器 R13、R14

寄存器 R13、R14 各有 6 个分组的物理寄存器。1 个用于用户模式和系统模式,而其他 5 个分别用于 5 种异常模式。

异常模式下 R13、R14 的访问时特别需要明确指定它们的工作模式。寄存器名字构成规则如下:

```
            R13_<mode>
            R14_<mode>
```

其中<mode>可以从 svc、abt、und、irq 和 fiq5 种模式中选取一个。

1）R13

寄存器 R13 通常用做堆栈指针 SP,在 ARM 指令集中,并没有任何指令强制性的使用 R13 作为堆栈指针,而在 Thumb 指令集中,有一些指令强制性地使用 R13 作为堆栈指针。每一种异常模式拥有自己的物理 R13。应用程序在对每一种异常模式进行初始化时,都要初始化该模式下的 R13,使其指向相应的堆栈。当退出异常处理程序时,将保存在 R13 所指的堆栈中的寄存器值弹出,这样就使异常处理程序不会破坏被其中断程序的运行现场。

2）R14

寄存器 R14 用作子程序链接寄存器(Link Register-LR),也称为 LR,当程序执行子程序调用指令 BL、BLX 时,当前的 PC 将保存在 R14 寄存器中。每一种异常模式都有自己的物理 R14。R14 用来存放当前子程序的返回地址。当执行完子程序后,只要把 R14 的值复制到程序计数器 PC 中,子程序即可返回。下面两种方式可实现子程序的返回。

执行下面任何一条指令都可以实现子程序的返回:

```
            MOV   PC,LR
            BX    LR
```

在子程序入口使用下面的指令将 PC 保存到栈中:

```
            STMFD  SP!,{<registers>,LR}
```

相应地,下面的指令可以实现子程序返回:

```
            LDMFD  SP!,{<registers>,PC}
```

R14 还用于异常处理的返回。当某种异常中断发生时,该异常模式下的寄存器 R14 将保存基于 PC(进入异常前的 PC)的返回地址。在不同的流水线下,R14 所保存的值会有所不同,三级流水下的 R14 保存的值为 PC-4。

在一个处理器的异常返回过程中,R14 保存的返回地址可能与真正需要返回的地址有一个常数的偏移量,而且不同的异常模式这个偏移量会有所不同。

4. 程序计数器:R15(PC)

寄存器 R15 被用作程序计数器,也称为 PC。它虽然可以作为一般的通用寄存器使用,但是由于 R15 的特殊性,即 R15 值的改变将引起程序执行顺序的变化,这有可能引起程序执行中出现一些不可预料的结果,

对于 R15 的使用一定要慎重。当向 R15 中写入一个地址值时,程序将跳转到该地址执行。由于在 ARM 状态下指令总是是字对齐的,所以 R15 值的第 0 位和第 1 位总为 0,PC

[31:2]用于保存地址。

2.3.2 6个状态寄存器

这6个状态寄存器由1个CPSR;SPSR_svc、SPSR_abt、SPSR_und、SPSR_irq和SPSR_fiq构成。6个状态寄存器也是32位的,但目前只使用了其中的12位。这些寄存器并不是在同一时间全都可以被编程者看到或访问的。

ARM内核包含1个CPSR和5个供异常处理程序使用的SPSR。每个异常模式还带有一个程序状态保存寄存器(SPSR),它用于保存在异常发生之前的CPSR。CPSR和SPSR通过特殊指令(MRS,MSR)进行访问。

CPSR反映了当前处理器的状态,其包含的位如图2-4所示:① 4个条件代码标志:负(N)、零(Z)、进位(C)和溢出(V);② 2个中断禁止位,分别控制一种类型的中断;③ 5个对当前处理器模式进行编码的位;④ 1个用于指示当前执行指令(ARM还是Thumb)的位。

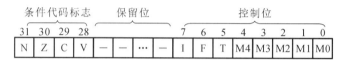

图2-4 CPSR的位结构

1. 条件代码

大多数"数值处理指令"可以选择是否影响条件代码标志位。通常如果指令带S后缀,则该指令的执行会影响条件代码标志;但有一些指令的执行总是会影响条件代码标志。

N、Z、C和V位都是条件代码标志。算术操作、逻辑操作、MSR或者LDM指令可以对这些位进行设置。所有ARM指令都可按条件来执行,而Thumb指令中只有分支指令可按条件执行。

标志位的含义分别如下。

(1) N:运算结果的最高位反映在该标志位。对于有符号二进制补码,结果为负数时N=1,结果为正数或零时N=0。

(2) Z:指令结果为0时Z=1(通常表示比较结果"相等"),否则Z=0。

(3) C:当进行加法运算,最高位产生进位时C=1,否则C=0。当进行减法运算,最高位产生借位时C=0,否则C=1。移位操作的非加法/减法指令,C为从最高位最后移出的值,其他指令C通常不变。

(4) V:当进行加法/减法运算,并且发生有符号溢出时V=1,否则V=0,其他指令V通常不变。

2. 控制位

CPSR的最低8位为控制位,当发生异常时,这些位被硬件改变。当处理器处于一个特权模式时,可用软件操作这些位。

1) 中断禁止位:I和F位

当I位置1时,IRQ中断被禁止;当I位清零时,IRQ中断允许。

当F位置1时,FIQ中断被禁止;当F位清零时,FRQ中断允许。

2) T位:T位反映了正在操作的状态

当T位为1时,处理器正在Thumb状态下运行;当T位清零时,处理器正在ARM状态下运行。

3) 模式位

模式位包括M4、M3、M2、M1和M0,这些位决定处理器的操作模式,如表2-5所示。

值得注意的是不是所有模式位的组合都定义了有效的处理器模式,如果使用了错误的设置,将引起一个无法恢复的错误。

3.保留位

CPSR 中的保留位被保留将来使用。为了提高程序的可移植性,当改变 CPSR 标志和控制位时,请不要改变这些保留位。另外,请确保程序的运行不受保留位的值影响,因为将来的处理器可能会将这些位设置为 1 或者 0。

 ## 2.4 Thumb 状态下的寄存器的构成

Thumb 状态下的寄存器集是 ARM 状态下寄存器集的子集。

程序员可以直接访问 8 个通用的寄存器(R0~R7),程序计数器 PC、堆栈指针 SP、连接寄存器 LR 和当前状态寄存器 CPSP。每一种特权模式都各有一组 SP,LR 和 SPSR。

ARM 状态和 Thumb 状态之间寄存器的关系如下。

Thumb 状态 R0~R7 与 ARM 状态 R0~R7 相同;

Thumb 状态 CPSR 和 SPSR 与 ARM 状态 CPSR 和 SPSR 相同;

Thumb 状态 SP 映射到 ARM 状态 R13;

Thumb 状态 LR 映射到 ARM 状态 R14;

Thumb 状态 PC 映射到 ARM 状态 PC(R15)。

在 Thumb 状态中,高寄存器(R8~R15)不是标准寄存器集的一部分。汇编语言程序员对它们的访问受到限制。

 ## 2.5 ARM 中断与异常

只要正常的程序流程被打断,处理器就进入异常模式。当异常中断发生时,系统执行完当前指令后,就跳转到相应的中断处理程序处执行。当异常处理完成后,程序返回到发生中断指令的下一条指令处执行。在进入中断处理程序时,要保存被中断程序的执行现场,从异常中断处理程序退出时,要恢复被中断程序的执行现场。

1.引起异常的原因有下面的两种情况

(1) 指令执行引起的异常:软件中断、未定义指令(包括所要求的协处理器不存在对于协处理器指令)、预取址中止(存储器故障)和数据中止。

(2) 外部产生的中断:复位、FIQ 和 IRQ。

2.ARM 中异常中断的种类

1) 复位(RESET)

当处理器复位引脚有效时,系统产生复位异常中断,程序跳转到复位异常中断处理程序处执行,包括系统加电和系统复位。

也可以通过软件设置使得 PC 跳转到复位中断向量处执行,这称为软复位,例如看门狗定时器的复位功能。

2) 未定义的指令

当 ARM 处理器或者是系统中的协处理器认为当前指令未定义时,产生未定义的指令异常中断,可以通过改异常中断机制仿真浮点向量运算。

3) 软件中断

这是一个由用户定义的中断指令(SWI)。该异常由执行 SWI 指令产生,可用于用户模式下的程序调用特权操作指令。在实时操作系统中可以通过该机制实现系统功能调用。

4) 指令预取终止(Prefech Abort)

如果处理器预取的指令的地址不存在,或者该地址不允许当前指令访问,当被预取的指令执行时,处理器产生指令预取终止异常中断。

5) 数据访问终止(DATAABORT)

如果数据访问指令的目标地址不存在,或者该地址不允许当前指令访问,处理器产生数据访问终止异常中断。

6) 外部中断请求(IRQ)

当处理器的外部中断请求引脚有效,而且 CPSR 的寄存器的 I 控制位被清除时,处理器产生外部中断请求异常中断。系统中个外设通过该异常中断请求处理服务。

7) 快速中断请求(FIQ)

当处理器的外部快速中断请求引脚有效,而且 CPSR 的 F 控制位被清除时,处理器产生外部中断请求异常中断。

表 2-6 所示为异常向量地址表。

表 2-6　异常向量地址表

地　址	异常类型	进入时的模式	进入时 I 的状态	进入时 F 的状态
0x0000 0000	复位	管理	禁止	禁止
0x0000 0004	未定义指令	未定义	禁止	F
0x0000 0008	软件中断(SWI)	管理	禁止	F
0x0000 000C	预取中止(指令)	中止	禁止	F
0x0000 0010	数据中止	中止	禁止	F
0x0000 0014	保留	保留	—	—
0x0000 0018	IRQ	中断	禁止	F
0x0000 001C	FIQ	快中断	禁止	禁止

3. 异常优先级

当多个异常同时发生时,一个固定的优先级系统决定它们被处理的顺序,如表 2-7 所示。

表 2-7　异常优先级

异常类型	优　先　级	
复位	1(最高优先级)	
数据中止	2	
FIQ	3	
IRQ	4	优先级降低
预取中止	5	
未定义指令	6	
SWI	7(最低优先级)	

在处理异常之前,ARM 内核保存当前的处理器状态(CPSR->SPSR),这样当处理程序结束时可以恢复执行原来的程序(SPSR->CPSR)。如果同时发生两个或更多异常,那么将按照固定的顺序(异常优先级)来处理异常。

4. 进入异常

在异常发生后,ARM 内核会做以下工作。

（1）在 LR 中保存下一条指令的地址，当异常入口来自 ARM 状态，那么 ARM 将当前指令地址加 4 或加 8 复制（取决于异常的类型）到 LR 中；当异常入口来自 Thumb 状态，那么 ARM 将当前指令地址加 2、4 或加 8（取决于异常的类型）复制到 LR 中。

（2）将 CPSR 复制到适当的 SPSR 中。

（3）将 CPSR 模式位强制设置为与异常类型相对应的值。

（4）强制 PC 从相关的异常向量处取指。

ARM 内核在中断异常时置位中断禁止标志，这样可以防止不受控制的异常嵌套。

注意：异常总是在 ARM 状态中进行处理。当处理器处于 Thumb 状态时发生了异常，在异常向量地址装入 PC 时，会自动切换到 ARM 状态。

5. 退出异常

异常处理完毕之后，ARM 微处理器会执行以下几步操作从异常返回。

（1）将所有修改过的用户寄存器从处理程序的保护栈中恢复。

（2）将 SPSR 复制回 CPSR 中；将 LR（R14）中的值减去偏移量后送到 PC，偏移量根据异常的类型而有所不同。

（3）若在进入异常处理时设置了中断禁止位，要在此清除。

恢复 CPSR 的动作会将 T、F 和 I 位自动恢复为异常发生前的值。然后跳转到被中断的用户程序。

6. 快速中断请求模式

快速中断请求（FIQ）适用于对一个突发事件的快速响应，快中断模式有 8 个专用的寄存器可用来满足寄存器保护的需要（这可以加速上下文切换的速度）。

不管异常入口是来自 ARM 状态还是 Thumb 状态，FIQ 处理程序都会通过执行下面的指令从中断返回：

```
SUBS    PC,R14_fiq,# 4
```

在一个特权模式中，可以通过置位 CPSR 中的 F 位来禁止 FIQ 异常。

7. 中断请求模式

中断请求（IRQ）异常是一个由 nIRQ 输入端的低电平所产生的正常中断（在具体的芯片中，nIRQ 由片内外设拉低，nIRQ 是内核的一个信号，对用户不可见）。IRQ 的优先级低于 FIQ。对于 FIQ 序列它是被屏蔽的。任何时候在一个特权模式下，都可通过置位 CPSR 中的 I 位来禁止 IRQ。

不管异常入口是来自 ARM 状态还是 Thumb 状态，IRQ 处理程序都会通过执行下面的指令从中断返回：

```
SUBS    PC,R14_irq,# 4
```

8. 中止模式

中止发生在对存储器的访问不能完成时，中止包含以下两种类型。

（1）预取中止：发生在指令预取过程中。

（2）数据中止：发生在对数据访问时。

当发生预取中止时，ARM 内核将预取的指令标记为无效，但在指令到达流水线的执行阶段时才进入异常。如果指令在流水线中因为发生分支而没有被执行，中止将不会发生。

在处理中止的原因之后，不管处于哪种处理器操作状态，处理程序都会执行下面的指令恢复 PC 和 CPSR 并重试被中止的指令：

```
SUBS    PC,R14_abt,# 4
```

当发生数据中止后,根据产生数据中止的指令类型做出不同的处理。

数据转移指令(LDR、STR)回写到被修改的基址寄存器。交换指令(SWP)中止好像没有被执行过一样(中止必须发生在 SWP 指令进行读访问时)。

在修复产生中止的原因后,不管处于哪种处理器操作状态,处理程序都必须执行下面的返回指令,重试被中止的指令:

```
SUBS    PC,R14_abt,# 8
```

2.6 基于 JTAG 的 ARM 系统调试

基于 JTAG 仿真器的调试一直是 ARM 开发中采用较多的一种方式。大多数 ARM 设计采用了片上 JTAG 接口,并将它作为其测试和调试方法的重要组成。

JTAG 仿真器,也称为 JTAG 的在线调试器 ICD(In-Circuit Debugger),是通过 ARM 芯片的 JTAG 边界扫描口进行调试的设备。

JTAG 仿真器连接比较方便,实现价格比较便宜,是通过现有的 JTAG 边界扫描口与 ARM CPU 核通信,实现了完全非插入式调试,连接比较方便,不使用片上资源,无须目标存储器,不占用目标系统的任何端口。

2.7 ARM 流水线技术

ARM 流水线技术:流水线技术通过多个功能部件并行工作来缩短程序执行时间,提高处理器的效率和吞吐率。流水线分为 3 级流水线和 5 级流水线两类。ARM7 是冯·诺依曼结构,采用了典型的三级流水线,而 ARM9 则是哈佛结构,采用五级流水线技术,而 ARM11 则更是使用了 7 级流水线。通过增加流水线级数,简化了流水线的各级逻辑,进一步提高了处理器的性能。

在 ARM7 中,执行单元完成了大量的工作,包括与操作数相关的寄存器和存储器的读写操作、ALU 操作和相关器件之间的数据传输,因此占用了多个时钟周期。ARM9 增加了两个功能部件,分别访问存储器并写回结果,同时,ARM9 将读寄存器的操作转移到译码部件上,使得流水线各部件的功能更平衡。下面介绍两类流水线的组成部分。

1.3 级流水线

(1) 取指:将指令从内存中取出来。

(2) 译码:操作码和操作数被译码以决定执行什么功能。

(3) 执行:执行已译码的指令。

2.5 级流水线

(1) 取指:将指令从指令存储器中取出,放入指令流水线中。

(2) 指令译码:对指令进行译码,从寄存器堆中读取寄存器操作数。

(3) 执行:把一个操作数移位,产生 ALU 结果。如果指令是 load 或 store,在 ALU 中计算存储器的地址。

(4) 数据缓存:如果需要,访问数据存储器;否则,ALU 的结果只是简单地缓冲一个时钟周期,以便使所有指令具有同样的流水线流程。

(5) 写回:将指令产生的结果回写到寄存器堆,包括任何从存储器读取的数据。

3 级流水线结构中易出现阻塞,降低了流水线的效率,因此,为了提高处理器的性能,要尽可能优化处理器的组织结构。

2.8 ARM 处理器系列

ARM 处理器使用固定长度的 32 位指令格式,所有 ARM 指令都使用 4 位的条件编码来决定指令是否执行,以解决指令执行的条件判断。ARM 架构自诞生至今,已经发生了很大的变化,至今已定义了 7 种不同的版本。

V4 版结构是目前最广泛应用的 ARM 体系结构。它对 V3 版架构进行了进一步扩充,使 ARM 使用更加灵活。ARM7、ARM9 和 Strong-ARM 都采用了该版结构。其指令集中增加的功能包括半字及字节的存/取指令,增加了 16 位 Thumb 指令集,完善了软件中断(SWI)指令的功能,处理器系统模式引进特权方式时使用用户寄存器操作。

V5 版架构在 V4 版基础上增加了一些新的指令。ARM10 和 XScale 都采用该版架构。这些新增指令有带有链接和交换的转移(BLX)指令、计数前导零计数(CLZ)指令、中断(BRK)指令、信号处理指令(V5TE 版)、为协处理器增加更多可选择的指令。

V6 版架构:ARM 体系架构 V6 包括 100% 与以前的体系兼容;SIMD 媒体扩展,使媒体处理速度快 1.75 倍;改进了的内存管理,使系统性能提高 30%;改进了的混合端(Endian)与不对齐数据支持,使得小端系统支持大端数据(如 TCP/IP)。许多 RTOS 是小端的,为实时系统改进了中断响应时间,将最坏情况下的 35 周期改进到了 11 个周期。

V7 版架构:ARM 体系架构 V7 是 2005 年发布的。它使用了能够带来更高性能、功耗低、效率高及代码密度大的技术。它首次采用了强大的信号处理扩展集,对 H.264 和 MP3 等媒体编解码提供加速。Cortex-A8TM 处理器采用的就是 V7 版的结构。

目前采用 ARM 知识产权核的微处理器,即基于 ARM 核的微处理器,以功耗低、体积小、高性价比以及根据嵌入对象的不同,可以进行功能上扩展的优势,得到了广泛的应用。

ARM7、ARM9、ARM9E 及 ARM10E 为 4 个通用嵌入式微处理器系列,每个系列提供一套相对独特的性能来满足不同应用领域的要求,有多个厂家生产;SecurCore 系列则是专门为安全性要求较高的场合而设计的;Strong ARM 是 Intel 公司生产的用于便携式通信产品和消费电子产品的理想嵌入式微处理器,应用于多家掌上电脑系列产品;Xscale 是 Intel 公司推出的基于 ARMv5TE 体系结构的全性能、高性价比、低功耗的嵌入式微处理器,应用于数字移动电话、个人数字助理和网络产品等场合。Cortex-A8 处理器是第一款基于下一代 ARMv7 架构的应用处理器,使用了能够带来更高性能、功耗效率和代码密度的 Thumb 技术。

 ## 2.9 ARM920T 核

2.9.1 ARM920T 简介

S3C2440A 微处理器组成中使用了 ARM920T 核。

ARM920T 是通用微处理器 ARM9TDMI 系列中的一员,ARM9TDMI 系列包含:

(1) ARM9TDMI(ARM9TDMI 核);

(2) ARM940T(ARM9TDMI 核、Cache 和保护单元);

(3) ARM920T(ARM9TDMI 核、Cache 和 MMU)。

ARM920T 支持 ARM 调试结构(debug architecture),也包含了对协处理器的支持。

ARM920T 实现了 MMU(memory management unit),AMBA(advanced microcontroller bus architecture)总线和哈佛结构高速缓存体系,同时支持 Thumb16 位指令集,从而能以较小的存储空间需求获得 32 位的性能。

ARM920T 接口与 AMBA 总线架构兼容,ARM920T 既可以作为全兼容的 AMBA 总线的主设备,又可以在测试该产品时作为从设备。

2.9.2 ARM920T 功能模块

ARM920T 功能模块图如图 2-5 所示。ARM920T 核由 ARM9TDMI、存储管理单元

(MMU)和高速缓存(Cache)三部分组成。单独的16KB指令Cache和单独的16KB数据Cache(均为8个字的行长度),指令Cache和数据Cache各自使用单独的地址线和单独的数据线。ARM920T的MMU提供了对指令和数据地址的传送及访问的约束检查。ARM920T内部包含了两个协处理器CP14和CP15。

CP14,CP14允许软件访问,作为调试(debug)通信通道使用。在CP14中定义的寄存器允许使用ARM的MCR和MRC指令访问(CP14在图2-5中未画出)。

CP15,系统控制协处理器,提供了附加的寄存器,被用于配置和控制Cache、MMU、保护系统(即MPU)、时钟模式及ARM920T其他系统选择(如大/小端操作等)。

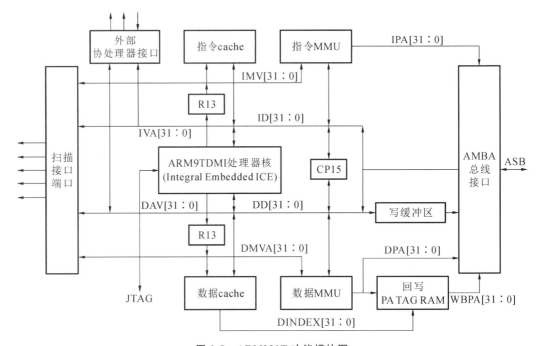

图2-5　ARM920T功能模块图

ARM920T也有外部协处理器接口,允许在同一芯片上附加一个紧密耦合的协处理器,如浮点部件。连接到外部协处理器接口的任何协处理器提供的寄存器和操作,可以使用适当的ARM协处理器指令去访问和指定。

2.10　S3C2440A 微处理器概述

S3C2440A是三星公司推出的一款基于ARM920T内核的16位/32位RISC微处理器。S3C2440A除了具有低功耗、高性能的特点之外,还通过提供一套完整的通用系统外设,降低了整体系统的成本,为手持设备等普通应用领域的嵌入式开发提供了小型芯片微控制器的解决方案。

2.10.1　S3C2440A 微处理器组成

S3C2440A微处理器组成框图如图2-6所示。

S3C2440A片内组成可以分为三部分:ARM920T、连接在AHB总线上的控制器,以及连接在APB总线上的控制器或外设。

AHB(advanced high_performance bus,先进高性能总线)是一种片上总线,用于连接高时钟频率和高性能的系统模块,支持突发传输、支持流水线操作,也支持单个数据传输,所有的时序都是以单一时钟的前沿为基准操作。

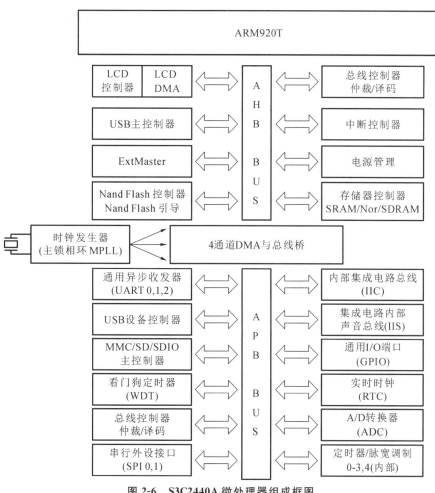

图 2-6 S3C2440A 微处理器组成框图

APB(advanced peripheral bus,先进外设总线)也是一种片上总线,为低性能、慢速外设提供了较为简单的接口,不支持流水线操作。

1. AHB 总线连接的控制器简介

(1) 存储器控制器。

① 支持小端/大端数据存储格式。

② 全部寻址空间为 1 GB,分为 8 个 banks,每个 128 MB。

③ bank1~bank7 支持可编程的 8/16/32 位数据总线宽度,bank0 支持可编程的 16/32 位数据总线宽度。

④ bank0~bank7 支持 ROM/SRAM,其中 bank6 和 bank7 也支持 SDRAM。

⑤ 每个 bank 存储器访问周期可编程。

⑥ 对 ROM/SRAM,支持外部等待信号(nWAIT)扩展总线周期。

⑦ 在 Power_down,支持 SDRAM 自己刷新(self_refresh)模式。

⑧ 支持使用 Nor Flash、EEPROM 等作为引导 ROM。

⑨ 支持存储器与 I/O 端口统一寻址。

(2) Nand Flash 控制器。

① 支持从 Nand Flash 存储器进行引导。

② 有 4KB SRAM 内部缓冲区,用于引导时保存从 Nand Flash 读出的程序。

③ 支持 Nand Flash 存储器 4KB(引导区)以后的区域作为一般 Nand Flash 使用。

（3）中断控制器。

① 支持 60 种中断源,包括 24 通道外部中断源;其余为芯片内部中断源。

② 外部中断源通过编程,可选择中断请求信号使用电平或边沿触发方式。

③ 对于非常紧急的中断请求,支持快速中断请求 FIQ。

（4）LCD 控制器。

LCD 控制器支持 STN LCD 显示以及 TFT LCD 显示,显示缓冲区使用系统存储器（内存）,支持专用 LCD DMA 将显示缓冲区数据传送到 LCD 控制器缓冲区。

（5）2 通道 USB 主机和 1 通道 USB 设备,兼容 USB V 1.1;支持低速和全速设备。

（6）时钟与电源管理。

S3C2440A 片内有 MPLL(Main Phase Locked Loop,主锁相环)和 UPLL(USB PLL,USB 锁相环)。

正常情况下,S3C2440A 的内核工作电压为 1.2 V,存储器电压为 1.8 V/2.5 V/3.3 V,I/O 电压为 3.3 V。在 1.2 V 电压下,内核工作频率为 300 MHz,在 1.3 V 工作电压下,内核工作频率可以达到 400 MHz。

电源管理具有普通、慢速、空闲和掉电四种模式。

2. APB 总线连接的部件简介

（1）通用异步收发器(UART 0、1、2)。

① 3 通道 UART,支持基于查询、基于 DMA 或基于中断方式操作。

② 支持 5/6/7/8 位串行数据发送/接收(Tx/Rx)。

③ 支持外部时钟(UEXTCLK)用于 UART 操作。

④ 可编程的波特率。

⑤ 支持红外通信协议 IrDA 1.0。

（2）I/O 端口(GPIO)。

① 130 个通用 I/O 口,其中 24 位可用于外部中断请求源。

② 通过编程,可以将各端口的不同位,设置为不同功能。

（3）定时器/脉宽调制。

4 通道 16 位脉宽调制定时器,1 通道 16 位内部定时器,均支持基于 DMA 或基于中断方式操作。

（4）实时时钟(RTC)。

（5）看门狗定时器(WDT)。

（6）A/D 转换器与触摸屏。

（7）IIC(Intel Integrated Circuit,内部集成电路)总线接口。

（8）IIS(Intel IC Sound,集成电路内部声音)总线接口。

（9）SPI(Serial Peripheral Interface,串行外设接口)。

（10）MMC/SD/SDIO 主控制器。

（11）USB 设备控制器。

3. DMA 与总线桥

支持存储器到存储器、I/O 到存储器、存储器到 I/O、I/O 到 I/O 的 DMA 传输;它将 AHB/APB 的信号转换为合适的形式,以满足连接到 APB 上设备的要求。桥能够锁存地址、数据及控制信号,同时进行二次译码,选择相应的 APB 设备。

4. 操作电压、频率和封装

1）工作电压

S3C2440A 对于片内的各个部件采用了独立的电源供给方式:内核采用 1.2 V 供电;存储

单元采用 3.3 V 独立供电,对于一般 SDRAM 可以采用 3.3 V,对于移动 SDRAM 可以采用 UDD=1.8/2.5 V;UDDQ= 3.0/3.3 V;I/O 采用独立 3.3 V 供电。存储器与 I/O 电压:3.3 V。

2) 工作频率

在时钟方面,该芯片集成了一个具有日历功能的 RTC 和具有 PLL(MPLL 和 UPLL) 的芯片时钟发生器。MPLL 产生主时钟,能够使处理器工作频率最高达到 400 MHz。这个工作频率能够使处理器轻松运行于 Windows CE、Linux 等操作系统以及进行较为复杂的信息处理。UPLL 产生实现主从 USB 功能的时钟。

3) 芯片封装

S3C2440A 芯片有 289 个引脚,采用 FBGA 封装,其仰视图如图 2-7 所示。

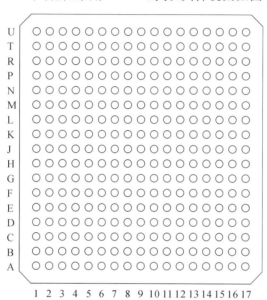

图 2-7　封装管脚仰视图

图 2-7 中每个引脚所在行、列对应的字母、数字,是分配给该引脚的编号,例如左下引脚为 A1,左上引脚为 U1。

2.10.2　S3C2440A 特殊功能寄存器简介

特殊功能寄存器(Special Function Registers,SFR),有时也称特殊寄存器或专用寄存器。占用存储器空间地址为 0x48000000～0x5FFFFFFF 的一片区域,称为 SFR Area(特殊功能寄存器区域),这些寄存器均在 S3C2440A 芯片内部。

S3C2440A 特殊寄存器使用注意事项如下。

(1) 小端模式下必须使用小端地址,大端模式下必须使用大端地址。

(2) 使用推荐的访问单位访问特殊寄存器。

(3) 大/小端模式下除 ADC、RTC 和 UART 寄存器外的所有寄存器都必须用以字(32 位)为单位进行读/写。

(4) 请确保 ADC、RTC 和 UART 寄存器使用规定的访问单位和地址进行读/写。此外还必须考虑使用的端模式。

访问单位有以下 3 种。

(1) W:32 位寄存器,必须使用 LDR/STR 或 int 指针类型(int *)访问。

(2) HW:16 位寄存器,必须使用 LDRH/STRH 或 short int 指针类型(short int *)访问。

（3）B：8 位寄存器，必须使用 LDRB/STRB 或 char 指针类型（char ＊）访问。

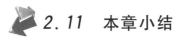

2.11　本章小结

本章讲解了 ARM 体系处理器的发展，介绍了 ARM 技术，包括处理机两种工作状态和七种工作模式，讲解了内核中寄存器组成和分布，ARM 中断和异常的处理流程。然后讲述解 ARM920T 内核结构、流水线机制介绍和 S3C2440A 处理器的性能。

2.12　本章习题

1. 国内嵌入式系统行业对嵌入式系统的定义是什么？如何理解？

2. ARM 处理器有哪几种工作模式，分别是什么？

3. ARM920T 内核有几种工作状态？工作状态之间是怎么转换的？

4. ARM920T 支持哪些数据类型？

5. 存储器中存储格式有几种？分别是怎样进行存储的？

6. 简述 ARM920T 的寄存器的组成。

7. 程序状态寄存器的格式是什么？简述控制位的每一位的作用和条件代码标志位的作用。

8. ARM 处理器进入异常的过程和离开异常的过程是什么样的？说明各个异常的向量地址和优先级。

9. 说明 S3C2440A 的工作频率和内核的工作电压。

10. 简述 S3C2440A 微处理器的构成。

11. S3C2440A 特殊功能寄存器是什么？

第③章 ARM 指令与汇编语言程序设计

 ## 3.1 ARM 汇编语言程序框架

下面给出一段汇编代码来说明 ARM 汇编语言程序框架结构。

例 3-1 汇编语言程序框架结构。

```
AREA    Exarm , CODE, READONLY          ;命名代码块
        ENTRY                           ;标记第一条执行的指令
START
        MOV    r0, # 0x10               ;初始化寄存器
MOV    r1, # 3
        ADD    r0, r0, r1               ;r0 = r0 + r1
STOP
        MOV    r0, # 0x10       ⎫
        LDR    r1, = 0x20026    ⎬       ;程序运行结束
        SWI    0x123456         ⎭
        END                             ;文件结束
```

程序说明如下：

代码中结构从定义区域的 AREA 指示符开始,声明汇编程序入口点的 ENTRY 指示符、应用程序执行、应用程序终止及源程序结束的 END 指示符。

程序中分号后面的为注释,START 标号要顶格写,START 标号后面编写 ARM 或者 Thumb 指令,运行中寄存器变化和结果在 Debugger 调试器的寄存器中查看。程序的输出结果可以通过四种方式查看,即寄存器、存储器、显示屏等硬件输出设备或计算机串行终端显示。上述程序演示了 MOV 指令的部分功能,其中,"MOV r0, ♯0x10"执行后,r0 寄存器的值为 0x10。

 ## 3.2 ARM 指令简介

ARM 处理器是基于精简指令集计算机(RISC)原理设计的。所有的 ARM 指令都是可以有条件执行的,而 Thumb 指令仅有一条指令具备条件执行功能。指令长度分为两种:32 bits (ARM 状态)和 16 bits (Thumb 状态)。

ARM 指令集效率高,但是代码密度低;而 Thumb 指令集具有较高的代码密度,却仍然保持 ARM 大多数性能上的优势,它是 ARM 指令集的子集。

ARM 内核支持 3 种数据类型:字 (8bits)、半字 (16bits)、字 (32bits)。

需要注意的是:字必须被排成 4 个字节边界对齐,半字必须被排列成 2 个字节边界对齐。

指令集的特点具有向后兼容性:新版本增加指令,并保持指令向后兼容;采用 load/store 结构。

Load/store 从存储器中读取某个值,操作完后再将其放回存储器中,只对存放在寄存器的数据进行处理,对于存储器中的数据,只能使用 load/store 指令进行存取。

3.2.1 指令编码格式

所有的 ARM 指令机器码长为 32 位,按照规则进行编码。在 ARM 的指令编码表(见图 3-1)中,统一占用编码的最高四位[31:28]来表示"条件码"(即"Cond")。

31 28	27	26	25	24			21	20	19 16	15 12	11					0
Cond	0	0	I	Opcode				S	Rn	Rd	Operrand2					
Cond	0	0	0	0	0	0	A	S	Rn	Rd	Rs	1	0	0	1	Rm
Cond	0	0	0	0	1	U	A	S	Rn	RdLo	Rn	1	0	0	1	Rm
Cond	0	0	0	1	0	B	0	0	Rn	Rd	0 0 0 0	1	0	0	1	Rm
Cond	0	0	0	1	0	0	1	0	1 1 1 1	1 1 1 1	1 1 1 1	0	0	0	1	Rm
Cond	0	0	0	P	U	0	W	L	Rn	Rd						Rm
Cond	0	0	0	P	U	1	W	L	Rn	Rd						Offset
Cond	0	0	0	P	U	B	W	L	Rn	Rd	Offset					
Cond	0	1	1												1	
Cond									Rn	寄存器列表						
Cond	1	0	1	L	Offset											
Cond	1	1	1	0	CP OPC				Rn	CRd	CP#	CP			0	CRm
Cond	1	1	1	0	CP OPC				CRn	CRd	CP#	CP			0	CRm
Cond	1	1	1	0	CP OPC			L	CRn	Rd	CP#	CP			1	CRm
Cond	1	1	1	1	处理器忽略											

图 3-1 指令编码表

在图 3-1 中,一共列举了 15 种指令的编码格式,这 15 种指令分别是:

① 为数据处理/PSR 传送类指令;

② 为乘法指令;

③ 为长乘法指令;

④ 为单数据交换指令;

⑤ 为分支和状态切换指令;

⑥ 为半字数据传送中寄存器偏移类指令;

⑦ 为半字数据传送中立即数偏移类指令;

⑧ 为单数据传送类指令;

⑨ 为未定义指令;

⑩ 为块数据传送指令;

⑪ 为分支跳转指令;

⑫ 为协处理器数据传送指令;

⑬ 为协处理数据操作;

⑭ 为协处理寄存器传送;

⑮ 为软件中断。

常见 ARM 指令集描述如表 3-1 所示。

表 3-1 常见 ARM 指令集描述

助记符	说 明	操 作
ADC	带进位加法	Rd:= Rn + Op2 + 进位
ADD	加法	Rd:= Rn + Op2
AND	逻辑与	Rd:= Rn 逻辑与 Op2
B	分支跳转	R15:= 地址
BIC	位清零	Rd:= Rn 逻辑与非 Op2
BL	带连接分支跳转	R14:= R15,R15:= 地址
BX	分支和状态切换跳转	R15:= Rn,T 位:= Rn[0]

助 记 符	说　　　明	操　　　作
CDP	协处理器数据处理（指定协处理器）	
CMN	负数比较	CPSR 状态标志位：＝ Rn ＋ Op2
CMP	比较	CPSR 状态标志位：＝ Rn － Op2
EOR	逻辑异或	Rd：＝（Rn 逻辑与非 Op2）逻辑或（Op2 逻辑与非 Rn）
LDC	加载字数据，从存储器到协处理器，协处理器加载	
LDM	加载字数据，从存储器到多寄存器，栈操作（Pop）	

3.2.2　ARM 指令中的条件执行

ARM 指令的一个重要特点是指令的条件执行，即 ARM 指令都要根据 CPSR 中的条件码标志（N、C、Z 和 V）和指令中条件域指定的内容，有条件地执行。在条件满足时，指令执行，否则指令被忽略。

在 ARM 模式下，任何一条数据处理指令可以选择是否根据操作的结果来更新 CPSR 寄存器中的 N、Z、C 和 V 状态标志位。在数据处理指令中使用 S 后缀来完成该功能。

较为特殊的是 CMP、CMN、TST 或者 TEQ 指令中不使用 S 后缀，这些比较指令总是会自动更新标志位。

在 Thumb 模式下，所有数据处理指令都更新 CPSR 中的标志位。有一个例外就是：当一个或更多个寄存器被用在 MOV 和 ADD 指令时，此时 MOV 和 ADD 不能更新状态标志位。

几乎所有的 ARM 指令都可以根据 CPSR 中的状态标志位来有条件地执行，具体可参见表 3-2 所示的条件域表。

在 ARM 模式下，可以：① 根据数据操作的结果更新 CPSR 中的状态标志位；② 执行其他几种操作，但不更新状态标志位；③ 根据当前状态标志位，决定是否执行接下来的指令。

在 Thumb 模式下，大多数操作总是更新状态标志位，并且只能使用条件转移指令（B）来实现条件执行。该指令（B）的后缀和在 ARM 模式下是一样的。其他指令不能使用条件执行。

表 3-2　条件域表

条件码[31:28]	助记符号后缀	标　　　志	含　　　义
0000	EQ	Z 置位	相等
0001	NE	Z 清零	不相等
0010	CS/HS	C 置位	无符号数大于或等于
0011	CC/LO	C 清零	无符号数小于
0100	MI	N 置位	负数
0101	PL	N 清零	正数或零
0110	VS	V 置位	溢出
0111	VC	V 清零	未溢出
1001	LS	C 清零 Z 置位	无符号数小于或等于

条件码[31:28]	助记符号后缀	标 志	含 义
1010	GE	N 等于 V	带符号数大于或等于
1011	LT	N 等于 V	带符号数大于或等于
1100	GT	Z 清零且(N 等于 V)	带符号数大于
1101	LE	Z 置位且(N 不等于 V)	带符号数小于或等于
1110	AL	忽略	无条件执行

在 ARM 状态下,绝大多数的指令都是有条件执行的。在 Thumb 状态下,仅有分支指令是有条件执行的。举例说明指令的条件执行。

指令示例:

BEQ Label ;这里当 Z=1 时即相等时执行跳转到 Label,否则不执行。

在 CPSR 寄存器中 bit [31:28]分别是 N、Z、C 和 V,具体的含义如下:

N:当用两个补码表示的带符号数进行运算时,N=1 表示运算的结果为负数;N=0 表示运算的结果为正数或零;

Z:Z=1 表示运算的结果为零;Z=0 表示运算的结果为非零;

C:可以有 4 种方法设置 C 的值;

加法运算(包括比较指令 CMN):当运算结果产生进位时(无符号数溢出),C=1,否则 C=0。

减法运算(包括比较指令 CMP):当运算时产生借位时(无符号数溢出),C=0,否则 C=1。

对于包含移位操作的非加/减运算指令,C 为移出值的最后一位。

对于其他的非加/减运算指令,C 的值通常不改变。

V:可以有 2 种方法设置 V 的值。

对于加/减法运算指令,当操作数和运算结果为二进制的补码表示的带符号数时,V=1 表示符号位溢出。对于其他的非加/减运算指令,V 的值通常不改变。

 ## 3.3 ARM 处理器的寻址方式

寻址方式是根据指令中给出的地址码字段来实现寻找真实操作数地址的方式,ARM 处理器有 6 种基本寻址方式。

1.寄存器寻址

操作数的值在寄存器中,指令中的地址码字段给出的是寄存器编号,寄存器的内容是操作数,指令执行时直接取出寄存器值操作。

指令举例:

```
MOV R1,R2 ; R1< R2
    SUB R0,R1,R2 ;R0< R1- R2
```

2.立即寻址

在立即寻址指令中数据就包含在指令当中,立即寻址指令的操作码字段后面的地址码部分就是操作数本身,取出指令也就取出了可以立即使用的操作数(也称为立即数)。立即数要以"♯"为前缀,表示 16 进制数值时以"0x"表示。

指令举例:

```
ADD R0,R0,# 1        ; R0< R0 + 1
```

该指令的执行效果是将寄存器 R1 和 R2 的内容相加,其结果存放在寄存器 R0 中。

```
MOV R0,# 0xff00        ;R0< 0xff00
```

3. 寄存器移位寻址

寄存器移位寻址是ARM指令集特有的寻址方式。第2个寄存器操作数在与第1个操作数结合之前,先进行移位操作。

指令举例:

```
MOV    R0,R2,LSL # 3          ; R0< R2 8
    ADD    R3,R2,R1,LSR  # 2      ;R3< R2 +  R1÷4
```

移位操作有下列几种方式。

(1) LSL:逻辑左移(logical shift left),寄存器中字的低端空出的位补0。例如,LSL ♯5的结果如图3-2所示。

图 3-2　逻辑左移 5 位示意图

(2) LSR:逻辑右移(logical shift right),寄存器中字的高端空出的位补0。例如,LSR ♯5的结果如图3-3所示:

图 3-3　逻辑右移 5 位示意图

(3) ASR:算术右移(arithmetic shift right),移位过程中保持符号位不变,即如果源操作数为正数,则字的高端空出的位补0,否则补1。例如,ASR ♯5的结果如图3-4所示。

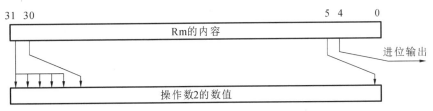

图 3-4　算术右移示意图

(4) ROR:循环右移(rotate right),由字的低端移出的位填入字的高端空出的位。例如,ROR ♯5的结果如图3-5所示。

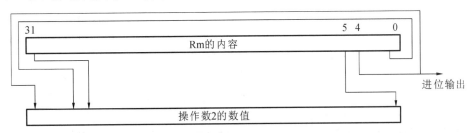

图 3-5　循环右移示意图

（5）RRX：带扩展的循环右移（rotate right extended by 1 place），操作数右移一位，CPSR 的 C 标志位移到 Rm 的内容的最高有效端。如图 3-6 所示。

图 3-6　扩展循环右移示意图

4. 寄存器间接寻址

指令中的地址码给出的是一个通用寄存器编号，所需要的操作数保存在寄存器指定地址的存储单元中，即寄存器为操作数的地址指针，操作数存放在存储器中。

指令举例：

```
LDR  R0,[R1]  ;  R0←[R1]
     STR   R0,[R1]  ;  [R1]←R0
```

第一条指令将以 R1 的值为地址的存储器中的数据传送到 R0 中。第二条指令将 R0 的值传送到以 R1 的值为地址的存储器中。

5. 基址加偏址寻址

基址加偏址寻址就是将寄存器（该寄存器一般称作基址寄存器）的内容与指令中给出的地址偏移量相加，从而得到一个操作数的有效地址。变址寻址方式常用于访问某基址附近的地址单元。采用基址加偏址寻址方式的指令又可以分为以下几种形式。

（1）前变址模式：

```
LDR R0,[R1,#4]  ;R0←[R1+4]
```

（2）自动变址模式：

```
LDR R0,[R1,#4]!  ;R0←[R1+4]、R1←R1+4
```

这里"!"是指自动变址功能。

（3）后变址模式：

```
LDR R0,[R1],#4  ;R0←[R1]、R1←R1+4
```

偏移地址的形式：基址寄存器的地址偏移可以是一个立即数，也可以是另一个寄存器，并且在加到基址寄存器前还可以经过移位操作。

指令举例：

```
LDR   r0,[r1,r2];r0←[r1+ r2]
      LDR   r0,[r1,r2,LSL # 2];r0←[r1+ r2* 4]
```

但常用的是立即数偏移的形式，地址偏移为寄存器的指令形式很少使用。

6. 堆栈寻址

堆栈是一种数据结构。堆栈是按特定顺序进行存取的存储区，操作顺序分为"后进先出"和"先进后出"，堆栈寻址是隐含的，它使用一个专门的寄存器（堆栈指针）指向一块存储区域（堆栈），指针所指向的存储单元就是堆栈的栈顶。存储器生长堆栈可分为以下两种。

（1）向上生长：向高地址方向生长，称为递增堆栈（ascending stack）。

（2）向下生长：向低地址方向生长，称为递减堆栈（decending stack）。

堆栈指针指向最后压入的堆栈的有效数据项，称为满堆栈（full stack）；堆栈指针指向下一个要放入的空位置，称为空堆栈（empty stack）。

这样就有四种类型的堆栈工作方式，ARM 微处理器支持这四种类型的堆栈工作方式。

（1）满递增堆栈：堆栈指针指向最后压入的数据，且由低地址向高地址生成。如指令 LDMFA、STMFA 等。F、E 表示满堆栈、空堆栈 ；A、D 表示递增堆栈、递减堆栈。

（2）满递减堆栈：堆栈指针指向最后压入的数据，且由高地址向低地址生成。如指令 LDMFD、STMFD 等。

（3）空递增堆栈：堆栈指针指向下一个将要放入数据的空位置，且由低地址向高地址生成。如指令 LDMEA、STMEA 等。

（4）空递减堆栈：堆栈指针指向下一个将要放入数据的空位置，且由高地址向低地址生成。如指令 LDMED、STMED 等。

3.4　ARM 处理器的指令集

3.4.1　数据处理类指令

数据处理指令大致分为 3 类：数据传送指令、算术逻辑运算指令和比较指令。

数据处理指令只能对寄存器的内容进行操作，而不能对内存中的数据进行操作。所有 ARM 数据处理指令均可选择使用 S 后缀，以使指令影响状态标志位。

表 3-3 所示为 32 位数据处理类指令的编码格式；表 3-4 所示为数据处理类指令的具体描述。

表 3-3　32 位数据处理类指令的编码格式

位	[31:28]	[27:26]	25	[24:21]	20	[19:16]	[15:12]	[11:0]
含义	cond	0 0	I	opcode	S	Rn	Rd	operand2

具体解释如下：

bit[31:28]为条件域；

bit[25] = 0,operand2 使用寄存器 ，bit[25] =1, operand2 使用立即数；

bit[24:21]:操作码；

bit[20]=0,不设置条件码,bit[20] =1,设置条件码；

bit[19:16]:第 1 操作数,[15:12]:目的寄存器。

表 3-4　数据处理类指令

bit[24:21]	汇编助记符	指 令 含 义
0000	AND	操作数 1 逻辑与操作数 2
0001	EOR	操作数 1 逻辑异或操作数 2
0010	SUB	操作数 1－操作数 2
0011	RSB	操作数 2－操作数 1
0100	ADD	操作数 1＋操作数 2
0101	ADC	操作数 1＋操作数 2＋进位
0110	SBC	操作数 1－操作数 2＋进位－1
0111	RSC	操作数 2－操作数 1＋进位－1
1000	TST	同 AND,但不记录结果
1001	TEQ	同 EOR,但不记录结果
1010	CMP	同 SUB,但不记录结果
1011	CMN	同 ADD,但不记录结果

bit[24:21]	汇编助记符	指 令 含 义
1100	ORR	操作数1逻辑或操作数2
1101	MOV	操作数2(忽略操作数1)
1110	BIC	操作数1逻辑与非操作数2(清除位)
1111	MVN	操作数2取反(忽略操作数1)

1. 数据传送指令

1)数据传送指令 MOV

指令作用:用于将操作数传送到目的寄存器中。其中 S 决定指令的操作是否影响 CPSR 中条件标志位的值,当没有 S 时指令不更新 CPSR 中条件标志位的值。

语法格式:

    MOV{条件}{S}目的寄存器,操作数

指令举例:

    MOV R1,R0   ;将寄存器 R0 的值传送到寄存器 R1
    MOV PC,R14   ;将寄存器 R14 的值传送到 PC,常用于子程序返回
    MOV R1,R0,LSL# 3 ;将寄存器 R0 的值左移 3 位后传送到 R1

2)数据取反传送指令 MVN

指令作用:用于将操作数按位取反后传送到目的寄存器中。其中 S 决定指令的操作是否影响 CPSR 中条件标志位的值,当没有 S 时指令不更新 CPSR 中条件标志位的值。

语法格式:

    MVN{条件}{S} 目的寄存器,操作数

指令举例:

    MVN R0,# 0 ;将立即数 0 取反传送到寄存器 R0 中

2. 比较指令

1)比较指令

指令作用:用于对 2 个操作数进行比较,同时更新 CPSR 中条件标志位的值。该指令进行一次减法运算,但不存储结果,只更改条件标志位。标志位表示的是操作数 1 与操作数 2 的关系(大、小、相等),如果操作数 1 大于操作数 2,则此后有 GT 后缀的指令将可以执行。

语法格式:

    CMP{条件} 操作数 1,操作数 2

指令举例:

    CMP R1,R0 ;将 R1 的值与 R0 的值相减,并根据结果设置 CPSR 的标志位

2)反值比较指令

指令作用:用于 2 个操作数分别取反后进行比较,同时更新 CPSR 中条件标志位的值。该指令实际完成操作数 1 和操作数 2 相加,并根据结果更改条件标志位。

语法格式:

    CMN{条件} 操作数 1,操作数 2

指令举例:

    CMN R1,# 100 ;将 R1 的值与立即数 100 相加,并根据结果设置 CPSR 的标志位

3. 测试指令

1)位测试指令

指令作用:用于将 2 个操作数进行按位的与运算,并根据运算结果更新 CPSR 中条件标

志位的值。该指令通常用来检测是否设置了特定的位,一般操作数 1 是要测试的数据,而操作数 2 是一个位掩码。

语法格式:

TST{条件} 操作数 1,操作数 2

指令举例:

```
TST  R1, # % 1     ;将 R1 的值与二进制数 1 按位进行与运算,并根据结果设置 CPSR 的标
                    志位;
TST  R1, # 0xFE   ;将 R1 的值与十六进制数 FE 按位进行与运算,并据结果设置 CPSR 的标志
                    位。
```

2)相等测试指令

指令作用:用于将 2 个操作数进行按位的异或运算,并根据运算结果更新 CPSR 中条件标志位的值。该指令通常用于比较操作数 1 和操作数 2 是否相等。

语法格式:

TEQ{条件} 操作数 1,操作数 2

指令举例:

```
EQ R1,R2   ;将 R1 的值与 R2 的值按位异或,并据结果设置 CPSR 的标志位
```

4.加法指令

1)加法指令

指令作用:两个操作数相加,并将结果存放到目的寄存器中。操作数 1 应是一个寄存器,操作数 2 可以由寄存器移位产生,或是一个立即数。

语法格式:

ADD{条件} {S} 目的寄存器,操作数 1,操作数 2

指令举例:

```
ADD  R0,R1, # 256  ; R0= R1 + 256,操作数 2 是立即数
ADD  R0,R2,R3,LSL# 1  ; R0= R2 + (R3 << 1),操作数 2 是寄存器移位产生
```

2)带进位加法指令

指令作用:两个操作数和 CPSR 中条件标志位的值相加,结果存放到目的寄存器中。由于该指令使用了进位标志位,因此可以做大于 32 位的数的加法。注意要设置 S 后缀。

语法格式:

ADC{条件}{S} 目的寄存器,操作数 1,操作数 2

指令举例(两个 128 位数的加法指令):

```
ADDS  R0,R4,R8    ;加低端的字
ADCS  R1,R5,R9      ;加第二个字,带进位
ADCS  R2, R6,R1 0   ;加第三个字,带进位
ADC  R3, R7, R11    ;加第四个字,带进位
```

5.减法指令

1)减法指令

指令作用:操作数 1 减去操作数 2,并将结果存放到目的寄存器中。该指令可用于有符号数或无符号数的减法运算。

语法格式:

SUB{条件} {S} 目的寄存器,操作数 1,操作数 2

指令举例:

```
SUB  R0,R1 ,R2      ; R0 = R1- R2
SUB  R0,R1, # 256    ; R0= R1- 256
SUB  R0,R2,R3, LSL # 1 ; R0 = R2-(R3< < 1)
```

2) 带借位减法指令

指令作用:操作数1减去操作数2,再减去CPSR中的条件标志位C的反码,并将结果存放到目的寄存器中。操作数要求同上。可以做大32位的数的减法,注意不要忘记设置S后缀来更改进位标志。

语法格式:

  SBC{条件}{S} 目的寄存器,操作数1,操作数2

指令举例:

  SBCS R0,R1,R2 ; R0 = R1 - R2 - ! C

3) 反向减法指令

指令作用:用操作数2减去操作数1,并将结果存放到目的寄存器中。

语法格式:

  RSB{条件}{S} 目的寄存器,操作数1,操作数2

指令举例:

  RSB R0,R1,R2 ; R0= R2 - R1
    RSB R0,R1, # 256 ; R0= 256 - R1
    RSB R0,R2,R3,LSL# 1 ; R0 = (R3 < < 1)-R2

4) 带借位反向减法指令

指令作用:操作数2减去操作数1,再减去CPSR中的条件标志位C的反码,并将结果存放到目的寄存器中。操作数1应是一个寄存器,操作数2可以是一个寄存器、被移位的寄存器,或一个立即数。由于该指令使用进位标志来表示借位,因此可以做大于32位的数的减法,这时应注意不要忘记设置S后缀来更改进位标志。该指令可用于有符号数或无符号数的减法运算。

语法格式:

  RSC{条件}{S} 目的寄存器,操作数1,操作数2

指令举例:

  RSC R0,R1,R2 ;R0= R2 - R1—! C

6. 逻辑运算指令

1) 逻辑与指令

指令作用:对两个操作数进行逻辑与运算,并把结果放置到目的寄存器中。操作数1应是一个寄存器、操作数2可以是一个寄存器、被移位的寄存器,或一个立即数。该指令常用于屏蔽操作数1的某些位。

语法格式:

  AND{条件}{S} 目的寄存器,操作数1,操作数2

指令举例:

  AND R0 ,R0 , # 3 ;该指令保持R0的0、1位,其余位清零

2) 逻辑或指令

指令作用:对两个操作数进行逻辑或运算,并把结果放置到目的寄存器中。操作数要求同上。该指令常用于设置操作数1的某些位。

语法格式:

  ORR{条件} {S} 目的寄存器,操作数1,操作数2

指令举例:

  ORR R0 ,R0 , # 3 ;该指令设置R0的0、1位,其余位保持不变

3) 逻辑异或指令

指令作用:对两个操作数进行逻辑异或运算,并把结果放置到目的寄存器中。操作数要

求同上。该指令常用于反转操作数 1 的某些位。

语法格式：

EOR{条件}{S} 目的寄存器,操作数 1,操作数 2

指令举例：

EOR R0,R0,# 3 ;该指令反转 R0 的 0、1 位,其余位保持不变

4）位清除指令

指令作用:用于清除操作数 1 的某些位,并把结果放置到目的寄存器中。操作数要求同上。操作数 2 为 32 位的掩码,如果在掩码中设置了某一位,则清除操作数 1 中相应的位,其余保持不变。

语法格式：

BIC{条件}{S} 目的寄存器,操作数 1,操作数 2

指令举例：

BIC R0,R0,# 0xB;该指令清除 R0 中的 0 、1 和 3 位,其余的位保持不变

3.4.2 跳转指令

程序分支指令用于实现程序流程的跳转,在 ARM 指令中可以使用专门的跳转指令和直接向程序计数器 PC 写入跳转地址值的方法来实现程序流程的转移。

ARM 指令集中包括转移指令 B、带返回的转移指令 BL、带返回且带状态切换的转移指令（BLX）及带状态切换的转移指令（BX）4 条。分支指令可以完成从当前指令向前或向后的 32MB 的地址空间的跳转。

1. 转移指令 B

指令作用:跳转到给定的地址 Label,从 Label 处继续执行。注意在跳转指令中的实际值是相对当前 PC 值的一个偏移量,而不是一个绝对地址,指令能在 32MB 的地址空间实现分支跳转。B 指令是最简单的跳转指令。

语法格式：

B{条件} Label

指令举例：

CMP R1, # 0
;将寄存器 R1 的值减去立即数 0,并根据结果设置 CSPR 的标志位
BEQ Label
;带条件的跳转,当 CPSR 寄存器中的标志位 Z 置位时,程序跳转到标号 Label 处执行

2. 带状态切换的转移指令 BX

指令作用:带状态转换的跳转。如果 Rn 中的最低位为 1,则指令将 CPSR 的 T 标志置为 1,状态切换到 Thumb 指令集。

语法格式：

BX{条件} <Rn>

跳转到指令中所指定的寄存器 Rn 中的目标地址（即 Rn 中的最低位并不作为目标地址,而是作为状态切换位）,目标地址处的指令既可以是 ARM 指令,也可以是 Thumb 指令。

指令举例：

MOV R6,# 0x8000;
BX R6 ;转换到地址为 0x8000 处的 Thumb 指令

3. 带返回的转移指令 BL

指令作用:BL 是带返回的跳转指令,在跳转之前,会在寄存器 R14 中保存 PC 的当前值。因此,可以通过将 R14 的内容重新加载到 PC 中,来返回到跳转指令之后的那个指令处

执行。该指令是实现子程序调用的一个基本且常用的手段。

语法格式:

    BL{条件} 目标地址

指令举例:

    BL Label;程序无条件跳转到标号 Label 处执行时,同时将当前 PC 值保存到 R14 中

4. 带返回且带状态切换的转移指令 BLX

指令作用:这条指令执行了将寄存器 Rn 中的内容复制到程序计数器 PC 中的分支跳转。当执行该指令时,Rn[0]的值将决定是按 ARM 指令还是按 Thumb 指令来译码指令流。

语法格式:

    BLX{cond} Rn

例 3-2　状态切换程序举例。

    ADR R0, Into_THUMB+ 1 ;引起分支跳转的目标地址,设置位[0]为高,从此时
                          起它将进入 Thumb 状态
    BX R0   ;分支跳转并且切换到 Thumb 状态
    CODE16   ;汇编(Assemble)后面的代码为 Thumb 指令
    Into_THUMB
    ADR R5, Back_to_ARM   ;引起分支跳转的目标按字对齐地址,从此时起位[0]
                          为低并将切换回 ARM 状态
    BX R5   ;分支跳转并且切换回 ARM 状态
    ALIGN   ;按字对齐
    CODE32   ;汇编后面的代码为 ARM 指令
    Back_to_ARM
    ......

3.4.3　乘法指令

ARM 微处理器支持的乘法指令与乘加指令共有 6 条,按运算结果可分为 32 位和 64 位两类,与前面的数据处理指令不同,乘法指令与乘加指令中的所有操作数、目的寄存器必须为通用寄存器,不能用立即数或被移位的寄存器作为操作数,同时,目的寄存器和操作数 1 必须是不同的寄存器。

1. 乘法指令和乘加指令(MUL,MLA)

指令作用:乘法指令完成操作数 1 与操作数 2 的乘法运算,并把结果放置到目的寄存器中,同时根据运算结果设置 CPSR 中相应的条件标志位。乘加指令完成操作数 1×操作数 2＋操作数 3 的运算,并把结果放置到目的寄存器中,同时根据运算结果设置 CPSR 中相应的条件标志位。

语法格式:

    MUL{条件}{S} 目的寄存器,操作数 1,操作数 2
    MLA{条件}{S} 目的寄存器,操作数 1,操作数 2,操作数 3

其中,操作数 1 和操作数 2 均为 32 位的有符号数或无符号数。

指令举例:

    MUL   R0,R1,R2 ;R0= R1×R2
    MULS R0, R1,R2 ;R0= R1×R2,同时设置 CPSR 中的相关条件标志位
    MLA   R0,R1,R2,R3 ;R0 = R1×R2 + R3
    MLAS R0,R1,R2,R3 ;R0= R1×R2 + R3,同时设置 CPSR 中的相关条件标志位

2. 长乘法指令(SMULL,UMULL)

指令作用:操作数 1 与操作数 2 进行乘法运算,并把结果的低 32 位放置到目的寄存器

Low 中,结果的高 32 位放置到目的寄存器 High 中,同时可以根据运算结果设置 CPSR 中相应的条件标志位。其中,当操作符为 SMULL 时,表示为 64 位有符号数乘法运算,操作数 1 和操作数 2 均为 32 位的有符号数;当操作符为 UMULL 时,表示为 64 位无符号数乘法运算,操作数 1 和操作数 2 均为 32 位的无符号数。

语法格式:

```
SMULL / UMULL {条件} {S} 目的寄存器 Low,目的寄存器 High,操作数 1,操作数 2
```

指令举例:

```
SMULL  R0,R1,R2,R3   ;R0=（R2×R3）的低 32 位,R1=（R2×R3）的高 32 位
UMULL  R0,R1,R2,R3   ;R0 =（R2×R3）的低 32 位;R1=（R2×R3）的高 32 位
```

3.4.4　LoadStore 指令

ARM 微处理器中的加载/存储指令,用于在寄存器和存储器之间传送数据。加载指令用于将存储器中的数据传送到寄存器,存储指令则用于将寄存器中的数据传送到存储器。

加载/存储指令可分为:单数据加载/存储指令、批量数据加载/存储指令以及数据交换指令三类。

1. 单数据加载/存储指令

单数据加载/存储指令包括字数据加载指令(LDR)、字节数据加载指令(LDRB)、半字数据加载指令(LDRH)、字数据存储指令(STR)、字节数据存储指令(STRB)及半字数据存储指令(STRH)。

1）字数据加载指令

指令作用:用于从存储器中将一个 32 位的字数据传送到目的寄存器中。

该指令常用于从存储器中读取 32 位的字数据到通用寄存器,然后对数据进行处理。当程序计数器(PC)作为目的寄存器时,指令从存储器中读取的字数据被当作目的地址,从而可以实现程序流程的跳转。

语法格式:

```
LDR{条件} 目的寄存器,< 存储器地址>
```

指令举例:

```
LDR  R0,[R1]       ;将存储器地址为 R1 的字数据读入寄存器 R0
LDR  R0,[R1,R2]    ;将存储器地址为 R1+ R2 的字数据读入寄存器 R0;
LDR  R0,[R1],R2,LSL # 2 ;将存储器地址为 R1 的字数据读入寄存器 R0,并将新地址 R1 +
                        R2×4 写入 R1
LDR  R0,[R1,# 8]   ;将存储器地址为 R1+ 8 的字数据读入寄存器 R0
LDR  R0,[R1,R2]!   ;将存储器地址为 R1+ R2 的字数据读入寄存器 R0,并将新地址 R1+ R2 写
                    入 R1
LDR  R0,[R1,# 8]!  ;将存储器地址为 R1 + 8 的字数据读入寄存器 R0,并将新地址 R1 + 8 写
                    入 R1
LDR  R0,[R1],R2    ;将存储器地址为 R1 的字数据读入寄存器 R0,并将新地址 R1 十 R2 写入 R1
LDR  R0,[R1,R2,LSL # 2 ]! ;将存储器地址为 R1 + R2×4 的字数据读入 R0,并将新地址 R1
                          + R2×4 写入 R1
```

2）字节数据加载指令

指令作用:将一个 8 位的字节数据从存储器中传送到目的寄存器中,同时将寄存器的高 24 位清零。该指令通常用于从存储器中读取 8 位的字节数据到通用寄存器,然后对数据进行处理。

语法格式:

```
LDR{条件}B  目的寄存器,< 存储器地址>
```

指令举例:

```
LDRB  R0,[R1]      ;将存储器地址为R1的字节数据读入寄存器R0,并将R0的高24位清零
LDRB  R0,[R1,# 8]  ;将存储器地址为R1+8的字节数据读入寄存器R0,并将R0的高24位
                    清零
```

3) 半字数据加载指令

指令作用:从存储器中将一个16位的半字数据传送到目的寄存器中,同时将寄存器的高16位清零。当程序计数器(PC)作为目的寄存器时,指令从存储器中读取的字数据被当作目的地址,从而可以实现程序流程的跳转。

语法格式:

```
LDR{条件}H  目的寄存器,<存储器地址>
```

指令举例:

```
LDRH  R0,[R1]      ;将存储器地址为R1的半字数据读入寄存器R0,并将R0的高16位清零
LDRH  R0,[R1,# 8]  ;将存储器地址为R1+8的半字数据读入寄存器R0,并将R0的高16位
                    清零
LDRH  R0,[R1,R2]   ;将存储器地址为R1+R2的半字数据读入寄存器R0,并将R0的高16位清零
```

4) 字数据存储指令

指令作用:从源寄存器中将一个32位的字数据传送到存储器中。该指令在程序设计中较为常用,且寻址方式灵活多样,使用方式可参考指令LDR。

语法格式:

```
STR{条件} 源寄存器,<存储器地址>
```

指令举例:

```
STR  R0,[R1],# 8;将R0中的字数据写入以R1为地址的存储器中,并将新地址R1+8写入R1
STR  R0,[R1,# 8] ;将R0中的字数据写入以R1+8为地址的存储器中
```

5) 字节数据存储指令

指令作用:将源寄存器中位于低8位的字节数据传送到存储器中。

语法格式:

```
STR{条件}B 源寄存器,<存储器地址>
```

程序举例:

```
STRB  R0,[R1]      ;将寄存器R0中的字节数据写入以R1为地址的存储器中
STRB  R0,[R1,# 8]  ;将寄存器R0中的字节数据写入以R1+8为地址的存储器中
```

6) 半字数据存储指令

指令作用:从源寄存器中将一个16位的半字数据传送到存储器中。该半字数据为源寄存器中的低16位。

语法格式:

```
STR{条件}H 源寄存器,<存储器地址>
```

指令举例:

```
STRH  R0,[R1]      ;将寄存器R0中的半字数据写入以R1为地址的存储器中
STRH  R0,[R1,# 8] ;将寄存器R0中的半字数据写入以R1+8为地址的存储器中
```

2. 批量数据加载/存储指令

ARM微处理器所支持的批量数据加载/存储指令,可以一次在连续的几个存储器单元和多个存储器之间传送数据。

常用的批量数据加载/存储指令有批量数据加载指令(LDM)及批量数据存储指令(STM)。

1) 批量数据加载指令

指令作用:将存储器中多个数据传输到寄存器组中,该指令的常见用途是将多个寄存器

的内容出栈。

语法格式：

LDM{条件}{类型} 基址寄存器{!},寄存器列表{^}

{类型}为可选后缀,通常有以下几种情况:

IA——每次传送后的地址加 1;IB——每次传送前的地址加 1;

DA——每次传送后的地址减 1;DB——每次传送前的地址减 1;

FD——满递减堆栈;ED——空递减堆栈;

FA——满递增堆栈;EA——空递增堆栈。

{!}为可选后缀,若选用该后缀,则当数据传送完毕之后,将最后的地址写入基址寄存器,否则基址寄存器的内容不改变。

基址寄存器不允许为 R15,寄存器列表可为 R0～R15 的任意组合。

{^}为可选后缀,当指令为 LDM 且寄存器列表中包含 R15,选用该后缀时表示:除了正常的数据传送之外,还将 SPSR 复制到 CPSR。同时,该后缀还表示传入或传出的是用户模式下的寄存器。

指令举例:

LDMFD R13!,{R0,R4-R12,PC} ;将由 R13 指示的堆栈内容恢复到寄存器 R0、R4～ R12 及程序计
        数器(PC)中

2) 批量数据存储指令

指令作用:将寄存器列表所指示的多个寄存器的数据存储到由基址寄存器所指示的连续存储器中,该指令的常见用途是将多个寄存器的内容入栈。其可选后缀的含义与 LDM 指令的相同。

语法格式:

STM{条件}{类型} 基址寄存器{ ! },寄存器列表{^}

指令举例:

STMFD R13! ,{R0,R4-R12,LR} ;将寄存器 R0、R4～12 以及 LR 的值存入由 R13 指示的堆栈中

3.数据交换指令

ARM 微处理器所支持的数据交换指令能在存储器和寄存器之间交换数据。数据交换指令有字数据交换指令(SWP)和字节数据交换指令(SWPB)两条。

1) 字数据交换指令

指令作用:将源寄存器 2 所指向的存储器中的字数据传送到目的寄存器中,同时将源寄存器 1 中的字数据传送到源寄存器 2 所指向的存储器中。显然,当源寄存器 1 和目的寄存器为同一个寄存器时,指令交换该寄存器和存储器的内容。

语法格式:

SWP{条件} 目的寄存器,源寄存器 1,[源寄存器 2]

指令举例:

SWP R0,R1,[R2] ;将 R2 所指向的存储器中的字数据传送到 R0,同时将 R1 中的字数据传送到
        R2 所指向的存储单元
SWP R0,R0,[R1] ;该指令完成将 R1 所指向的存储器中的字数据与 R0 中的字数据交换

2) 字节数据交换指令

指令作用:将源寄存器 2 所指向的存储器中的字节数据传送到目的寄存器中,目的寄存器的高 24 位清零,同时将源寄存器 1 中的字节数据传送到源寄存器 2 所指向的存储器中。显然,当源寄存器 1 和目的寄存器为同一个寄存器时,指令交换该寄存器和存储器的内容。

语法格式:

SWP{条件}B 目的寄存器,源寄存器 1,[源寄存器 2]

指令举例：

```
SWPB  R0,R1,[R2] ;将 R2 所指向的存储器中的字节数据传送到 R0,R0 的高 24 位清零,同时将
               R1 中的低 8 位数据传送到 R2 所指向的存储单元
SWPB  R0,R0,[R1] ;该指令完成将 R1 所指向的存储器中的字节数据与 R0 中的低 8 位数据交换
```

3.4.5 状态寄存器访问指令

ARM 微处理器支持程序状态寄存器访问指令,用于在程序状态寄存器和通用寄存器之间传送数据,包括程序状态寄存器到通用寄存器的数据传送指令(MRS)和通用寄存器到程序状态寄存器的数据传送指令(MSR)两条。

1. 程序状态寄存器到通用寄存器的数据传送指令

指令作用:将程序状态寄存器的内容传送到通用寄存器中。

当需要改写程序状态寄存器的数据时,用 MRS 指令将程序状态寄存器的内容读入通用寄存器,修改后再写回程序状态寄存器;当在异常处理或进程切换时,需要保存程序状态寄存器的值,可先用 MRS 指令读出程序状态寄存器的值,然后保存。

语法格式：

MRS{条件} 通用寄存器,程序状态寄存器(CPSR 或 SPSR)

指令举例：

```
MRS  R0, CPSR  ;传送 CPSR 的内容到 R0
MRS  R0, SPSR  ;传送 SPSR 的内容到 R0
```

2. 通用寄存器到程序状态寄存器的数据传送指令

指令作用:将操作数的内容传送到程序状态寄存器的特定域中,操作数可以为通用寄存器或立即数。选项<域>用于设置程序状态寄存器中需要操作的位。

语法格式：

MSR{条件} 程序状态寄存器(CPSR 或 SPSR) _ < 域> ,操作数

32 位的程序状态寄存器可分为 4 个域：

① 位(31~24)为条件标志位域,用 f 表示;

② 位(23~16)为状态位域,用 s 表示;

③ 位(15~8)为扩展位域,用 x 表示;

④ 位(7~0)为控制位域,用 c 表示。

MSR 指令通常用于恢复或改变程序状态寄存器的内容,在使用时,一般要在 MSR 指令中指明将要操作的域。

指令举例：

```
MSR  CPSR,R0    ;传送 R0 的内容到 CPSR
MSR  SPSR,R0    ;传送 R0 的内容到 SPSR
MSR  CPSR_c, R0 ;传送 R0 的内容到 SPSR,但仅修改 CPSR 中的控制位域
```

例 3-3 下面两个函数完成使能 IRQ 中断和禁能 IRQ 中断。

```
ENABLE_IRQ
    MRS   R0, CPSR ;将 CPSR 寄存器的内容读出到 R0
    BIC   R0, R0,# 0x80
    MSR   CPSR_c,R0 ;修改对应于 CPSR 中的 I 控制位
    MOV   PC,LR   ;返回
DISABLE_IRQ
    MRS   R0, CPSR ;将 CPSR 寄存器的内容读出到 R0
    ORR   R0, R0,# 0x80
    MSR   CPSR_c,R0 ;修改对应于 CPSR 中的 I 控制位
    MOV   PC,LR
```

3.4.6 协处理器指令

ARM 微处理器可支持多达 16 个协处理器,在程序执行过程中,每个协处理器忽略属于 ARM 处理器和其他协处理器指令。当一个协处理器硬件不能执行属于自己的协处理器指令时,就会产生一个未定义的异常中断,在异常中断处理程序中,可以通过软件模拟该硬件的操作,比如,如果系统不包含向量浮点运算器,则可以选择浮点运算软件模拟包来支持向量浮点运算。

ARM 协处理器指令包括协处理器数操作指令(CDP)、协处理器数据加载指令(LDC)、协处理器数据存储指令(STC)、ARM 寄存器到协处理器寄存器的数据传送指令(MCR)及协处理器寄存器到 ARM 寄存器的数据传送指令(MRC)共 5 条。

1. 协处理器数操作指令

指令作用:通知 ARM 协处理器执行特定的操作,若协处理器不能成功完成特定的操作,则产生未定义指令异常。其中操作码 1 和操作码 2 为协处理器将要执行的操作,目的寄存器和源寄存器均为协处理器的寄存器。

语法格式:

CDP{条件} 协处理器编号,操作码 1,目的寄存器,源寄存器 1,源寄存器 2,操作码 2

指令举例:

CDP P2,5,C12,C10,C3,4 ;该指令完成协处理器 P2 的初始化,即让协处理器 P2 在 C10,C3 上执行操作 5 和 4,并将结果存入 C12 中

2. 协处理器数据加载指令

指令作用:LDC 指令从一系列连续的内存单元将数据读取到协处理器的寄存器中,如果协处理器不能成功地执行该操作,将产生未定义的指令异常中断。其中,{L}选项表示指令为长读取操作,如用于双精度数据的传输。

语法格式:

LDC{条件}{L} 协处理器编码,目的寄存器,[源寄存器]

指令举例:

LDC P5,C3,[R0];将 ARM 处理器的寄存器 R0 所指向的存储器中的字数据传送到协处理器 P5 的寄存器 C3 中

3. 协处理器数据存储指令

指令作用:STC 指令将协处理器的寄存器中的数据写入内存单元中。

语法格式:

STC{条件}{L} 协处理器编码,源寄存器,[目的寄存器]

指令举例:

STCP8,C8,[R2,# 4]!;R2 为 ARM 寄存器,指令将协处理器 P8 的 C8 寄存器中的字数据写入到内存单元(R2+ 4)中,然后执行 R2= R2+ 4 操作

4. ARM 寄存器到协处理器寄存器的数据传送指令

指令作用:MCR 指令将 ARM 处理器的寄存器中的数据传送到协处理器的寄存器中,如果协处理器不能成功地执行该操作,将产生未定义的指令异常中断。其中协处理器操作码 1 和协处理器操作码 2 为协处理器将要执行的操作,源寄存器为 ARM 处理器的寄存器,目的寄存器 1 和目的寄存器 2 均为协处理器的寄存器。

语法格式:

MCR{条件}协处理器编号,操作码 1,源寄存器,目的寄存器 1,目的寄存器 2,操作码 2

指令举例:

MCR P3,3,R0,C4 ,C5 ,6 ;该指令将 ARM 处理器寄存器 R0 中的数据传送到协处理器 P3 的寄存器 C4 和 C5 中

5. 协处理器寄存器到 ARM 寄存器的数据传送指令

MRC 指令将协处理器寄存器中的数值传送到 ARM 的寄存器中,如果协处理器不能成功地执行这些操作,将产生未定义的指令异常中断。

指令举例:

```
MRC p15,2,R5,c0,c2,4    ;该指令将协处理器 p15 寄存器中的数据传送到 ARM 寄存器中,其中,
                         R5 为 ARM 寄存器,是目标寄存器,C0 和 C2 为协处理器寄存器,存放
                         源操作数,操作码 1 为 2,操作码 2 为 4
```

3.4.7 软件中断指令

当处于用户模式下,是没有权限实现模式切换的。若想实现模式切换,只能由另一种方法来实现,即通过外部中断或是异常处理过程进行切换。软件中断是利用硬件中断的概念,用软件方式进行模拟,实现从用户模式切换到特权模式并执行特权程序的机制。

指令作用:产生软件中断,以使用户程序能调用操作系统的系统中断服务。操作系统在软件中断指令的异常处理程序中提供相应的系统服务,指令中 24 位的立即数指定了用户请求的服务类型,中断服务的参数通过通用寄存器传递。用户程序调用系统例程的类型由通用寄存器 R0 的内容决定。

语法格式:

```
SWI{条件}  24 位的立即数
```

该指令只在条件为真时执行。软件中断指令用于在受限制方式下进入管理模式。指令引起软件中断陷阱,并影响模式的改变。接着 PC 被强制成固定值(0x08),CPSR 被存到 SPSR_svc。

指令举例:

```
MOV R0,# 34             ;设置功能号为 34
SWI 12                  ;产生软件中断,中断号为 12
```

3.5 ARM 汇编器支持的符号与指示符

在 ARM 汇编语言程序里,有一些特殊指令助记符,这些助记符与指令系统的助记符不同,没有相应的操作码,通常称这些特殊指令助记符为伪指令,它们所完成的操作称为伪操作。伪指令在源程序中的作用是为完成汇编语言程序做各种准备工作的,这些伪指令仅在汇编过程中起作用,一旦汇编结束,伪指令的使命就完成了。

在 ARM 得汇编程序中,有符号定义(symbol definition)伪指令、数据定义(data definition)伪指令、地址读取伪指令,汇编控制(assembly control)伪指令、宏指令以及其他伪指令。

3.5.1 符号定义

使用符号能够代表变量、地址和数值常数。符号代表地址时,也称为标号。

1. 符号命名规则

(1) 在符号名中可以使用大写字母、小写字母、数字字符或下划线字符。

(2) 除了局部标号外,不允许在符号名的第一个字符位置使用数字字符。

(3) 符号名中对大、小写字母是敏感的。

(4) 在符号名中所有的字符都是有意义的。

(5) 在它们的作用范围内,符号名必须是唯一的。

(6) 符号名不能使用内建变量名、预定义寄存器名和预定义协处理器名。

(7) 符号名不能使用与指令助记符或指示符相同的名字。

2. 变量(variables)

变量有三种类型:

（1）数值变量；

（2）逻辑变量；

（3）串变量。

变量的类型不能被改变，变量的值可以被改。

3. 常量

常量由数值常量、串常量、布尔常量和字符常量组成。

（1）数值常量。

数值常量在汇编语言中采用以下三种形式：

① 十进制数，例如 234；

② 十六进制数，例如 0x7b 或 0x7B；

③ n 进制数。

汇编语法为 n_xxx，n 是 2～9 之间的一个基数，xxx 是这个基数下的数值，例如 8_375，表示基数为 8（八进制数），数值为 375。

（2）串常量。

（3）布尔常量。

（4）字符常量。

4. 汇编时串变量的替换

可以使用串变量作为汇编语言的一整行或一行的一部分。如果在某一位置使用的串变量带有'MYM'作为前缀，则汇编器用串变量的值替换串变量。'MYM'字符通知汇编器，在检查一行的语法前替换源代码行的串。

使用'.'标记变量名结束，如果变量名后有跟随的字符，替换后跟随在串变量的值后。

5. 标号（labels）

（1）相对程序的标号；

（2）相对寄存器的标号；

（3）绝对地址。

局部标号（local labels）：使用 0～99 范围内的一个数，可以有选择地在其后跟随一个表示当前范围的名字。局部标号用在指令中，指出分支的目标处。

局部标号汇编语法为：

```
n{routname}
```

3.5.2　符号定义指示符

1. 声明并初始化全局变量的 GBLA、GBLL 和 GBLS 指示符

这些指示符用于声明一个 ARM 程序中的全局变量，并将其初始化。全局变量的作用范围为：包含该变量的源程序，全局变量名称在作用范围内必须唯一。

GBLA 指示符声明一个全局算术变量，并初始化成 0。

GBLL 指示符声明并初始化一个全局逻辑变量，并初始化成{FALSE}，取值范围为{TRUE}或{FALSE}。

GBLS 指示符声明并初始化一个全局串变量，并初始化成空串""，取值范围与串表达式相同。

汇编语法分别是：

```
GBLA        变量名
GBLL        变量名
GBLS        变量名
```

指令举例：

```
GBLS    s1;声明一个全局串变量 s1
```

2.声明并初始化局部变量的 LCLA、LCLL 和 LCLS 指示符

局部变量的作用范围为:局部变量仅仅能在一个宏内声明。

LCLA 指示符声明并初始化一个局部算术变量,并初始化成 0。

LCLL 指示符声明并初始化一个局部逻辑变量,并初始化成{FALSE},取值范围为{TRUE}或{FALSE}。

LCLS 指示符声明并初始化一个局部串变量,并初始化成空串"",取值范围与串表达式相同。

汇编语法分别是:

```
LCLA            变量名
LCLL            变量名
LCLS            变量名
```

指令举例:

```
LCLS    s3;声明一个局部串变量 s3
```

3.设置变量值的 SETA、SETL 和 SETS 指示符

这些指示符用于给 ARM 程序中的变量赋值。SETA 用于给一个算术变量赋值。SETL 用于给一个逻辑变量赋值。SETS 用于给一个串变量赋值。

汇编语法分别是:

```
变量 SETA expression;expression 是赋给变量的值
变量 SETL expression
变量 SETS expression
```

使用 SETA、SETL 和 SETS 之前,必须先声明全局变量或局部变量,然后设置它们的值。

使用举例:

```
GBLS    s1;声明一个全局串变量 s1
GBLS    s2;声明一个全局串变量 s2
LCLS    s3;声明一个局部串变量 s3
S1    SETS    "strings1";给 s1 赋值
S2    SETS    "strings2";给 s2 赋值
S3    SETS    s1:CC:S2;给 s3 赋值
GBLL    logic;声明一个全局逻辑变量 logic
logic    SETL    {TRUE};给 logic 赋值
LCLA    arithmetic;声明一个局部算术变量
arithmetic    SETA    0xff    ;给 arithmetic 赋初值为 0xff
```

4.给符号名一个数值常数的 EQU 指示符

EQU 也可以用 * 指示符代替。使用 EQU 来定义常数,与 C 语言中的 #define 类似。

汇编语法为:

```
name EQU expression
```

指令举例:

```
num2  EQU  25     ;给符号 num2 指定值为 25
```

5.声明全局符号的 EXPORT 或 GLOBAL 指示符

GLOBAL 与 EXPORT 有相同的功能。使用 EXPORT 指示符,允许别的文件中的代码引用当前文件中的符号。

汇编语法为:

```
EXPORT symbol {[qualifier{,qualifier}{,qualifier}]}
```

使用举例:

```
        AREA TestSub,CODE,READONLY;定义只读的代码段 TestSub
        EXPORT DoSub              ;函数名能被外部模块使用
        DoSub
        SUB  r1,r2,r1
```

使用举例：

```
    anum    SETA    3500         ;假定 anum 在之前声明过
    addr
    DCD     0x00ff               ;十六进制数
        DCD     0x00FF           ;十六进制数
        DCD     2_11000011       ;二进制数
    bnum    SETA 8_74007     ;假定 bnum 在之前声明过,八进制数
    LDR     r1,='A'
```

3.5.3　与代码有关的指示符

与代码有关的指示符有 AREA、ENTRY、END、CODE16、CODE32、NOFP 和 ROUT，如表 3-5 所示。

表 3-5　与代码有关的指示符

指 示 符	使 用 格 式	功　　能
AREA	AREA 段名	定义段名
ENTRY	ENTRY	程序的入口
END	END	汇编程序结束
CODE32	CODE32	32 位 ARM 指令
CODE16	CODE16	16 位 Thumb 指令
NOFP	NOFP	禁止浮点运算
ROUT	〈局部标号〉ROUT	定义局部标号的使用范围

1. AREA、ENTRY、END 的用法

1) AREA 的用法

AREA 用于定义一个代码段或是数据段。

语法格式：

```
    AREA   sectionname{,attr} {,attr}
```

其中:sectionname 为所定义的段的名称;attr 是该段的属性,具有的属性为:

(1) CODE:定义代码段;

(2) DATA:定义数据段;

(3) READONLY:指定本段为只读,代码段的默认属性;

(4) READWRITE:指定本段为可读可写,数据段的默认属性。

2) ENTRY 的用法

ENTRY 用于声明程序的入口点。

语法格式：

```
    ENTRY
```

> **注意**:一个程序(可包含多个源文件)中至少要有一个 ENTRY(可以有多个 ENTRY),但一个源文件中最多只能有一个 ENTRY(可以没有 ENTRY)。

3) END 的用法

END 伪操作用于通知编译器源程序已结束。

语法格式：

```
END
```

注意：每一个汇编源程序都必须包含 END 伪操作，以表明本源程序的结束。

2. CODE16 和 CODE32 的用法

CODE16 和 CODE32 指示符用于选择指令集。

汇编语法分别是：

```
CODE16
CODE32
```

在 ARM 状态当使用 BX 指令分支到 Thumb 指令时，使用 CODE16。CODE16 放置在分支目标处代码的前面。当从 Thumb 状态分支到 ARM 指令时，使用 CODE32。CODE32 放置在分支目标处代码的前面。

例 3-4　下面这个例子给出如何从 ARM 指令分支到 Thumb 指令。

```
AREA   ARMtoThumb,CODE,READONLY
       CODE32;这个区域开始于 ARM 状态
       ADR   r1,test1+ 1 ;装入地址,设置最低位为 1
       BX    r1          ;分支并且改变指令集
       CODE16            ;提示下面为 Thumb 指令
test1
       MOV   r0,# 20;Thumb 指令
```

例 3-5　ARM 和 Thumb 混合编程举例

```
MOV    r0, # 0x18            ;终止用户程序的机制
LDR    r1, = 0x20026
SWI    0xAB
doadd      ADD    r0, r0, r1            ;子程序
       MOV    pc, lr               ;从子程序返回
       END                         ;汇编结束
```

3. NOFP 的用法

NOFP 伪指令用于禁止源程序中包含浮点运算指令。

语法格式：

```
NOFP
```

4. ROUT 的用法

ROUT 指示符标记局部标号使用范围的界线。

语法格式：

```
{name} ROUT
```

3.5.4　数据定义（data definition）

数据定义伪指令用于为特定的数据分配存储单元和对已分配的存储单元初始化。常见的数据定义伪指令有如下几种。

（1）DCB 用于分配连续的字节存储单元和用指定的数据初始化。

（2）DCW（或 DCWU）用于分配连续的半字存储单元和用指定的数据初始化。

（3）DCD（或 DCDU）用于分配连续的字存储单元和用指定的数据初始化。

（4）DCFD（或 DCFDU）用于为双精度的浮点数分配连续的字存储单元和用指定的数据

初始化。

（5）DCFS（或 DCFSU）用于为单精度的浮点数分配连续的字存储单元和用指定的数据初始化。

（6）DCQ（或 DCQU）用于分配一片以 8 字节为单位的连续的存储单元并用指定的数据初始化。

（7）SPACE 用于分配一段连续的存储单元。

（8）MAP 用于定义一个结构化的内存表首地址。

（9）FIELD 用于定义一个结构化的内存表的数据域。

（10）ALIGN 用于对齐当前的位置到确定的边界。

（11）LTORG 用于声明文字池。

1. DCB

语法格式：

　　　　标号 DCB 表达式

DCB 伪指令用于分配一片连续的字节存储单元并用伪指令中指定的表达式初始化。其中，表达式可以为 0～255 的数字或字符串。DCB 也可用"＝"代替。

使用示例：

　　　　Str　DCB "This is a test!";从 Str 地址开始分配一片连续的字节存储单元并初始化

2. DCW（或 DCWU）

语法格式：

　　　　标号 DCW（或 DCWU）表达式

DCW（或 DCWU）伪指令用于分配一片连续的半字存储单元并用伪指令中指定的表达式初始化。其中，表达式可以为程序标号或数字表达式。

用 DCW 分配的字存储单元是半字对齐的，而用 DCWU 分配的字存储单元并不严格半字对齐。

使用示例：

　　　　DataTest　DCW 1,2,3 ;分配一片连续的半字存储单元并初始化

3. DCD（或 DCDU）

语法格式：

　　　　标号 DCD（或 DCDU）表达式

DCD（或 DCDU）伪指令用于分配一片连续的字存储单元并用伪指令中指定的表达式初始化。其中，表达式可以为程序标号或数字表达式。DCD 也可用"＆"代替。

用 DCD 分配的字存储单元是字对齐的，而用 DCDU 分配的字存储单元并不严格字对齐。

使用示例：

　　　　DataTest　DCD 4,5,6 ;分配一片连续的字存储单元并初始化

4. DCFD（或 DCFDU）

语法格式：

　　　　标号 DCFD（或 DCFDU）表达式

DCFD（或 DCFDU）伪指令用于为双精度的浮点数分配一片连续的字存储单元并用伪指令中指定的表达式初始化。每个双精度的浮点数占据两个字单元。

用 DCFD 分配的字存储单元是字对齐的，而用 DCFDU 分配的字存储单元并不严格字对齐。

使用示例：

　　　　FTest　DCFD 2E15,-5E7 ;分配一片连续的字存储单元并初始化为指定的双精度数

5. DCFS（或 DCFSU）

语法格式：

标号 DCFS(或 DCFSU)表达式

DCFS(或 DCFSU)伪指令用于为单精度的浮点数分配一片连续的字存储单元并用伪指令中指定的表达式初始化。每个单精度的浮点数占据一个字单元。

用 DCFS 分配的字存储单元是字对齐的,而用 DCFSU 分配的字存储单元并不严格字对齐。

使用示例:

```
FData    DCFS 2E5,-5E7 ;分配一片连续的字存储单元并初始化为指定的单精度数
```

6. DCQ(或 DCQU)

语法格式:

```
标号 DCQ(或 DCQU)表达式
```

DCQ(或 DCQU)伪指令用于分配一片以 8 字节为单位的连续的存储单元并用伪指令中指定的表达式初始化。

用 DCQ 分配的存储单元是字对齐的,而用 DCQU 分配的存储单元并不严格字对齐。

使用示例:

```
DataTest DCQ 100 ;分配一片连续的存储单元并初始化为指定的值
```

7. SPACE

语法格式:

```
标号 SPACE 表达式
```

SPACE 伪指令用于分配一片连续的存储单元并初始化为 0。其中,表达式为要分配的字节数。SPACE 也可用"%"代替。

使用示例:

```
DataSpace  SPACE 1000 ;分配连续 1000 字节的存储单元并初始化为 0
……
AREA   TestData,DATA,READWRITE
data1  % 255        ;分配 255 字节内容为 0 的存储区
```

8. MAP

语法格式:

```
MAP 表达式{,基址寄存器}
```

MAP 伪指令用于定义一个结构化的内存表的首地址。MAP 也可用"^"代替。

表达式可以为程序中的标号或数学表达式,基址寄存器为可选项,当基址寄存器选项不存在时,表达式的值即为内存表的首地址,当该选项存在时,内存表的首地址为表达式的值与基址寄存器的和。

MAP 伪指令通常与 FIELD 伪指令配合使用来定义结构化的内存表。

指令举例:

```
MAP  0x100,R0 ;定义结构化内存表首地址的值为 0x100+R0
```

9. FIELD

语法格式:

```
标号 FIELD 表达式
```

FIELD 伪指令用于定义一个结构化内存表中的数据域。FIELD 也可用"#"代替。

表达式的值为当前数据域在内存表中所占的字节数。

FIELD 伪指令常与 MAP 伪指令配合使用来定义结构化的内存表。MAP 伪指令定义内存表的首地址,FIELD 伪指令定义内存表中的各个数据域,并可以为每个数据域指定一个标号供其他的指令引用。

注意 MAP 和 FIELD 伪指令仅用于定义数据结构,并不实际分配存储单元。

使用示例:

```
     MAP  0x100   ;定义结构化内存表首地址的值为 0x100
     A FIELD 16   ;定义 A 的长度为 16 字节,位置为 0x100
     B FIELD 32   ;定义 B 的长度为 32 字节,位置为 0x110
     S FIELD 256  ;定义 S 的长度为 256 字节,位置为 0x130
```

10. ALIGN

ALIGN 伪操作通过填充 0 将当前的位置以某种形式对齐。

语法格式:

```
     ALIGN {expr{,offset}}
```

expr:一个数字,表示对齐的单位。这个数字是 2 的整数次幂,范围在 $2^0 \sim 2^{31}$ 之间(如果没有指定 expr,则当前位置对齐到下一个字的边界处)

offset:偏移量,可以为常数或数值表达式。

使用示例:

```
     short  DCB   1    ;本位操作使字对齐被破坏
     ALIGN             ;重新使其字对齐
     MOV  R0,1
     ALIGN   8         ;当前位置以 2 个字的方式对齐
```

11. LTORG

语法格式:

```
     LTORG
```

汇编器在代码中使用文字池来存放一些常量数据。LTORG 指示符的作用是通知汇编器,立即汇编当前的文字池。

由 AREA 指示符定义开始的每个区域,在代码区域结尾处或汇编结尾处,即使不写出 LTORG,汇编器也执行 LTORG 指示符。

大一些的程序可能需要几个文字池。如果下一个文字池超出伪指令的寻址范围,汇编器会产生一条错误信息。在这种情况下,必须使用 LTORG 指示符在代码中放置一个附加的文字池。

LTORG 指示符应该在无条件分支或子程序返回指令之后,使得处理器不会试图把常数当作指令去执行。在文字池中,汇编器以字边界对齐数据。

例 3-6　文字池使用举例。

```
     AREA  Test6 , CODE, READONLY
           ENTRY                         ;程序入口
     start
           BL     func1                  ;跳转至第一个子程序
           BL     func2                  ;跳转至第二个子程序
     stop
           MOV    r0, # 0x18
           LDR    r1, = 0x20026
           SWI    0x123456               ;返回控制台,程序运行结束
     func1
           LDR    r0, = 53

           LDR    r1, = 0x12345678

           LDR    r2, = 0xffffff00

           MOV    pc,lr                  ;返回
           LTORG              ;分配一个文字池,存放立即数 53 和 0x12345678
```

```
func2
        LDR    r3, = 0x12345678        ;立即数在前面文字池里
        LDR    r4, = 0x77777777
        MOV    pc, lr
        LTORG              ;分配文字池2,存放立即数 0x77777777
Darea
        SPACE  4000;分配4000字节的内存并清零
        END
```

3.5.5 汇编控制伪操作

1. 条件汇编 IF、ELSE 和 ENDIF 指示符

IF指示符引入一个条件,由这个条件决定是否汇编指令和指示符代码1。ELSE指示符标记指令和指示符代码2的开始,当IF后的条件为假,则汇编指令和指示符代码2。ENDIF指示符标记条件汇编结束。

1）汇编语法

```
        IF logical-expression
指令或指示符代码1
        ELSE
指令或指示符代码2
        ENDIF
```

2）使用方法

汇编器根据条件决定是否汇编某一段代码。

3）使用举例

```
        GBLL   Test                ;声明一个全局逻辑变量 Test
        …
      [ Test= TRUE;可以用 IF 代替
指令或指示符代码1;条件成立编译代码段1
        |
指令或指示符代码2;否则编译代码段2
      ]
```

2. 重复汇编 WHILE 和 WEND 指示符

WHILE指示符测试一个条件,由这个条件决定是否汇编指令和指示符代码。

WEND指示符表示指令和指示符代码结束,由WHILE再次测试条件,决定是否重复进行汇编,直到条件不成立。

语法格式:

```
        WHILE logical-expression
指令和指示符代码
        WEND
```

在使用中,WHILE和WEND配对使用,对指令和指示符代码重复汇编。重复次数可以是0。在WHILE…WEND内可以使用IF…ENDIF。WHILE…WEND能被嵌套使用。

使用举例:

```
    GBLA   count    ;定义一个全局变量 count
           …
count  SETA 3       ;赋初值
        WHILE   count < = 5
count  SETA    count+ 1  ;指令和指示符代码重复汇编3次
        WEND
```

3. 宏定义 MACRO、MEND 和退出宏 MEXIT 指示符

MACRO 指示符标记一个宏定义的开始，MEND 指示符标记这个宏定义的结束，MEXIT 指示符通知汇编器，从宏中退出。

1）宏的语法结构

```
    MACRO
    macro-prototype;宏原型
 ;code
    MEND
```

在 MACRO 指示符后，下一行必须跟着宏原型（macro-prototype）语句。

宏原型语句汇编语法是：

```
    {MYMlabel} macroname{MYMparameter1{,MYMparameter2}…}
```

2）使用方法

使用时，在宏的内部，像 MYMlabel、MYMparameter 这些参数，能够像其他的变量那样，以同样的方法被使用。每次宏调用（macro invocation）时，都要赋给它们一个新的值。参数必须使用 MYM，用来与其他符号区别。

MYMlabel 是可选参数。如果宏内定义一个内部标号，则 MYMlabel 是有用的。它被看作宏的一个参数。

如果使用符号│作为变量，则表示一个参数的缺省值。如果变量被省略，用空串替换。

如果一个参数后面紧跟着文本或另一个参数，在扩展时它们之间无空格时，用"."放在它们中间。如果前面是文本后面是参数，不能使用"."。宏定义了局部变量的使用范围。宏能够被嵌套。

例子：举例说明宏结构。

```
    MACRO
    MYMabc    macroabc     MYMparam1,MYMparam2;宏原型
    ;code
    IF  condition1
      ;code
    MEXIT                               ;从宏中跳出
    ELSE
      ;code
    ENDIF
      ;code
    MEND;宏结束
```

例 3-7　宏使用举例。

```
    MACRO
    MYMlabel   jump   MYMa1,MYMa2
             ……
    MYMlabel.loop1
             ……
             BGE    MYMlabel.loop1
    MYMlabel.loop2
             BL     MYMa1
             BGT    MYMlabel.loop2
             ……
             ADR    MYMa2
    MEND
```

在程序中调用此宏：

```
exam    jump        sub,det
调用宏后执行下面的操作
……
examloop1
……
BGE     examloop1
examloop2
BL      sub
BGT     examloop2
……
ADR     det
```

3.6 ARM 汇编器支持的伪指令

1. ADR 伪指令

ADR 伪指令装入一个相对程序或相对寄存器的地址到一个寄存器。

1）汇编语法

```
ADR{condition} register,expression
```

2）使用方法

使用中，ADR 总是被汇编成一条指令。汇编器试图产生一条 ADD 或 SUB 指令，装入地址。如果不能用一条指令构造出地址，则产生错误信息，汇编失败。

如果 expression 是相对程序的，计算产生的地址必须与 ADR 伪指令在同一个代码区域。

指令举例：

```
Test1
MOV r1,# 0
ADR r2,Test1              ;产生一条 SUB 指令,装入地址 Test1 到 r2
```

 例 3-8　用 ARM 汇编语言实现子程序的调用。

```
AREA ThumbSub, CODE, READONLY    ;命名代码块
ENTRY
CODE32
header
ADR     r0, start + 1
BX      r0

CODE16
start
        MOV     r0, # 10                ;建立参数
        MOV     r1, # 3
        BL      doadd                   ;调用子程序
stop
B stop
doadd
        ADD     r0, r0, r1              ;子程序代码
        MOV     pc, lr                  ;从子程序返回
        END                             ;文件结束
```

2. ADRL 伪指令

ADRL 伪指令装入一个相对程序或相对寄存器的地址到一个寄存器。与 ADR 伪指令功

能相似,但 ADRL 比 ADR 能装入更大的地址范围,原因是 ADRL 产生两条数据处理指令。

1) 汇编语法

```
ADRL{condition} register,expression
```

2) 使用方法

使用中,ADRL 总是被汇编成 2 条指令。如果汇编器不能以 2 条指令构造出地址,则产生错误信息,汇编失败。

如果 expression 是相对程序的,它必须计算产生一个与 ADRL 伪指令在同一个代码区域的地址。

指令举例:

```
start
MOV  r0,# 10
ADRL r4,start+ 60000   ;汇编成 2 条 ARM 指令,完成地址值 start+ 60000 装入到 r4
```

3. LDR 伪指令

LDR 伪指令装入一个 32 位常数值或一个地址到一个寄存器。

1) 汇编语法

```
LDR{condition} register,= [expression|label-expression]
```

2) 使用方法

使用 LDR 伪指令有两个主要目的:一是当一个立即数的值由于超出了范围,不能用 MOV 和 MVN 指令装入到一个寄存器时,用 LDR 伪指令产生一个文字池常数;二是装入一个相对程序或外部的地址到一个寄存器。

指令举例:

```
LDR  r0,= 0x1ff  ;装入 0x1ff 到 r0
LDR  r1,= label  ;装入 label 地址到 r1
```

例 3-9 LDR 使用举例。

```
AREA LDREx   CODE, READONLY
        ENTRY                        ;标记第一条指令开始
run1
BL      sub1                 ;分支到子程序 sub1
BL      sub2                 ;分支到子程序 sub2
stop
MOV     r0, # 0x18
LDR     r1, = 0x20026            ;应用程序运行结束
SWI     0x123456             ;软件中断机制完成
sub1
LDR     r0, = run1
LDR     r1, = Darea + 12
LDR     r2, = Darea +  6000
MOV     pc,lr                ;返回
LTORG                        ;文字池 1
sub2
LDR     r3, = Darea + 6000   ;使用前面的文字池 1
LDR     r4, = Darea + 6008
MOV     pc, lr               ;返回
LTORG
Darea   SPACE   8500                 ;分配 8500 字节并且清零
  END
```

4. NOP 伪指令

对 NOP 伪指令,汇编器产生什么也不操作的 ARM 指令:MOV r0,r0。

汇编语法如下:

```
NOP
```

 ## 3.7　ARM 汇编语言程序设计

3.7.1　ARM 汇编语言特性

ARM 汇编语言源代码行的一般汇编语法是:

```
{symbol}{instruction|directive|pseudo_instruction}{;comment }
{符号}{指令|指示符|伪指令}{;注释}
```

使用时注意以下三点。

(1) 同一条指令的助记符中大、小写不能混用。指令中每一个寄存器名能够全部大写或全部小写,但不能大、小写混用。

(2) symbol 通常是标号(label),在指令或伪指令前它总是标号,在某些指示符前它是表示变量或常量的符号(symbol)。

(3) 行汇编语法中 symbol 必须从第一列开始,指令不能从第一列开始。

3.7.2　ARM 汇编语言程序举例

例 3-10　ADR 伪指令举例。

```
AREA adrlabel, CODE, READONLY
        ENTRY                           ;标记程序入口
Start
        BL func                         ;分支指令,跳转至 func
        align 16;16 字节对齐
stop
        MOV     r0, # 0x18              ;程序运行结束
        LDR     r1, = 0x20026
        SWI     0x123456

        LTORG                           ;创建文字池

func
        ADR     r0, Start              ;加载地址 Start 到 r0
        ADR     r1, DataArea           ;加载地址 DataArea 到 r1
        ADRL    r2, DataArea+ 4300     ;加载地址 DataArea+ 4300 到 r2

        MOV     pc, lr                 ;子程序返回 DataArea %   8000
        ;分配 8000 字节内存空间并用 0 初始化

    END;代码结束
```

例 3-11　跳转表举例。

```
    AREA    Jump, CODE, READONLY       ;命名代码块
        CODE32                         ;指示下面是 ARM 代码

num     EQU     2                      ;定义符号常数
```

```
        ENTRY                    ;标记第一条指令入口

start
MOV     r0, # 01         ;初始化参数
MOV     r1, # 32
MOV     r2, # 24
BL      arithfunc        ;调用函数 arithfunc
stop
MOV     r0, # 0x18           ;程序运行结束
LDR     r1, = 0x20026
SWI     0x123456
arithfunc
CMP     r0, # num            ;比较大小
BHS     DoAdd                ;不执行
ADR     r3, JumpTable    ;r3 指向加载跳转表的位置
LDR     pc, [r3,r0,LSL# 2]       ;调转到 DoSub


JumpTable
    DCD     DoAdd
    DCD     DoSub


DoAdd
    ADD     r0, r1, r2       ;加法操作
    MOV     pc, lr           ;返回


DoSub
    SUB     r0, r1, r2       ;减法操作
    MOV     pc,lr            ;返回
END                  ;代码结束
```

例 3-12　ALIGN 使用举例。

```
AREA adrlabel, CODE, READONLY
        ENTRY
Start
        BL func                          ;带链接跳转指令
        align 16
stop
        MOV     r0, # 0x18
        LDR     r1, = 0x20026
        SWI     0x123456              ;程序运行结束
        LTORG                         ;创建文字池(存储单元)
func
        ADR     r0, Start            ;加载地址
        ADR     r1, DataArea
      ADR r2, DataArea+ 4300
        ADRL    r2, DataArea+ 4300
        MOV     pc, lr               ;返回
DataArea %   8000                    ;分配 8000 字节存储单元并且用 0 初始化
    END
```

例 3-13 数据块复制的举例。

```
        AREA Block, CODE, READONLY    ;命名代码块
num     EQU     20                    ;设置复制的字长度
        ENTRY                         ;标记第一条指令
start
        LDR     r0, = src     ;r0 指向源数据块
        LDR     r1, = dst     ;r1 指向目的数据块
        MOV     r2, # num     ;r2 复制计数指针
        MOV     sp, # 0x400   ;设置堆栈指针
blockcopy
        MOVS    r3,r2, LSR # 3    ;计算块复制次数
        BEQ     copywords     ;r3 为 0 分支到字拷贝
        STMFD   sp!, {r4-r11}
octcopy
        LDMIA   r0!, {r4-r11}    ;加载 8 个字到 r4~r11
        STMIA   r1!, {r4-r11}    ;复制到目的数据块
        SUBS    r3, r3, # 1    ;计数器减 1
        BNE     octcopy       ;不为 0 继续复制
        LDMFD   sp!, {r4-r11}    ;还原备份寄存器 r4~r11
copywords
        ANDS    r2, r2, # 7          ;后面四个字
        BEQ     stop          ;为 0 结束
wordcopy
        LDR     r3, [r0], # 4    ;加载一个字
        STR     r3, [r1], # 4    ;复制到目的数据块
        SUBS    r2, r2, # 1    ;计数器减 1
        BNE     wordcopy          ;计数器不为 0 继续复制
stop
B  stop
        AREA BlockData, DATA, READWRITE
src     DCD     1,2,3,4,5,6,7,8,1,2,3,4,5,6,7,8,1,2,3,4;源数据块
dst     DCD     0,0,0,0,0,0,0,0,0,0,0,0,0,0,0,0,0,0,0,0;目的数据块
        END
```

例 3-14 字复制举例。

```
        AREA Word, CODE, READONLY    ;命名代码块
num     EQU     20                    ;设置复制的长度
        ENTRY                         ;标记第一条指令
start
        LDR     r0, = src     ;r0 指向源数据块
        LDR     r1, = dst     ;r1 指向目的数据块
        MOV     r2, # num     ;r2 为计数器

wordcopy
        LDR     r3, [r0], # 4    ;加载一个字
        STR     r3, [r1], # 4    ;存储字和更新地址
        SUBS    r2, r2, # 1    ;计数器减 1
        BNE     wordcopy
```

```
        stop
        B  stop
                AREA BlockData, DATA, READWRITE
        src     DCD    1,2,3,4,5,6,7,8,1,2,3,4,5,6,7,8,1,2,3,4
        dst     DCD    0,0,0,0,0,0,0,0,0,0,0,0,0,0,0,0,0,0,0,0,0,0,0,0
                END
```

 例 3-15 字符串复制举例。

```
        AREA      StringCopy, CODE, READONLY
        ENTRY                    ;程序的入口
start
        LDR       r1, = srcstr   ;指向源数据串
        LDR       r0, = dststr   ;指向目标数据串
        BL        strcopy        ;调用字符复制函数
stop
        B  stop
strcopy
        LDRB      r2, [r1],# 1    ;加载字节更新地址
        STRB      r2, [r0],# 1    ;存储字节更新地址
        CMP       r2, # 0         ;检查字符结束符
        BNE       strcopy         ;如果不为结束符继续复制
        MOV       pc,lr           ;返回


        AREA      Strings, DATA, READWRITE
srcstr  DCB "Sourse string - Hello World",0
dststr  DCB "Destination string - OK",0
END
```

3.8 汇编语言与 C 语言的混合编程

ARM 编程中使用的 C 语言是标准 C 语言,ARM 的开发环境实际上就是嵌入了一个 C 语言的集成开发环境,这个开发环境与 ARM 的硬件相关。在使用 C 语言时,要用到和汇编语言的混合编程。按照 ATPCS 的规定汇编与 C 程序相互调用和访问。

1. 遵守 ATPCS 规则

ATPCS 规定了一些子程序间调用的基本规则,包括寄存器的使用规则、堆栈的使用规则和参数的传递规则等。

1) 寄存器的使用规则

子程序之间通过寄存器 r0~r3 来传递参数,当参数个数多于 4 个时,使用堆栈来传递参数。此时 r0~r3 可记作 A1~A4。

在子程序中,使用寄存器 r4~r11 保存局部变量。因此当进行子程序调用时要注意对这些寄存器的保存和恢复。此时 r4~r11 可记作 V1~V8。

寄存器 r12 用于保存堆栈指针 SP,当子程序返回时使用该寄存器出栈,记作 IP。

寄存器 r13 用作堆栈指针,记作 SP。寄存器 r14 称为链接寄存器,记作 LR。该寄存器用于保存子程序的返回地址。

寄存器 r15 称为程序计数器,记作 PC。

2) 堆栈的使用规则

ATPCS 规定堆栈采用满递减类型(FD,full descending),即堆栈通过减小存储器的地

址向下增长,堆栈指针指向内含有效数据项的最低地址。

3)参数的传递规则

整数参数的前 4 个使用 r0～r3 传递,其他参数使用堆栈传递;浮点参数使用编号最小且能够满足需要的一组连续的 FP 寄存器传递参数。

子程序的返回结果为一个 32 位整数时,通过 r0 返回;返回结果为一个 64 位整数时,通过 r0 和 r1 返回;依此类推。结果为浮点数时,通过浮点运算部件的寄存器 F0、D0 或者 S0 返回。

2. 汇编程序调用 C 程序的方法

汇编程序的书写要遵循 ATPCS 规则,以保证程序调用时参数能正确传递。在汇编程序中调用 C 程序的方法为:首先在汇编程序中使用 IMPORT 伪指令事先声明将要调用的 C 语言函数;然后通过 BL 指令来调用 C 函数。

例如在一个 C 源文件中定义了如下求和函数:

```
int add(int x,int y)
{
return(x+ y) ; //返回加法结果
}
调用 add() 函数的汇编程序结构如下:
IMPORT add ;声明要调用的 C 函数
……
MOV r0,1
MOV r1,2
BL add ;调用 C 函数 add
……
```

当进行函数调用时,使用 r0 和 r1 实现参数传递,返回结果由 r0 带回。函数调用结束后,r0 的值变成 3。

3. C 程序调用汇编程序的方法

在 C 程序中调用汇编子程序的方法为:首先在汇编程序中使用 EXPORT 伪指令声明被调用的子程序,表示该子程序将在其他文件中被调用;然后在 C 程序中使用 extern 关键字声明要调用的汇编子程序为外部函数。

例如在一个汇编源文件中定义了如下求和函数:

```
EXPORT add ;声明 add 子程序将被外部函数调用
……
add ;求和子程序 add
ADD r0,r0,r1
MOV pc,lr
……
在一个 C 程序的 main() 函数中对 add 汇编子程序进行了调用:
extern int add (int x,int y) ; //声明 add 为外部函数
void main()
{
int a= 1,b= 2,c;
c= add(a,b) ; //调用 add 子程序
……
}
```

当 main() 函数调用 add 汇编子程序时,变量 a、b 的值给了 r0 和 r1,返回结果由 r0 带回,并赋值给变量 c。函数调用结束后,变量 c 的值变成 3。

4. C 程序中内嵌汇编语句

对于时间紧迫的功能一般通过在 C 语言中内嵌汇编语句来实现。内嵌的汇编器支持大部分 ARM 指令和 Thumb 指令。嵌入式汇编语句在形式上表现为独立定义的函数体,其语法格式为:

```
__asm
{
指令
……
}
```

其中"__asm"为内嵌汇编语句的关键字,需要特别注意的是前面有两个下划线。指令之间用分号分隔,如果一条指令占据多行,除最后一行外都要使用连字符"/"。

下面是混合编程调用举例。

例 3-16 汇编函数调用的参数传递。

```
# include < stdio.h>
extern void strcopy(char * d, const char * s) ;
int main()
{       const char * srcstr =  "First string - source";
        char dststr[] =  "Second string - destination";
    printf("Before copying:\n") ;
    printf("  '% s'\n  '% s'\n",srcstr,dststr) ;
    strcopy(dststr,srcstr) ;   //调用汇编子程序 strcopy,参数传递
    printf("After copying:\n") ;
    printf("  '% s'\n  '% s'\n",srcstr,dststr) ;
    return 0;
}
AREA     SCopy, CODE, READONLY
    EXPORT strcopy
strcopy
; r0 = dststr
; r1 = srcstr
        LDRB    r2, [r1],# 1      ;从 srcstr 加载一个字节
        STRB    r2, [r0],# 1      ;字节拷贝到 dststr
        CMP     r2, # 0          ;判断字节是否结束
        BNE     strcopy          ;没有结束继续拷贝
        MOV     pc,lr            ;返回
        END
```

例 3-17 内嵌汇编举例。

```
# include < stdio.h>
void my_strcpy(const char * src, char * dst)
{
    int ch;
    __asm  //__asm关键字启动内联汇编
    {
    loop:
        LDRB    ch, [src], # 1
        STRB    ch, [dst], # 1
        CMP     ch, # 0
```

```
                BNE       loop
            }
        }
        int main(void)
        {
            const char * a =  "Hello world!";
            char b[20];
            my_strcpy(a,b);//函数调用
            printf("Original string: '% s'\n", a);
            printf("Copied   string: '% s'\n", b);
            return 0;
        }
```

3.9 本章小结

本章介绍了 ARM 指令集全部指令编码及条件域的使用方法,讲述了 ARM 指令的编码格式、指令含义、汇编格式和使用举例。介绍了 ARM 程序设计的一些基本概念及在汇编语言程序设计中常见的伪指令、汇编语言的基本语句格式等,以及汇编语言程序的基本结构等。

通过本章的学习,要求基本掌握 ARM 指令集的使用方法,理解汇编语言的程序结构和各种伪操作及伪指令在编译中的作用。能够读懂汇编指令编写的代码,能够简单编写汇编程序。

3.10 本章习题

1.ARM 处理器有几种寻址方式? 请简要说明一下。

2.什么是伪指令和伪操作? 在 ARM 汇编中有哪几种伪指令?

3.如何定义一个宏,宏与子程序的区别是什么?

4.ARM 汇编中如何定义一个段,段有几种属性?

5.在一个汇编源文件中如何包含另一个文件中的内容?

6、r0 和 r1 分别存放一个 64 位操作数的低 32 位和高 32 位,r2 和 r3 分别存放另一个 64 位操作数的低 32 位和高 32 位。用 ARM 汇编指令写出实现 64 位加法的指令段。

7.r0 和 r1 分别存放一个 64 位操作数的低 32 位和高 32 位,r2 和 r3 分别存放另一个 64 位操作数的低 32 位和高 32 位。用 ARM 汇编指令写出实现 64 位减法的指令段。

8.在字符串拷贝子程序中,将 r1 指向的字符串复制到 r0 指向的地方,字符串以 0 作结束标志。

9.将存储器中起始地址 0x80 处的 10 个字数据移动到地址 0xA0 处。

10.利用 PSR 和 PRS 指令来完成允许中断和禁止中断的函数。

11.下面是一段字符拷贝的代码,解释代码并写出代码执行的结果。

```
        AREA     StrCopy, CODE, READONLY
            ENTRY
    start
            LDR     r1, = srcstr
            LDR     r0, = dststr
            BL      strcopy
    stop
            MOV     r0, # 0x18
            LDR     r1, = 0x20026
            SWI     0x123456
    strcopy
```

```
            LDRB    r2, [r1], # 1
            STRB    r2, [r0], # 1
            CMP     r2, # 0
            BNE     strcopy
            MOV     pc, lr
    AREA    Strings, DATA, READWRITE
    srcstr  DCB "First string - source", 0
    dststr  DCB "Second string - destination", 0
        END
```

12. 阅读以下程序，加以注释。

```c
    __inline void enable_IRQ(void)
    {
        int tmp;
        __asm
        {
            MRS tmp, CPSR
            BIC tmp, tmp, # 0x80
            MSR CPSR_c, tmp
        }
    }
    __inline void disable_IRQ(void)
    {
        int tmp;
        __asm
        {
            MRS tmp, CPSR
            ORR tmp, tmp, # 0x80
            MSR CPSR_c, tmp
        }
    }
    int main(void)
    {
        disable_IRQ();
        enable_IRQ();
    }
```

第④章 ARM 集成开发环境

通过本章的学习,理解 ARM 处理器的开发过程,掌握 Realview MDK 软件的使用方法,了解其他开发软件的应用。

本章重点介绍 RealView MDK 软件的使用方法,内容包括微控制器的开发步骤以及如何进行软件仿真等。

本章介绍两种开发环境:RealView MDK 和 ADS1.2。

4.1 RealView MDK 环境介绍

MDK 即 RealView MDK 或 MDK-ARM,是 ARM 公司收购 Keil 公司以后,基于 uVision 界面推出的针对 ARM7、ARM9、Cortex-M0、Cortex-M1、Cortex-M2、Cortex-M3、Cortex-R4 等 ARM 处理器的嵌入式软件开发工具。MDK-ARM 集成了业内最领先的技术,包括 uVision4 集成开发环境与 RealView 编译器 RVCT。支持 ARM7、ARM9 和最新的 Cortex-M3/M1/M0 核处理器,自动配置启动代码,集成 Flash 烧写模块、强大的 Simulation 设备模拟、性能分析等功能,与 ARM 之前的工具包 ADS 等相比,RealView 编译器的最新版本可将性能改善超过 20%。

Keil 公司开发的 ARM 开发工具 MDK,是用来开发基于 ARM 核的系列微控制器的嵌入式应用程序。它适合不同层次的开发者使用,包括专业的应用程序开发工程师和嵌入式软件开发的入门者。MDK 包含了工业标准的 Keil C 编译器、宏汇编器、调试器、实时内核等组件,支持所有基于 ARM 的设备,能帮助工程师按照计划完成项目。

4.2 ULINK2 仿真器简介

ULINK 是 Keil 公司提供的 USB-JTAG 接口仿真器,下面介绍的是版本为 2.0 的 ULINK 仿真器。ULINK2 的主要功能如下:

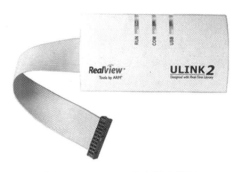

图 4-1 ULINK2 仿真器实物图

(1) 下载目标程序;
(2) 检查内存和寄存器;
(3) 片上调试,整个程序的单步执行;
(4) 插入多个断点;
(5) 运行实时程序;
(6) 对 Flash 存储器进行编程。

ULINK2 支持诸多芯片厂商的 8051、ARM7、ARM9、Cortex-M3、Infineon C16x、Infineon XC16x、InfineonXC8xx、STMicroelectronics PSD 等多个系列的处理器。ULINK2 仿真器实物如图 4-1 所示,由 PC 机的 USB 接口提供电源。ULINK2 不仅包含了 ULINK USB-JTAG 适配器具有的所有特点,还增加了串行线调试(SWD)支持功能,以及返回时钟支持功能和实时代理功能。

ULINK2 的特点具体如下。
(1) 支持标准 Windows USB 驱动,也就是说 ULINK2 可即插即用。
(2) 支持基于 ARM Cortex-M3 的串行线调试。
(3) 支持程序运行期间的存储器读写、终端仿真和串行调试输出。
(4) 支持 10/20 针链接器。

4.3 RealView MDK 的使用

RealView MDK 的工作界面如图 4-2 所示。

使用 Realview MDK 创建一个新
的工程需要以下几个步骤：

（1）选择工具集；

（2）创建工程并选择处理器；

（3）创建源文件；

（4）配置硬件选项；

（5）配置对应启动代码；

（6）编译链接；

（7）调试；

（8）生成镜像文件；

（9）镜像文件下载。

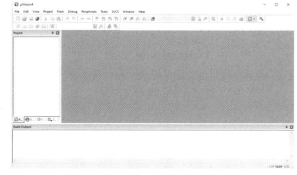

图 4-2　RealView MDK 的工作界面

4.3.1　创建工程并选择处理器

在图 4-2 所示的工作界面中，在 Project 目录下，选择 Project＞New uVision Project…，
针对 S3C2440A，在器件选择对话框的 Samsung 列表下选择 S3C2440A。最后会问是否添加
启动代码到该工程，选择是，如图 4-3 所示。

一般可以默认选择自动生成硬件初始化源文件，如图 4-4 所示。

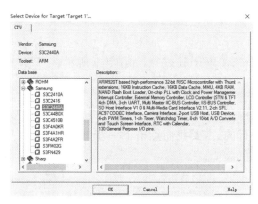

图 4-3　选择处理器　　　　　　　　　图 4-4　选择自动生成硬件初始化源文件

4.3.2　建立一个新的源文件

在新工程中，新建汇编程序文件＊.s，并添加到工程中。如图 4-5 所示，新建一个汇编程
序文件 test1.s 添加到新建工程中。

4.3.3　打开工程中新加入的源文件编辑

在图 4-6 中，打开工程中新加入的源文件可以进行编辑修改，再保存。

4.3.4　工程基本配置

配置 Target 选项，在 Linker 菜单项中，框出的地方为空，如图 4-7 所示。

调试选项设置如图 4-8 所示，选择 Use Simulator，使用软件进行调试。

图 4-5　新建一个汇编程序文件

图 4-6　打开工程中新加入的源文件编辑

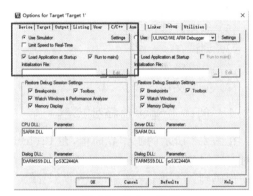

图 4-7　Linker 配置

图 4-8　Debug 设置

4.3.5　工程的编译链接

编译成功将在编译输出显示为 0Error(s),0Warning(s),如图 4-9 所示。

4.3.6　工程的调试

点击如图 4-10 所示的小按钮(框出部分)进行调试操作。可以看到程序已进入正常的调试模式运行,这个时候程序是不会自动运行的,需要我们点击下一步的按钮才会一步一步地去执行。

图 4-9　编译成功界面

图 4-10　调试界面

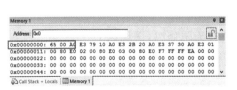

图 4-11　地址 0x0 处第一条指令

第一条指令的机器码如图 4-11 所示。

4.4　ADS1.2

ADS1.2 是一个使用方便的集成开发环境,全称是 ARM Developer Suite v1.2。它是由 ARM 公司提供的专门用于 ARM 相关应用开发和调试的综合性软件。在功能和易用性上较 SDT 都有改善,是一款功能强大又易于使用的开发工具。下面对 ADS1.2 进行一些简要的介绍。

ADS 囊括了一系列的应用,并有相关的文档和实例的支持。使用者可以用它来编写和调试各种基于 ARM 家族 RISC 处理器的应用。使用者可以用 ADS 来开发、编译、调试 C、C++ 和 ARM 汇编语言编写的程序。

ADS 主要由以下部件构成:

(1) 命令行开发工具;

(2) 图形界面开发工具;

(3) 各种辅助工具;

(4) 支持软件。

重点介绍一下图形界面开发工具。

(1) AXD 提供基于 Windows 和 UNIX 使用的 ARM 调试器。它提供了一个完全的 Windows 和 UNIX 环境来调试 C、C++ 和汇编语言的代码。

(2) CodeWarrior IDE 提供基于 Windows 使用的工程管理工具。它的使用使源码文件的管理和编译工程变得非常方便。但 CodeWarrior IDE 在 UNIX 下不能使用。

4.4.1 使用 CodeWarrior 建立工程

CodeWarrior 通过"工程(Project)"来管理一个项目相关的所有文件。因此,在我们正确编译这个项目代码之前,首先要建立"工程",并加入必要的源文件、库文件等。

(1) 运行 ADS1.2 集成开发环境(CodeWarrior for ARM Developer Suite)。

选择 File|New… 菜单,在对话框中选择 Project,如图 4-12 所示,新建一个工程文件。在 Project 中命名工程名 *.mcp。点 Set… 按钮可为该工程选择路径,选中 CreatFolder 选项后创建目录,这样可以将所有与该工程相关的文件放到该工程目录下,便于管理工程。操作中选中"ARM Executable Image"选项,在右边的编辑框中输入工程名,在下面的 Location 栏中,点击"Set…",选择放置工程的路径。点击"确定"则工程被建立。

(2) 在新建的工程中,如图 4-13 所示,选择 Debug 版本,使用 Edit | Debug Settings 菜单对 Debug 版本进行参数设置。为了设置方便,先点选 Targets 页面,选中 DebugRel 和 Release 变量,按下 Del 键将它们删除,仅留下供调试使用的 Debug 变量。点击菜单 Edit | Debug Settings… ,弹出配置对话框如图 4-14 所示。

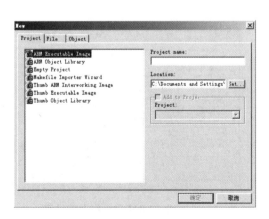

图 4-12　新建工程

图 4-13　工程建好界面

(3) 在 Debug Settings 对话框中选择 Target Settings 项。在 Post-linker 一栏中选择 ARM fromELF。使得工程在链接后再通过 fromELF 产生二进制代码。Lauguage 选项设置如图 4-15 所示。

图 4-14　工程配置对话框——目标设置　　　　图 4-15　Lauguage 选项设置

（4）在 Debug Settings 对话框中选择 ARM Linker 项，如图 4-16 所示。在 Output 选项卡的 Simple image 框中设置链接的 RO（只读地址）和 RW（读写地址）地址。地址 0x30000000 是开发板上 SDRAM 的真实地址，是由系统的硬件决定的。

然后选中 ARM Linker，对链接器进行设置。

在链接器选项设置中第一条代码的入口地址设置如图 4-17 所示。

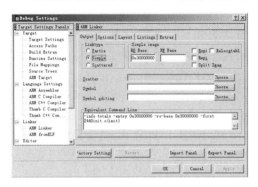

图 4-16　ARM Linker 的 Output 设置　　　　图 4-17　ARM Linker 的 Options 设置

选取 Layout 页面进行设置，如图 4-18 所示。

将 2440init.o 放在映像文件的最前面，它的区域名是 init。

最后，如果希望编译最终生成二进制文件，就要设置 ARM fromELF，如图 4-19 所示。

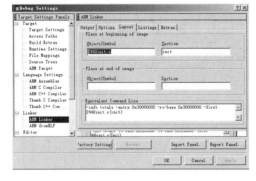
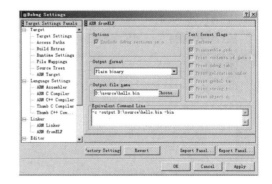

图 4-18　ARM Linker 的 Layout 设置　　　　图 4-19　ARM fromELF 的设置

在 Output format 栏中选择 Plain binary，在 Output file name 栏中，点击"Choose…"选择要输出的二进制文件的文件名和路径（如果此栏为空，则二进制文件将会生成到默认的工程目录下）。这样，对于 Debug 变量的基本设置都完成了。按下"OK"键退出。

4.4.2　在工程中添加源文件

在图 4-20 所示的对话框中,点选 File 页面,选中 Text File,并设置好文件名和路径,点击确定,CodeWarrior 就会新建一个源文件,并可以开始编辑该空文件。CodeWarrior 与 SDT 中的 APM 不同,它具有一个很不错的源代码编辑器,因此,大多数时候,我们可以直接采用它的代码编辑器来编写好程序,然后再添加到工程中。

添加源文件的步骤如下:例如添加 main.c 文件,点选 Files 页面,在空白处按下鼠标右键,点选"Add Files…"项,从目录中选取 main.c 文件(Myhelloworld\main.c),点击"打开",main.c 文件就被加入到工程中了。

用同样的方法,将 Myhelloworld\ 下所有的 ＊.C 和 ＊.S 源文件都添加到 source 中去(包括 Target 目录下的源文件)。Target 目录下还有一个 2440lib.a 文件,这是一个库文件,其中提供了一些常用函数的定义,这些函数在 2440blib.h 进行了声明。这个文件也必须添加到工程中。同样的方法,按鼠标右键,Add files…,将 24440blib.alf 文件添加到工程中。所有源文件添加完成后如图 4-21 所示。

图 4-20　添加源文件

图 4-21　所有源文件添加完成后

4.4.3　进行编译和链接

注意到在图 4-21 中新加入的文件前面有个红色的"钩",说明这个文件还没有被编译过。在进行编译之前,必须正确设置该工程的工具配置选项。如果前面采用的是直接调入工程模板,有些选项已经在模板中保存了下来,可以不再进行设置。如果是新建工程,则必须按照前面所述的步骤进行设置。

(1) 选中所有的文件,点击图标进行文件数据同步。

(2) 然后点击图标,对文件进行编译(compile)。

(3) 点击按钮,对工程进行 make,make 的行为包括以下过程:

① 编译和汇编源程序文件,产生 ＊.o 对象文件;

② 链接对象文件和库产生可执行映像文件;

③ 产生二进制代码。

Make 之后将弹出"Errors & Warnings"对话框,来报告出错和警告情况。编译成功后的显示如图 4-22 所示,图中左上角方框中错误和警告的数目都是 0。

Make 结束后产生了可执行映像文件 Myhelloworld.axf,这个文件可以载入 AXD 进行仿真调试,还可通过 fromelf 工具将 ELF 文件转换为二进制格式文件 ＊.bin。

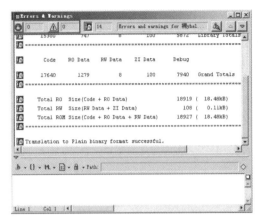

图 4-22　编译后的结果

4.4.4　使用 AXD 进行仿真调试

1. 硬件准备

在调试之前,要先用并口电缆将 PC 机并口和 JTAG 调试模块连接起来,用串口线将 PC 机串口和主板的 UART0 口连接起来(当然还要将主板和 JTAG 板连接起来)。然后,就可以上电了。

2. 使用 UART 串口和超级终端软件进行系统调试

新建一个超级终端项目,将其命名为 ARMSYS,点击“确定”按钮,弹出如图 4-23 所示对话框。

在“连接时使用”项中选好所要使用的串口,点击“确定”按钮。按照图 4-24 所示配置该串口属性。

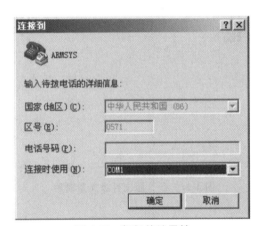

图 4-23　超级终端属性

图 4-24　串口属性配置

然后点击“确定”按钮,这样超级终端就配置好了。在进行调试之前,要先建立好 AXD 与目标系统之间的通信。如果采用简易 JTAG 调试器进行调试,则首先要运行 JTAG 调试代理软件。

3. H-JTAG 使用方法

当前 ARM 的学习与开发非常流行,由于 ARM 的软件开发相对以前单片机而言更加复杂,硬件上要考虑的方面也比较多,因此选择一个好的调试方法将可以使得开发的除错过程变得更加直接和简单。现在市面上有很多可用于 ARM 调试的仿真器出售,然而其价格往往比较贵。这些仿真器一般都有其专用的软件和硬件,在速度和 flash 编程等方面有各自的优势。然而对初学者而言,这些仿真器的成本都太高。而简易仿真器的出现,使得大家可以使用甚至自制 ARM 仿真器硬件。

有了调试器的硬件,还要加上调试代理软件,作为中介,将调试器前端软件(比如 AXD)的调试信息与目标板上的目标芯片交互,才能最终完成仿真的任务。目前,可以免费使用的简易 ARM 仿真器的代理软件很多,差别也比较大,主要表现在易用程度、目标器件支持、调试速度等方面。H-JTAG 作为近年来新推出的简易 ARM 仿真器调试代理软件,其支持器件比较多,支持的调试器前端软件也比较多,特别是支持 keil,其调试速度也很有优势。

1) 安装 H-JTAG

H-JTAG 安装文件位于光盘的"Windows 平台工具\H-JTAG"目录,双击运行,按照其提示安装即可。如图 4-25 所示。

在图 4-26 中直接点击 Next。

图 4-25　安装开始

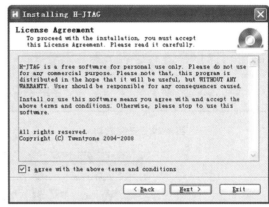

图 4-26　安装提示

在图 4-26 中 I agree……前面方框勾选,后点击 Next 进入图 4-27 所示界面。

在图 4-27 中直接点击 Next,如图 4-28 所示。

图 4-27　安装路径

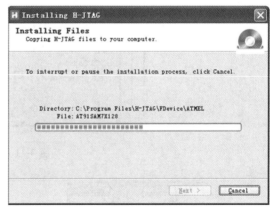

图 4-28　安装进度

等待一段时间后:点击 Finish 即完成了软件的安装。图 4-29 提示安装完毕,会在桌面生成 H-JTAG、H-Converter 和 H-Flasher 快捷方式,双击运行 H-JTAG 即可运行。

2) 设置 JTAG 端口

双击运行 H-JTAG,如图 4-30 所示。

选择菜单项 Settings>Jtag Settings 修改选项配置,如图 4-31 所示。

选择菜单项 Settings>Port Settings 选择 ARM-JTAG 仿真器所用的并口号,如图 4-32所示,点击 Port Testing 按钮,以确认该并口是否可用,如图 4-33 所示。如不可用请检查BIOS 设置。

图 4-29 安装成功

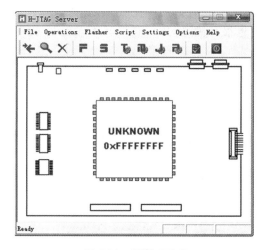

图 4-30 运行 JTAG

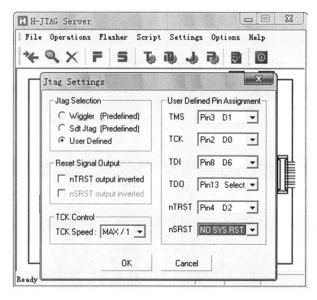

图 4-31 JTAG 设置

图 4-32 端口设置

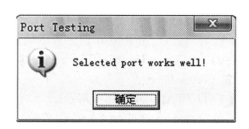

图 4-33 端口设置完成界面

点击 Options 菜单,如图 4-34 所示,检查 Disable Semihosting 和 Disable Vector Catch 是否为选中状态,若没有选中应将其勾选。

使用 UP-LINK 接通开发板和主机,开启电源。

在 H-JTAG Server 窗口中选择 Operations> Detect Target 应该能够检测目标板上的 ARM920T 内核,如图 4-35 所示,如检测不到请检查上述步骤。

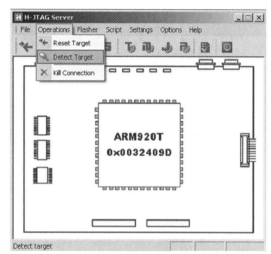

图 4-34　配置 Options　　　　　　　　　图 4-35　检测目标硬件

使用开发板附带的 JTAG 小板连接开发板的 JTAG 接口,并接上电源。点击主菜单 Operations→Detect Target,或者点击工具栏相应的图标也可以,这时就可以看到已经检测到目标器件了。

如果没有设置初始化脚本,也可以检测到CPU,但无法进行下面的单步调试。

4. 运行 JTAG 调试代理软件

在运行 AXD 调试器之前必须首先运行它。

5. 调试器设置

在 CODEWARRIOR 中,工程经过编译成功,产生了 *.axf 文件之后,就可以进行调试了。点击按钮,进入了 AXD 视窗界面。点击菜单项［Option｜Configure Target…］,对调试目标进行配置,如图 4-36 所示。

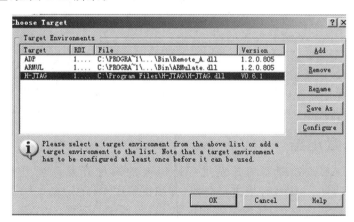

图 4-36　调试目标设置对话框

其中"Remote Connection driver"栏中,点击右边的"Select…"按钮,选择"ARM ethernetdriver"。点击右边的"Configure…"按钮,在编辑栏中输入本机的 IP 地址或者 127.0.0.1。点击"OK"退出调试目标的设置。这时会弹出如图 4-37 所示的对话框。

图 4-37 重新载入对话框

点击"是"按钮,如果目标系统正确链接了,会看到程序下载的进度条显示。进度消息框消失后,显示当前执行代码视窗,如图 4-38 所示,蓝色指针指向第一条执行的语句。

这时,先点击按钮,尝试进行单步运行,如果程序立即正确地跳转到"ResetHandler"处执行,而没有跑飞或按顺序执行,则说明程序的下载成功了,可以进行调试了。

```
ARM_1 - F:\ARMSYS-II\ADS_source\Helloworld\Target\44BINIT.S
83          IMPORT   Main    ; The main entry of mon program
84
85          AREA     Init,CODE,READONLY
86
87          ENTRY
88   ;*************************************************************
89          b        ResetHandler                    ;    Reset
90          ldr      pc, =(_IRQ_BASEADDRESS + 0x04)   ;    Handler1
91          ldr      pc, =(_IRQ_BASEADDRESS + 0x08)   ;    Handler:
92          ldr      pc, =(_IRQ_BASEADDRESS + 0x0C)   ;    Handler:
93          ldr      pc, =(_IRQ_BASEADDRESS + 0x10)   ;    Handler1
94          ldr      pc, =(_IRQ_BASEADDRESS + 0x14)   ;    Handler1
95          ldr      pc, =(_IRQ_BASEADDRESS + 0x18)   ;    Handler:
```

图 4-38 显示当前执行代码视窗

6.观察窗口

AXD 提供了许多有用的观察窗口,点击菜单项中的 Processor Views,可以从它的下拉菜单项中了解可观察的项目。如图 4-39 所示。

这里说明一下其中常用的项目工具:

Registers:可以查看 CPU 在各个工作模式下内部寄存器的值;

Watch:可以用表达式查看变量的值;

Variables:查看变量,包括本地变量、全局变量、类变量;

Backtrace:函数调用情况(堆栈)查看;

Memory:查看存储器内容。输入地址,即可查看这个地址开始的存储单元的值。

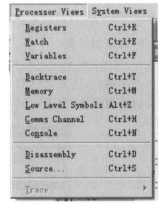

图 4-39 观察窗口

 4.5 本章小结

本章讲述了 ARM 处理器的开发过程所需要的两种开发环境:RealView MDK 和 ADS1.2。对 RealView MDK 环境进行介绍,详细讲解了 RealView MDK 的使用过程。然后对 ADS 开发环境进行讲述,详细讲解了开发、编译、调试的流程。

第5章 时钟控制模块

通过本章的学习可以了解定时器、计数器、脉宽调制器(PWM)的工作原理和相关寄存器的操作方法。掌握时钟的配置方法,各种时钟单元模块的使用方法,理解电源管理的作用。

5.1 系统时钟与电源介绍

一般市场上的嵌入式开发板上晶振仅为 12MHz,而嵌入式处理器 S3C2440A 可以工作在 400MHz 时钟频率,所以 S3C2440A 片内集成了时钟管理单元,主要由锁相环和分频器构成。S3C2440A 芯片内部的时钟信号为 FCLK、HCLK 和 PCLK。

时钟和电源管理单元的信号与 S3C2440A 芯片管脚介绍见表 5-1,表中信号的作用如图 5-1 所示时钟与电源管理结构框图。

表 5-1 时钟和电源管理单元的信号与 S3C2440A 芯片管脚介绍

信 号	I/O	描 述
XTOpll	AO	晶体振荡器信号的输出,若未启用,将其悬空
XTIpll	AI	晶体振荡器输入,内部振荡器工作,若未启用,将 XTIpll 接高电平(3.3 V)
OM[3:2]	I	选择时钟源模式: OM[3:2]=00b,晶振作为 MPLL 和 UPLL 时钟源 OM[3:2]=01b,晶振为 MPLL 时钟源,EXTCLK 为 UPLL 时钟源 OM[3:2]=10b,EXTCLK 为 MPLL 时钟源,晶振为 UPLL 时钟源 OM[3:2]=11b,EXTCLK 为 MPLL 和 UPLL 的时钟源
EXTCLK	I	外部时钟源。若未启用,将其接高电平(3.3 V)
MPLLCAP	AI	主时钟环路滤波电容
UPLLCAP	AI	USB 时钟环路滤波电容
XTIrtc	AI	RTC 的 32 kHz 晶振输入。不用将其接高电平(3.3 V)
XTOrtc	AO	RTC 的 32 kHz 晶振输出。不用将其悬空
CLKOUT[1:0]	O	时钟信号输出。MISCCR 寄存器的 CLKSEL 位配置时钟输出模式,可以为 MPLL 时钟,UPLL 时钟,FCLK,HCLK,PCLK
nRESET	ST	nRESET 将 S3C2440A 置为复位状态,nRESET 必须在处理器电源稳定后至少保持 4 个 OSCin 低电平
nRSTOUT	O	用于外部设备复位控制(nRSTOUT = nRESET & nWDTRST & SW_RESET)
PWREN	O	1.2 V/1.3 V 内核供电开关控制信号
nBATT_FLT	I	电池状态传感器(低电池状态时并不唤醒睡眠模式)。若未启用,将其接高电平(3.3 V)
VDDi_MPLL	P	MPLL 模拟和数字电源 VDD

表 5-1 中 I/O 为输入/输出,AI/AO 为模拟输入/模拟输出,ST 为施密特触发器,P 为电源。

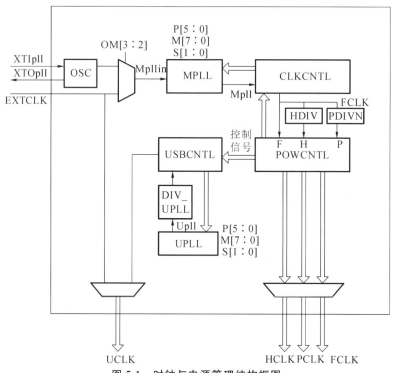

图 5-1　时钟与电源管理结构框图

5.1.1　时钟与电源管理模块的结构

在 S3C2440A 片内集成了时钟与电源管理模块。

1. 时钟模块控制

S3C2440A 的内核工作电压为 1.3 V 时,主频可以达到 400 MHz,为了满足板间布线的要求,S3C2440A 外接的晶振频率通常很低,假如外接的晶振为 12 MHz,芯片内部为了获得数百兆赫兹的时钟频率需要通过时钟控制模块的 PLL 提高系统时钟的频率。

S3C2440A 有两个锁相环(phase locked loop,PLL):MPLL 和 UPLL。主锁相环 MPLL,产生三种时钟信号 FCLK、HCLK 和 PCLK。FCLK 用于 ARM920T,HCLK 用于 AHB 总线设备和 ARM920T,PCLK 用于 APB 总线设备。USB 锁相环 UPLL,产生的时钟信号 UCLK(48MHz)用于 USB,UPLL 专用于 USB 设备。

2. 电源控制模块

S3C2440A 可以使用不同的电源管理方案来减小执行任务的功耗。S3C2440A 中的电源管理模块可以激活成四种模式:普通(NORMAL)模式、慢速(SLOW)模式、空闲(IDLE)模式和睡眠(SLEEP)模式。

(1) 普通(NORMAL)模式:这个模式提供时钟给 CPU,也提供给所有 S3C2440A 的外设。在此模式中,当所有外设都开启时功耗将将达到最大。它允许用户用软件控制外设的运行。例如:如果一个定时器不使用时,用户可以断开连接到定时器的时钟信号(在 CLKCON 寄存器配置),以降低功耗。

(2) 慢速(SLOW)模式:无 PLL 模式。与普通模式不同,慢速模式使用一个外部时钟(XTIpll 或 EXTCLK)直接作为 FCLK 给 S3C2440A,没有使用 PLL 进行倍频。功耗和时钟的频率成正比,在此模式中,功耗只取决于外部时钟的频率。

(3) 空闲(IDLE)模式:这个模块只断开了 CPU 内核的时钟(FCLK),但它提供时钟给所有其他外设。任何中断请求给 CPU 都可以使其从空闲模式中唤醒。

（4）睡眠（SLEEP）模式：在这种模式下，除了唤醒逻辑外，S3C2440A 片内电源被切断。因此在此模式中不会产生除唤醒逻辑以外的内部逻辑的功耗。要激活睡眠模式需要两个独立的供电电源。两个电源之一提供电源给唤醒逻辑，另一个提供电源给包括 CPU 在内的其他内部逻辑，而且应当能够控制供电的开和关。在睡眠模式中，第二个为 CPU 和内部逻辑供电电源将被关闭。可以由 EINT[15:0] 或 RTC 闹铃中断产生从睡眠模式中唤醒。

S3C2440A 时钟与电源管理结构框图如图 5-1 所示，系统的时钟分配如图 5-2 所示。

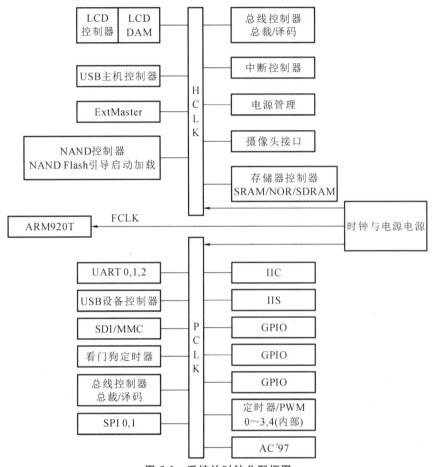

图 5-2 系统的时钟分配框图

在图 5-1 中，S3C2440A 的时钟源可以选用晶振（XTAL），也可以使用外部时钟（EXTCLK）。系统复位时，在复位信号上升沿通过对引脚 OM3、OM2 检测的状态来确定。具体的状态参照表 5-2。

表 5-2 启动时时钟源选择

OM[3:2]	MPLL 状态	UPLL 状态	主时钟源	USB 时钟源
00	On	On	晶振	晶振
01	On	On	晶振	外部时钟
10	On	On	外部时钟	晶振
11	On	On	外部时钟	外部时钟

从图 5-1 可以看到输入的时钟模块的时钟源有两种方式：片外晶体电路和内部的振荡电路

产生稳定的时钟信号,片外的时钟模块产生的时钟 EXTCLK。时钟通过内部的主锁相环 PLL
电路产生输出信号 Mpll,经过分频 CLKCNTL 产生时钟信号:FCLK、HCLK 和 PCLK。

FCLK 是提供给 ARM920T 的时钟。HCLK 是提供给 ARM920T、存储器控制器、中断
控制器、LCD 控制器、DMA 和 USB 主机模块的 AHB 总线的时钟。PCLK 是提供给外设如
WDT、IIS、IIC、PWM 定时器、MMC/SD 接口、ADC、UART、GPIO、RTC 和 SPI 的 APB 总
线的时钟。

5.1.2 时钟源的选择

系统启动时,在复位信号(nRESET)的上升沿,连接到 S3C2440A 模式控制引脚 OM[3:2]
的状态,被自动锁存到机器内部。由 OM[3:2]的状态决定 S3C2440A 使用的时钟源。

图 5-3 给出了 OM[3:2]=00 和 11 时,S3C2440A 片外时钟源的连接方法。图 5-3 中,
晶振频率范围为 10~20 MHz,常用 12 MHz 的;电容可用 15~22pF 的。

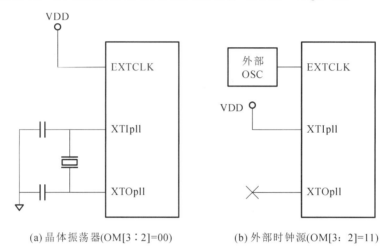

(a) 晶体振荡器(OM[3:2]=00)   (b) 外部时钟源(OM[3:2]=11)

图 5-3   S3C2440A 片外时钟源的连接

5.1.3 锁相环的使用

在图 5-1 中有 2 个锁相环:MPLL 和 UPLL。它们的输入信号,见表 5-1,可以选择晶振
或 EXTCLK,频率常为 12 MHz。MPLL 输出信号 Mpll 的频率是可以改变的,是通过在寄
存器 MPLLCON 中设置三个参数主分频器控制位(MDIV)、预分频器控制位(PDIV)和后分
频器控制位(SDIV)而实现的。

UPLL 输出信号 Upll 的频率也可以调整,方法是通过在 UPLL 控制寄存器 UPLLCON
中设置 MDIV、PDIV 和 SDIV 来实现。

MPLLCON 寄存器用于设置 FCLK 与 Fin 的倍数,MPLLCON 的位[19:12]为 MDIV,
位[9:4]为 PDIV,位[1:0]为 SDIV,FCLK 与 Fin 的关系如下:

$$MPLL = \frac{m \times F_{1n}}{p \times 2^s}$$

$$m = MDIV + 8 \qquad p = PDIV + 2 \qquad s = SDIV$$

UPLL 锁相环的输出频率和 Fin 的关系与 MPLL 相同。

1. 系统时钟初始化

当设置 MPLLCON 之后,在 Lock time 之后,MPLL 输出稳定,CPU 工作在新的 FCLK
下。UPLL 固定为 48.00 MHz。

在图 5-4 所示系统时钟初始化时序图中,可以看出上电时,PLL 没有启动,FCLK 等于

外部输入时钟,成为Fin,如果要提高系统时钟频率,需要软件来启动PLL。下面3个步骤是PLL的设置过程:

(1) 上电几毫秒后,晶振(OSC)输出稳定,FCLK＝Fin(晶振频率),nRESET信号恢复高电平后,CPU开始执行指令。

(2) 可以在程序一开始启动MPLL,设置MPLL的几个寄存器后,需要等待一段时间(称为Lock time),MPLL输出才稳定。这段时间,FCLK停止输出,CPU停止工作。锁定时间Lock time的长短由寄存器LOCKTIME设定。

(3) Lock time之后,MPLL输出稳定,CPU在新的FCLK下进行工作。

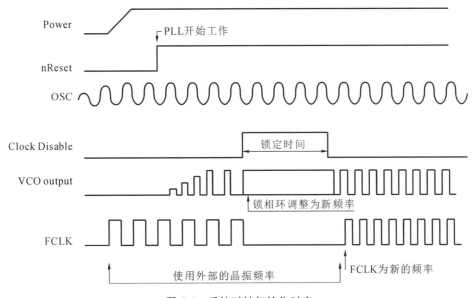

图5-4 系统时钟初始化时序

2. 普通模式下改变PLL设置

在S3C2440A运行在普通模式期间,用户可以通过改写PMS的值来改变频率,并且将自动插入PLL锁定时间。

当MPLL被设置一个新的频率值时,时钟控制逻辑依据锁定时间计数寄存器LOCKTIME中设定的锁定时间参数,自动插入锁定时间。在锁定时间内,FCLK不输出时钟脉冲,维持低电平,直到锁定时间结束,以新的频率输出的信号稳定后,才输出FCLK。

在NORMAL模式,通过改变MPLLCON寄存器中的PDIV、MDIV和SDIV(简称PMS)参数值,使时钟FCLK变慢,依据LOCKTIME寄存器中M_LTIME锁定时间参数,自动插入锁定时间的图例如图5-5所示。

在加电Reset和从Power_OFF模式中唤醒时,时钟控制逻辑也使用锁定时间参数,自动插入锁定时间。

开发板上电后,晶振OSC开始提供晶振时钟,由于系统刚刚上电,电压信号等都还不稳定,这时复位信号(nRESET)拉低,此时MPLL虽然默认启动,但是如果不向MPLLCON中写入值,那么外部晶振则直接作为系统时钟FCLK,过几毫秒后,复位信号上拉,CPU开始取指运行,这时可以通过代码设置启动MPLL,MPLL启动需要一定的锁定时间(Lock time),这是因为MPLL输出频率还没有稳定,在这期间FCLK都停止输出,CPU停止工作,过了Lock time后时钟稳定输出,CPU工作在新设置的频率下,这时可以通过设置FCLK、HCLK和PCLK三者的频率比例来产生不同总线上需要的不同频率。下面是开启MPLL的过程:

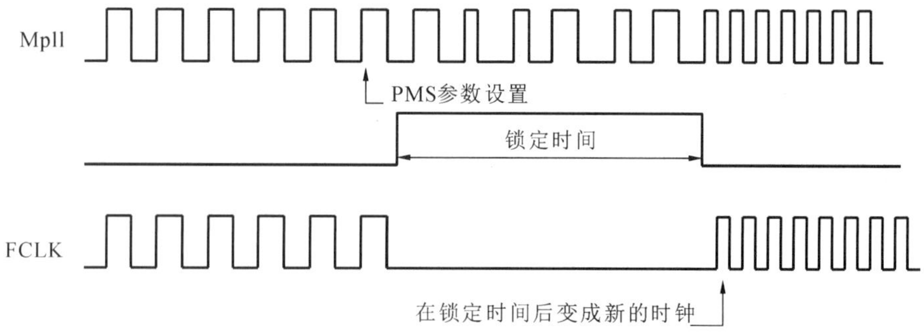

图 5-5 通过设置 PMS 的值使时钟变慢

(1) 设置 Lock time 变频锁定时间；

(2) 设置 FCLK 与晶振输入频率(Fin)的倍数；

(3) 设置 FCLK、HCLK,PCLK 三者之间的比例。

Lock time 变频锁定时间由 LOCKTIME 寄存器来设置,由于变频后系统中依赖时钟工作的硬件都需要一小段调整时间,该时间计数通过设置 LOCKTIME 寄存器[31:16]来设置 UPLL(USB 时钟锁相环)调整时间,通过设置 LOCKTIME 寄存器 [15:0]设置 MPLL 调整时间,这两个调整时间数值一般用其默认值即可。

3. USB 时钟控制

USB 主设备和从设备接口均需要 48MHz 的时钟。S3C2440A 中 UPLL 的 UPLLCON 寄存器中相应的参数被设置后,能够产生 48 MHz 的时钟,如表 5-3 所示。

表 5-3 USB 的时钟控制

条 件	UCLK 状态	UPLL 状态
复位后	XTlpll 或 EXTCLK	开启
配置 UPLL 控制寄存器后	低电平:锁定时间期间 48 MHz: PLL 锁定时间后	开启
CLKSLOW 寄存器关闭了 UPLL	XTlpll 或 EXTCLK	关闭
CLKSLOW 寄存器开启了 UPLL	48MHz	开启

4. FCLK、HCLK 和 PCLK 的关系

FCLK 是提供给 ARM920T 的时钟。

HCLK 是提供给用于 ARM920T、存储器控制器、中断控制器、LCD 控制器、DMA 和 USB 主机模块的 AHB 总线的时钟。

PCLK 是提供给用于外设如 WDT、IIS、IIC、PWM 定时器、MMC/SD 接口、ADC、UART、GPIO、RTC 和 SPI 的 APB 总线的时钟。

S3C2440A 还支持对 FCLK、HCLK 和 PCLK 之间分频比例的选择。该比例由 CLKDIVN 控制寄存器中的 HDIVN 和 PDIVN 所决定,如表 5-4 所示。

表 5-4 时钟分频比列表

HDIVN	PDIVN	HCLK3_HALF /HCLK4_HALF	FCLK	HCLK	PCLK	分 频 比 例
0	0	—	FCLK	FCLK	FCLK	1:1:1(默认)
0	1	—	FCLK	FCLK	FCLK/2	1:1:2

HDIVN	PDIVN	HCLK3_HALF /HCLK4_HALF	FCLK	HCLK	PCLK	分 频 比 例
1	0	—	FCLK	FCLK/2	FCLK/2	1：2：2
1	1	—	FCLK	FCLK/2	FCLK/4	1：2：4
3	0	0/0	FCLK	FCLK/3	FCLK/3	1：3：3
3	1	0/0	FCLK	FCLK/3	FCLK/6	1：3：6
3	0	1/0	FCLK	FCLK/6	FCLK/6	1：6：6
3	1	1/0	FCLK	FCLK/6	FCLK/12	1：6：12
2	0	0/0	FCLK	FCLK/4	FCLK/4	1：4：4
2	1	0/0	FCLK	FCLK/4	FCLK/8	1：4：8
2	0	1/0	FCLK	FCLK/8	FCLK/8	1：8：8
2	1	1/0	FCLK	FCLK/8	FCLK/16	1：8：16

设置了 PMS 值后,必须接着设置 CLKDIVN 寄存器。设置 CLKDIVN 的值将在 PLL 锁定时间后起效。对于复位和改变电源管理模式同样起效。

设置值在 1.5 HCLK 后同样起效。只需要 1 HCLK 就能确认从默认(1：1：1)的分频比例到其他分频比例(1：1：2、1：2：2、1：2：4)CLKDIVN 寄存器的值的改变。

PLL 值选择表如表 5-5 所示。

表 5-5　PLL 值选择表

输 入 频 率	输 出 频 率	MDIV	PDIV	SDIV
12.0000 MHz	48.00 MHz	56(0x38)	2	2
12.0000 MHz	96.00 MHz	56(0x38)	2	1
12.0000 MHz	271.50 MHz	173(0xAD)	2	2
12.0000 MHz	304.00 MHz	68(0x44)	1	1
12.0000 MHz	405.00 MHz	127(0x7f)	2	1
12.0000 MHz	532.00 MHz	125(0x7d)	1	1
16.9344 MHz	47.98 MHz	60(0x3C)	4	2
16.9344 MHz	95.96 MHz	60(0x3C)	4	1
16.9344 MHz	266.72 MHz	118(0x76)	2	2
16.9344 MHz	296.35 MHz	97(0x61)	1	2
16.9344 MHz	399.65 MHz	110(0x6E)	3	1
16.9344 MHz	530.61 MHz	86(0x56)	1	1
16.9344 MHz	533.43 MHz	118(0x76)	1	1

5.1.4　电源管理

电源管理是指如何将系统外部电源有效分配给系统的不同组件。电源管理对于依赖电池电源的移动式设备至关重要。通过降低系统模块闲置时的能耗,电源管理系统能够将电池寿命延长两倍或三倍。系统外部电源产生参考开发板上的电源电路。

图 5-6 和图 5-7 是常见开发板的 3.3 V 和 1.25 V 电源电路图。

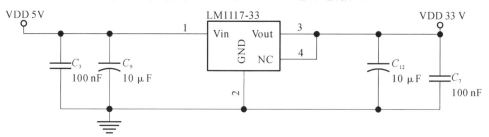

图 5-6　3.3 V 电源电路图

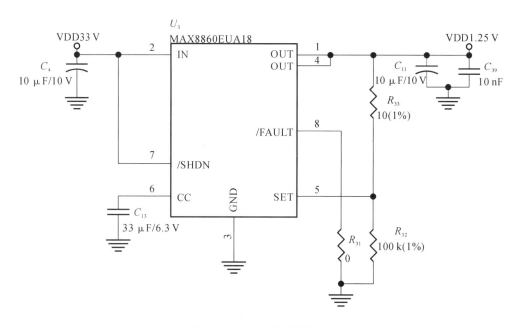

图 5-7　1.25 V 电源电路图

1.4 种电源管理模式

S3C2440A 有 4 种电源管理模式,分别是 NORMAL、SLOW、IDLE 和 Power_OFF。

1) NORMAL 模式

在 NORMAL 模式,全部片内外设,以及包含电源管理模块在内的基本模块,如 ARM920T、总线控制器、存储器控制器、中断控制器、DMA 和外部总线控制器等,全部工作,这时功耗最大。在这种模式下也允许用户通过软件,控制连接每一个片内外设的时钟接通或切断,以减少功耗。在时钟控制寄存器 CLKCON 中可以设置不同的值,能够切断或接通某一个或某几个片内外设的时钟。在这种模式下,只允许用户通过软件控制片内外设的时钟信号接通或切断。

例如,UART2 如果不使用,可以通过软件切断它的时钟信号,以减少系统的功耗。

2) SLOW 模式

SLOW 模式是一种非锁相环模式,不使用主锁相环。在 SLOW 模式下,MPLL 应该被切断,计算功耗时应减去 MPLL 的功耗。虽然 UPLL 也可以被切断,但是 USB 使用的 UCLK 要求为 48MHz 的时钟,通常并不切断 UPLL。只有在 SLOW 模式下,才允许切断或接通 MPLL 或 UPLL。

SLOW 模式使用外部频率较低的时钟（XTIpll 或 EXTCLK）经过分频后直接作为 FCLK。在这种模式下,功耗仅仅取决于外部时钟的频率。

3）IDLE 模式

在这种模式下,只切断了到 ARM920T 的时钟 FCLK,到所有片内外设或控制器的时钟信号仍然接通。计算功耗时应减去 ARM920T 的功耗。任何到 CPU 的中断请求,能够将 CPU 从 IDLE 模式中唤醒。

如果将时钟控制寄存器 CLKCON[2]设置为 1,S3C2440A 经过一定的延时,将进入 IDLE 模式。

在 IDLE 模式下,到 ARM920T 的时钟 FCLK 被停止。但是到总线控制器、存储器控制器、中断控制器和电源管理模块的时钟仍接通;到片内外设的时钟仍接通。在 IDLE 模式下,计算功耗时应减去 ARM920T 的功耗。当 EINT[23:0]或 RTC 报警中断或其他中断激活时,退出 IDLE 模式。

4）Power_OFF 模式

在这种模式下,除了唤醒逻辑外,S3C2440A 片内电源被切断。为了能够激活 Power_OFF 模式,S3C2440A 要求由两个单独的电源供电,一个给唤醒逻辑供电,另一个给包含 CPU 在内的内部逻辑供电,并且这路电源应该能够被控制,使得它的电源能够被接通或切断。从 Power_OFF 模式中被唤醒,可使用外部中断请求 EINT[15:0]或 RTC 报警中断。

2. 电源模式的转换

电源模式间允许转变,如图 5-8 所示。

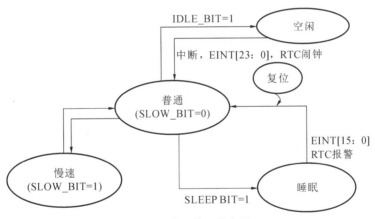

图 5-8　电源管理状态图

1）普通模式

普通模式中,包括电源管理模块、CPU 核心、总线控制器、存储器控制器、中断控制器、DMA 和外部主控在内的所有外设和基本模块都可以运行。除基本模块外,提供给每个外设的时钟都可以由软件有选择地停止以降低功耗。

2）空闲模式

空闲模式中,停止了除总线控制器、存储器控制器、中断控制器、电源管理模块外的提供给 CPU 核心的时钟。要退出空闲模式,应当激活 EINT[23:0]或 RTC 闹钟中断或其他中断（开启 GPIO 模块前 EINT 不可用）。

进入空闲模式:如果置位 CLKCON[2]为 1 来进入空闲模式,S3C2440A 将在一些延时后（直到电源控制逻辑收到 CPU 打包的 ACK 信号）进入空闲模式。

3）慢速模式

慢速模式中,可以应用慢时钟和排除来自 PLL 的功耗来降低功耗。CLKSLOW 控制寄存器中的 SLOW_VAL 和 CLKDIVN 控制寄存器决定了分频比例。

慢速模式中,将关闭 PLL 以降低 PLL 带来的功耗。当在慢速模式中关闭 PLL 并且用户从慢速模式切换到普通模式中时,PLL 需要时钟的稳定化时间(PLL 锁定时间)。这个 PLL 稳定化时间由带锁定时间计数寄存器的内部逻辑自动插入。PLL 开启后到 PLL 稳定将耗时 300 us 左右。PLL 锁定时间期间 FCLK 成为慢时钟。

4) PLL 开启/关闭

PLL 只有在慢速模式中为降低功耗而被关闭。如果在任何其他模式下关闭 PLL,MCU 的运行将不会得到保证。

当处理器处于慢速模式并试图改变其状态到 PLL 开启的其他状态,则应该在 PLL 稳定后清除 SLOW_BIT 来移动到其他状态。

表 5-6 所示为每种电源模式的时钟和电源状态。

表 5-6　每种电源模式的时钟和电源状态

模　　式	ARM920T	AHB 模块	电源管理	GPIO	RTC 时钟	APB 模块
普通	使能	使能	使能	可选	使能	可选
空闲	禁止	使能	使能	可选	使能	可选
慢速	使能	使能	使能	可选	使能	可选
睡眠	关闭电源	关闭电源	等待唤醒事件	先前状态	使能	关闭电源

5.1.5　相关寄存器

表 5-7 列出了时钟电源的相关寄存器。

表 5-7　时钟电源相关寄存器列表

寄存器名	地　　址	是 否 读 写	描　　述	复位默认值
LOCKTIME	0x4C000000	R/W	锁定时间计数寄存器	0xFFFFFFFF
MPLLCON	0x4C000004	R/W	MPLL 设置寄存器	0x0005C080
UPLLCON	0x4C000008	R/W	UPLL 设置寄存器	0x00028080
CLKCON	0x4C00000c	R/W	时钟控制寄存器	0xFFFFF0
CLKSLOW	0x4C000010	R/W	时钟慢速控制寄存器	0x00000004
CLKDIVN	0x4C000014	R/W	时钟分频器控制寄存器	0x00000000
CAMDIVN	0x4C000018	R/W	摄像头时钟分频控制寄存器	0x00000000

1. 锁定时间计数寄存器(LOCKTIME)

该寄存器用于设置 Lock time 的长度,在 S3C2440A 中,位[31:16]用于 UPLL,位[15:0]用于 MPLL,一般而言用默认的 0xFFFFFFFF 即可。如表 5-8 所示。

表 5-8　锁定时间计数寄存器(LOCKTIME)

LOCKTIME	位	描　　述	初　始　值
U_TIME	[31:16]	UPLL 对 UCLK 的锁定时间值 (U_TIME:300us)	0xFFFF
M_TIME	[15:0]	MPLL 对于 FCLK、HCLK、PCLK 的锁定时间值 (M_TIME:300us)	0xFFFF

2. 锁相环控制寄存器（**MPLLCON 和 UPLLCON**）

MPLLCON 寄存器的描述如表 5-9 所示。

表 5-9　MPLLCONPLL 寄存器

MPLLCON	位	描　　述	初　始　值
MDIV	[19:12]	主分频器控制位	0x96
PDIV	[9:4]	预分频器控制位	0x03
SDIV	[1:0]	后分频器控制位	0x0

当设置完 MPLL 之后，就会自动进入 Lock time 变频锁定期间，Lock time 之后，MPLL 输出稳定时钟频率。

3. 时钟控制寄存器（**CLKCON**）

时钟控制寄存器的描述如表 5-10 所示。

表 5-10　时钟控制寄存器（CLKCON）

CLKCON	位	描　　述	初　始　值
AC97	[20]	控制 AC97 模块连接 PCLK：0 = 禁止，1 = 使能	1
Camera	[19]	控制摄像头模块连接 PCLK：0 = 禁止，1 = 使能	1
SPI	[18]	控制 SPI 模块连接 PCLK：0 = 禁止，1 = 使能	1
IIS	[17]	控制 IIS 模块连接 PCLK：0 = 禁止，1 = 使能	1
IIC	[16]	控制 IIC 模块连接 PCLK：0 = 禁止，1 = 使能	1
ADC（含触摸屏）	[15]	控制 ADC 模块连接 PCLK：0 = 禁止，1 = 使能	1
RTC	[14]	控制 RTC 模块连接 PCLK：0 = 禁止，1 = 使能	1
GPIO	[13]	控制 GPIO 模块连接 PCLK：0 = 禁止，1 = 使能	1
UART2	[12]	控制 UART2 模块连接 PCLK：0 = 禁止，1 = 使能	1
UART1	[11]	控制 UART1 模块连接 PCLK：0 = 禁止，1 = 使能	1
UART0	[10]	控制 UART0 模块连接 PCLK：0 = 禁止，1 = 使能	1
SDI	[9]	控制 SDI 模块连接 PCLK：0 = 禁止，1 = 使能	1
PWMTIMER	[8]	控制 PWMTIMER 模块连接 PCLK：0 = 禁止，1 = 使能	1
USB device	[7]	控制 USB 设备 模块连接 PCLK：0 = 禁止，1 = 使能	1
USB host	[6]	控制 USB 主模块连接 PCLK：0 = 禁止，1 = 使能	1
LCDC	[5]	控制 LCDC 模块连接 PCLK：0 = 禁止，1 = 使能	1
NAND Flash Controller	[4]	控制 NAND Flash 控制器模块连接 PCLK 0 = 禁止，1 = 使能	1
SLEEP	[3]	控制 SLEEP 模式：0 = 禁止，1 = 进入睡眠模式	0
IDLE BIT	[2]	进入空闲模式，此位不会自动清零 0 = 禁止，1 = 进入睡眠模式	0
保留	[1:0]	保留	0

4. 时钟慢速控制寄存器（CLKSLOW）

时钟慢速控制寄存器的描述如表 5-11 所示。

表 5-11　时钟慢速控制寄存器（CLKSLOW）

CLKSLOW	位	描　　述	初 始 值
UCLK_ON	[7]	0:开启 UCLK(同时开启 UPLL 并自动插入 UPLL 锁定时间)	0
	[6]	保留	0
MPLL_OFF	[5]	0:开启 PLL,在 PLL 稳定化时间(至少 300μs)后,可以清除 SLOW_BIT 为 0 1:关闭 PLL,只有当 SLOW_BIT 为 1 时才关闭	0
SLOW_BIT	[4]	0:FCLK = Mpll(MPLL 输出),1:慢速模式 FCLK = 输入时钟 / (2 × SLOW_VAL) 当 SLOW_VAL>0,FCLK = 输入时钟 当 SLOW_VAL=0,输入时钟 = XTIpll 或 EXTCLK	
	[3]	保留	
SLOW_VAL	[2:0]	当 SLOW_BIT 开启时慢时钟的分频器	

5. 时钟分频器控制寄存器（CLKDIVN）

该寄存器用于设置 FCLK、HCLK、PCLK 三者的比例。HDIVN 为 CLKDIVN 寄存器的位[2:1]，PDIVN 为 CLKDIVN 寄存器的位[0]，HCLK4_HALF、HCLK3_HALF 分别为 CAMDIVN 寄存器的位[9]、位[8]。如表 5-12 所示。

表 5-12　时钟分频器控制寄存器（CLKDIVN）

CLKDIVN	位	描　　述	初 始 值
DIV_UPLL	[3]	UCLK 选择寄存器(UCLK 必须对 USB 提供 48MHz) 0:UCLK=UPLL clock,1:UCLK=UPLL clock/2	0
HDIVN	[2:1]	00:HCLK = FCLK/1 01:HCLK = FCLK/2 10:HCLK = FCLK/4,当 CAMDIVN[9] = 0 时 　　HCLK = FCLK/8,当 CAMDIVN[9] = 1 时 11:HCLK = FCLK/3,当 CAMDIVN[8] = 0 时 　　HCLK = FCLK/6,当 CAMDIVN[8] = 1 时	0
PDIVN	[0]	0:CLK 和 HCLK/1 相同时钟 1:PCLK 和 HCLK/2 相同时钟	0

6. 摄像头时钟分频控制寄存器（CAMDIVN）

FCLK、HCLK、PCLK 三者之间的比例通过 CLKDIVN 寄存器进行设置,在对 S3C2440A 时钟设置时,还要额外设置 CAMDIVN 寄存器,如表 5-13 所示,HCLK4_HALF、HCLK3_HALF 分别与 CAMDIVN[9:8]对应。

表 5-13　摄像头时钟分频控制寄存器（CAMDIVN）

CAMDIVN	位	描　　述	初 始 值
HCLK4_HALF	[9]	HDIVN 分频因子选择位(当 CLKIVN[2:1]位为 10b 时有效)0: HCLK=FCLK/4,1: HCLK=FCLK/8	0
HCLK3_HALF	[8]	HDIVN 分频因子选择位(当 CLKIVN[2:1]位为 11b 时有效)0: HCLK=FCLK/3,1: HCLK=FCLK/6	0
...	...	...	

5.1.6 时钟初始化举例

下面是系统开机上电后时钟初始化的汇编指令代码清单,代码中用到的指令是前面第3章中介绍过的。

```
WTCONEQU              0x53000000              ;定义看门狗控制寄存器
WTDATEQU              0x53000004              ;定义看门狗数据寄存器
LOCKTIME       EQU    0x4c000000              ;定义锁定时间计数寄存器
MPLLCON        EQU    0x4c000004              ;定义 MPLL 寄存器
CLKDIVN        EQU    0x4c000014              ;定义分频比寄存器
GPBCON         EQU    0x56000010              ;LED 控制寄存器
GPBDAT         EQU    0x56000014              ;LED 数据寄存器
GPBUP          EQU    0x56000018              ;上拉电阻设置寄存器
       AREA    CLOCK, CODE, READONLY
       ENTRY
start
       ldr r0, = 0x53000000                   ;加载看门狗控制寄存器地址
       mov   r1, # 0
       str   r1, [r0]                         ; 关闭看门狗
        bl  clock_init                        ;调用时钟初始化函数
   clock_init
   ldr r0, = LOCKTIME                         ;取得 LOCKTIME 寄存器地址
   ldr r1, = 0x00ffffff                       ;设置锁频时间数据
   str r1, [r0]                               ;设置数据写入 LOCKTIME 寄存器
   //设置分频数
   ldr r0, = CLKDIVN                          ;取得 CLKDIVN 寄存器地址
   mov r1, # 0x05                             ;设置分频比数据
   str r1, [r0]                               ;设置数据写入 CLKDIVN 寄存器
//配置主锁相环输出频率
   ldr r0, = MPLLCON
   ldr r1, = 0x5c011                          ; MPLL 输出时钟 400MHz
   str r1, [r0]
   mov pc, lr
   END                                        ; 程序结束符
```

该实验首先关闭了看门狗定时器,然后修改系统时钟,将默认系统工作频率(12 MHz)提高到 400 MHz。

5.2 PWM 定时器

PWM(pulse width modulation):脉冲宽度调制,通过对波形的脉冲的宽度进行控制,产生所需占空比的波形。图 5-9 所示为 PWM 波形图。

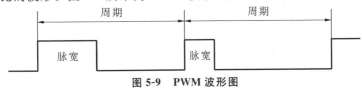

图 5-9 PWM 波形图

许多微控制器内部都包含有 PWM 控制器。占空比是脉宽(在控制电路中可能看作是接通时间)与周期之比,所以控制脉宽可以控制器件的通断时间,实现控制目的,在工业控制中使用较多。

如今几乎所有市售的单片机都有 PWM 模块功能,若没有(如早期的 51 单片机),也可以利用定时器及 GPIO 口来实现。一般的 PWM 模块控制流程如下。

(1) 使能相关的模块(PWM 模块对应管脚的 GPIO 模块)。

(2) 配置 PWM 模块的功能,具体有:

① 设置 PWM 定时器周期,该参数决定 PWM 波形的频率。

② 设置 PWM 定时器比较值,该参数决定 PWM 波形的占空比。

③ 设置死区(dead zone),为避免桥臂的直通需要设置死区,一般较高档的单片机都有该功能。

④ 设置故障处理情况,一般出现故障时需封锁输出,防止过流损坏功率管。

⑤ 设定同步功能,该功能在多桥臂,即多 PWM 模块协调工作时尤为重要。

(3) 设置相应的中断,编写中断服务程序。

(4) 使能 PWM 波形生成。

5.2.1 工作原理

S3C2440A 片内有 5 个 16 位的定时器,其中定时器 0、1、2 和 3 有 PWM 功能,即它们都有一个输出引脚 TOUTn(见图 5-10),可以通过定时器来控制引脚的高、低电平周期性变化。定时器 4 有一个没有输出引脚的内部定时器。定时器 0 有一个用于大电流设备的死区生成器。

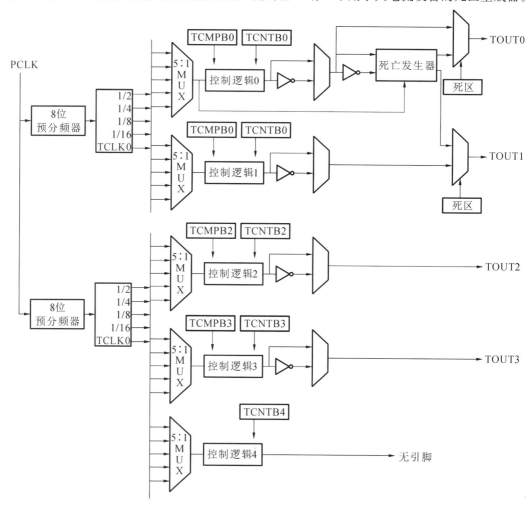

图 5-10 PWM 定时器功能框图

1. PWM 定时器功能结构

由图 5-10 可以看出:定时器 0 和 1 共用一个 8 位预分频器,定时器 2、3 和 4 共用另外的 8 位预分频器。每个定时器都有一个可以生成 5 种不同分频信号(1/2、1/4、1/8、1/16 和 TCLK)的时钟分频器。每个 8 位预分频器输出时钟经过时钟分频器的时钟信号作为定时器的时钟节拍。预分频器是可编程的,并且按存储在 TCFG0 和 TCFG1 寄存器中的数值来分频 PCLK。

定时器模块的时钟源为 PCLK,PCLK 经过两个 8 位预分频器来降低频率;预分频器的输出将进入第二级分频器,它们输出 5 种频率的时钟:2 分频、4 分频、8 分频、16 分频或者外部时钟 TCLK0/TCLK1,每个定时器的工作时钟可以从这 5 种频率中选择。

$$定时器的时钟 = \frac{PCLK}{(8\ 位预分频值 + 1) \times 时钟分频值} \tag{5-1}$$

前面两个预分频数值可以通过定时器配制寄存器 0(TCFG0 寄存器)来设置,后面一级的多路选择时钟分配器通过 TCFG1 寄存器来设置。

定时计数缓冲寄存器(TCNTBn)包含了一个当使能了定时器时的被加载到递减计数器中的初始值。定时比较缓冲寄存器(TCMPBn)包含了一个被加载到比较寄存器中的与递减计数器相比较的初始值。这种 TCNTBn 和 TCMPBn 的双缓冲特征保证了改变频率和占空比时定时器产生稳定的输出。

每个定时器有它自己的由定时器时钟驱动的 16 位递减计数器。当递减计数器减到零时,产生定时器中断请求通知 CPU 定时器操作已经完成。当定时器计数器减到零时,相应的 TCNTBn 的值将自动被加载到递减计数器以继续下一次操作。特殊情况是如果定时器停止工作了,例如在定时器运行模式期间清除 TCONn 的定时器使能位,那么 TCNTBn 的值将不会被重新加载到计数器中进行下一次计数。

TCMPBn 的值用于脉宽调制(PWM)。当递减计数器的值与定时器控制逻辑中的比较寄存器的值相等时定时器控制逻辑改变输出电平。因此,比较寄存器决定 PWM 输出的开启时间(或关闭时间)。

2. 特性

S3C2440A 定时器的特性如下。

(1) 具有 5 个 16 位定时器。

(2) 具有两个 8 位预分频器(预定标器)和 2 个 4 位分频器。

(3) 可进行输出波形的可编程任务控制。

(4) 可选择自动重载模式或单脉冲模式。

(5) 拥有死区生成器。

5.2.2 定时器的操作

各个定时器的计数时钟节拍的产生过程通过前面介绍的 PWM 定时器功能框图(图 5-10)可以看到。

1. 预分频器(预定标器)和分频器

若 PCLK＝50 MHz 时,一个 8 位的预分频器(预定值)和一个 4 位的分频器得到表 5-14 所示的输出频率。

表 5-14　分频比表

4 位分频器设置	最小分辨率 (prescaler = 0)	最大分辨率 (prescaler= 255)	最大间隔 (TCNTBn=65535)
1/2	0.0400 μs /25.0000 MHz	10.2400 μs/97.6562 kHz	0.6710 s
1/4	0.0800 μs/25.0000 MHz	20.4800 μs/97.6562 kHz	1.3421 s

续表

4 位分频器设置	最小分辨率 （prescaler = 0）	最大分辨率 （prescaler = 255）	最大间隔 （TCNTBn=65535）
1/8	0.1600 μs /25.0000 MHz	40.9601 μs /97.6562 kHz	2.6843 s
1/16	0.3200 μs /25.0000 MHz	81.9188 μs /97.6562 kHz	5.3685 s

例子：在表 5-14 中，4 位的分频器设置值为 1/2，PCLK＝50 MHz，计算如下所示：

PWM 定时器的计数时钟最小频率：

$$\frac{50\ \text{MHz}}{(\text{预分频器}+1)\times2}=\frac{50\ \text{MHz}}{(255+1)\times2}=97.6262\ \text{kHz} \tag{5-2}$$

PWM 定时器的计数时钟最大频率：

$$\frac{50\ \text{MHz}}{(\text{预分频器}+1)\times2}=\frac{50\ \text{MHz}}{(0+1)\times2}=25\ \text{MHz} \tag{5-3}$$

16 位的 PWM 定时器的最大时间间隔（周期）：

$$10.2400\ \mu\text{s}\times65535=0.6710\ \text{s} \tag{5-4}$$

定时器内部控制逻辑的工作流程具体如下。

（1）程序中先设置 TCMPBn、TCNTBn 这两个寄存器，它们表示定时器 n 的比较值和初始计数值。

（2）然后配置定时器控制寄存器（TCON 寄存器），启动定时器 n。TCMPBn 和 TCNTBn 的值被装入内部比较寄存器 TCMPn 和内部计数寄存器 TCNTn 中。在定时器 n 的时钟节拍作用下，TCNTn 开始进行减一计数，其值可以通过读取 TCNTOn 寄存器得知。

（3）当 TCNTn 的值等于 TCMPn 的值时，定时器 n 的输出管脚 TOUTn 反转；TCNTn 继续减一计数。

（4）当 TCNTn 的值到达 0 时，其输出管脚 TOUTn 再次反转，并触发定时器 n 的中断。

（5）当 TCNTn 的值到达 0 时，如果在 TCON 寄存器中将定时器 n 设为"自动加载"，则 TCMPB0 和 TCNTB0 寄存器的值被自动装入 TCMP0 和 TCNT0 寄存器中，下一个计数流程开始。

定时器 n 的输出管脚 TOUTn 初始状态为高电平，以后在 TCNTn 的值等于 TCMPn 的值、TCNTn 的值等于 0 时反转。

在图 5-11 中，计数器的时钟由 PCLK 通过两次分频得到，输出的波形信号的周期由寄存器 TCNTn 的初值决定，这个例子中首次设置 TCNTn＝3，即 TOUT 为 3 个计数器的时钟周期。脉宽的控制由寄存器 TCMPn 决定，TCMPn＝1，占空比是 1/3。所以用户只需操作 TCMPBn 和 TCNTBn 两个寄存器的数值就可以控制输出波形的频率和占空比，即实现脉宽调制。

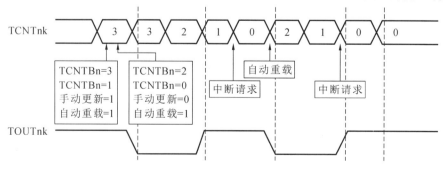

图 5-11　定时器内部操作图

2. 输出电平控制

以下过程(1)～(3)描述如何保持 TOUT 为高电平或低电平(假设反相器关闭)。

(1) 关闭中断重载位。然后 TOUTn 变成高电平,在 TCNTn 为 0 后定时器停止。

(2) 对定时器的开始停止位清零停止定时器。如果 TCNTn ≤ TCMPn,输出为高电平。如果 TCNTn>TCMPn,输出为低电平。

(3) TOUTn 可以由 TCON 中的反相器开启/关闭位来翻转。如图 5-12 所示。反相器删除了用于调节输出电平的附加电路。

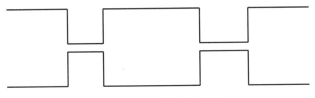

图 5-12 反相器开启/关闭

3. 双缓冲特性

S3C2440A PWM 定时器包含双缓冲功能,允许在不停止当前定时器操作的情况下为下次定时器操作改变重载值。所以即使设置了新的定时器值,当前定时器操作仍可顺利地完成。

定时器值可以被写入定时器计数缓冲寄存器(TCNTBn)中并且可以从定时器计数监视寄存器(TCNTOn)中读取当前定时器的计数值。如果读取 TCNTBn,那么读出的数值不一定是当前定时器的计数值,但肯定是下一个定时周期的计数值。自动重载操作在 TCNTn 到达 0 时复制 TCNTBn 到 TCNTn。写入到 TCNTBn 的该值,只有在 TCNTn 到达 0 并且使能了自动重载时才被加载到 TCNTn。如果 TCNTn 变为 0 并且自动重载位为 0,则 TCNTn 不会进一步执行任何操作。图 5-13 所示为一个双缓冲功能的例子。

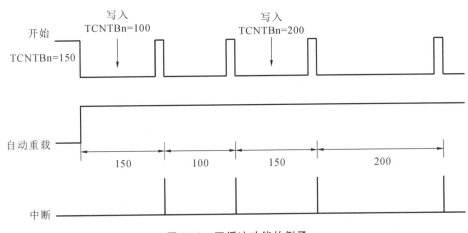

图 5-13 双缓冲功能的例子

4. 定时器的启动

定时器初始化时,必须使用手动更新位和转换位来装载初值。当递减计数器到达 0 时发生定时器的自动重载操作。所以必须预先由用户定义一个 TCNTn 的起始值。在这种情况下,必须通过手动更新位加载初值。以下启动步骤(1)～(3)描述了如何启动一个定时器。

(1) 将初始值写入 TCNTBn 和 TCMPBn。

(2) 设置对应定时器的手动更新位;推荐配置反相开/关位。

(3) 设置对应定时器的启动位来启动定时器(同时清除手动更新位)。

如果定时器被强制停止,TCNTn 保持计数器值并且不从 TCNTBn 重载。如果需要设置一个新值,执行手动更新。

5. PWM 脉宽调制

PWM 脉冲宽度可通过使用 TCMPBn 来实现,PWM 频率由 TCNTBn 决定。

降低 PWM 脉宽的输出值,需减少 TCMPBn 的值;获得更高的 PWM 脉宽输出值,需要增加 TCMPBn 的值。若输出转换器使能,增/减是相反的。TCMPBn 中的值应小于 TCNTBn 中的值,当 TCNT 中的值小于或等于 TCMP 中的值时,输出高电平。

图 5-14 显示了一个由 TCMPBn 决定的 PWM 值。由图 5-14 可以看出减小 TCMPBn 可以提高 PWM 值。增大 TCMPBn 可以降低 PWM 值。如果使能了输出变相器,则增/减反过来。双缓冲功能允许为下一个 PWM 周期而由 ISR 或其他程序在当前 PWM 周期的任何点写入 TCMPBn。

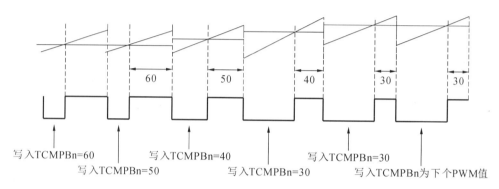

图 5-14　定时器操作

6. 死区发生器

死区(dead zone)是用于功率器件中的 PWM 控制。此功能允许在开关器件关闭与另一个开关器件的开启之间插入一个小的时间间隙。这个时间间隙内禁止同时开启两个开关器件,即使非常短的时间也不允许。

TOUT0 是 PWM 的输出。nTOUT0 是 TOUT0 的倒置。如果使能了死区,TOUT0 和 nTOUT0 的输出波形将分别为 TOUT0_DZ 和 nTOUT0_DZ。nTOUT0_DZ 连接到 TOUT1 引脚。

在死区间隙中,永远不可能同时开启 TOUT0_DZ 和 nTOUT0_DZ。

5.2.3　相关寄存器

1. TCFG0 寄存器描述和使用

TCFG0 寄存器的地址是 0x51000000,可以 R/W,功能是配置两个 8 位预分频器值,初始值为 0x00。如表 5-15 所示。

表 5-15　预分频寄存器(TCFG0)

TCFG0	位	描　　述	初　始　值
Dead zone length	[23:16]	死区长度	0x00
Prescaler 1	[15:8]	定时器 2、3、4 的预分频值	0x00
Prescaler 0	[7:0]	定时器 0、1 的预分频值	0x00

位[7:0]用于控制定时器 0、1 的预分频值,位[15:8]用于控制定时器 2、3 和 4 的预分频值。定时器的时钟节拍信号为:

$$\frac{PCLK}{(预分频值+1)×二级分频} \tag{5-5}$$

它们的值为 0～255，经过预分频器出来的时钟频率为：PCLK/{prescalervalue+1}，预分频值的范围为 0～255。

2. TCFG1 寄存器

经过预分频器得到的时钟将被 2 分频、4 分频、8 分频、16 分频，除这 4 种频率外，定时器 0 和 1 还可以工作在外接的 TCLK0 时钟下，定时器 2、3 和 4 还可以工作在外接的 TCLK1 时钟下。TCFG1 寄存器的地址是 0x51000004，可以 R/W，功能是选择 DMA 请求通道和 MUX 多路分频选择。如表 5-16 所示。

表 5-16　分频寄存器(TCFG1)

TCFG1	位	描　　述	初　始　值
DMA 模式	[23:20]	选择 DMA 请求通道：0000＝中断，0001＝Timer0，0010＝Timer1，0011＝Timer2，0100＝Timer3，0101＝Timer4，0110＝保留	0000
MUX4	[19:16]	定时器 4 的输入选择：0000＝1/2，0001＝1/4，0010＝1/8，0011＝1/16，01xx＝外部 TCLK1	0000
MUX3	[15:12]	定时器 3 的输入选择：0000＝1/2，0001＝1/4，0010＝1/8，0011＝1/16，01xx＝外部 TCLK1	0000
MUX2	[11:8]	定时器 2 的输入选择：0000＝1/2，0001＝1/4，0010＝1/8，0011＝1/16，01xx＝外部 TCLK1	0000
MUX1	[7:4]	定时器 1 的输入选择：0000＝1/2，0001＝1/4，0010＝1/8，0011＝1/16，01xx＝外部 TCLK0	0000
MUX 0	[3:0]	定时器 0 的输入选择：0000＝1/2，0001＝1/4，0010＝1/8，0011＝1/16，01xx＝外部 TCLK0	0000

3. TCNTBn/TCMPBn 寄存器

这两个寄存器都只用到位[15:0]，TCNTBn 中保存定时器的初始计数值，TCMPBn 中保存比较值。它们的值在启动定时器时，被传到定时器内部寄存器 TCNTn、TCMPn 中。没有 TCMPB4，因为定时器 4 没有输出引脚。

4. TCNTOn 寄存器

定时器 n 被启动后，内部寄存器 TCNTn 在其工作时钟下不断减一计数，可以通过读取 TCNTOn 寄存器得知其值。

5. TCON 寄存器

TCON0 格式如下：TCON1 位[11:8]，TCON2 位[15:12]，TCON3 位[19:16]，TCON4 位[22:20]与 TCON0 格式类似。如表 5-17 所示。

表 5-17　TCON 寄存器

TCON	位	描　　述	初　始　值
保留	[7:5]	保留	保留
死区允许	[4]	0:禁止,1:允许	0
Timer0 自动加载	[3]	0:不自动加载,1:寄存器的值自动装入内部寄存器 TCNTn、TCMPn 中	0
Timer0 输出反转	[2]	0:TOUT0 不反转,1:TOUT0 反转	0
Timer0 手动更新	[1]	0:无操作,1:更新	0
Timer0 开启/停止	[0]	0:停止定时器 0,1:开启定时器 0	0

5.2.4 PWM 使用举例

以下的代码使用 C 语言实现,代码中使用的寄存器默认在其他头文件中定义过,可以直接使用。

```
# include "2440addr.h" //包含头文件
//B 端口寄存器宏定义
# define rGPBCON        (* (volatile unsigned long * ) 0x56000010)
# define rGPBDAT        (* (volatile unsigned long * ) 0x56000014)
# define rGPBUP(* (volatile unsigned long * ) 0x56000018)
```

以上代码列举了部分寄存器定义的方法,读者可以参考这种寄存器定义的方法。下面代码中用到的寄存器均默认在头文件 2440addr.h 中已经定义好的,可以直接使用。

1. PWM 定时器使用到的端口 B 的配置

```
rGPBCON= 0x2aaaaa;//端口 GPB0 配置为 TOUT0,GPB1 配置为 TOUT1,GPB2 配置为 TOUT2,GPB3
配置为 TOUT3
rGPBUP|= 0x0f ;//端口 B 的 GPB0～GPB3 配置内部上拉禁止
```

2. PWM 定时器的计时时钟信号的产生

```
rTCFG0 |=  0x017c;//定时器 0 和 1 的预分频值为 125(= 124+ 1),定时器 2、3 和 4 的预分频值
为 2
rTCFG1 |=  0x2;//定时器 0 后分频为 8 分频
```

3. 设置双缓冲寄存器初值

调整输出信号的周期和占空比的方法,这里给出了一种参考,具体如下。

```
rTCNTB0 =  2000;//TIMER0 计数缓冲器初值
rTCNTB1 =  2000;//TIMER1 计数缓冲器初值
rTCNTB2=  2000;//TIMER2 计数缓冲器初值
rTCNTB3  2000;//TIMER3 计数缓冲器初值
rTCMPB0 =  2000- 1000;// TIMER0 为 50％占空比,1000 个脉冲高电平,每周期为 2000 个脉冲
rTCMPB1=  2000- 1500;// TIMER1 为 25％占空比,500 个脉冲高电平
rTCMPB2=  2000- 1200;// TIMER2 为 40％占空比,800 个脉冲高电平
rTCMPB3=  2000- 1000;// TIMER3 为 50％占空比,1000 个脉冲高电平
```

4. 启动 PWM 定时器

```
rTCON= 0x0aaa0a;//定时器 0、1、2、3 设置为自动重装,输出无反向,手动更新
rTCON= 0x099909;//定时器 0、1、2、3 设置为自动重装,输出无反向,关闭手动更新,启动定时器
```

例 5-1 使用用定时器 0 产生 PWM 脉冲信号,GPB0 管脚输出接蜂鸣器。具体电路连接如图 5-15 所示。

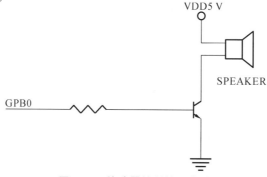

图 5-15 蜂鸣器控制接口电路

下面是代码清单:

```
# include "2440addr.h" //包含头文件
//B 端口寄存器宏定义
# define GPBCON       (* (volatile unsigned long *) 0x56000010)
# define GPBDAT       (* (volatile unsigned long *) 0x56000014)
# define GPBCON       (* (volatile unsigned long *) 0x56000010)

    extern unsigned int PCLK;
//= = = = = = = = = = = = = = = = = = = = = = = = = = = = = = = = = = = = = =
= = = = = = = = = = = = =
// 功能描述：设置蜂鸣器频率函数
// 入口参数：freq
// 出口参数：无
//= = = = = = = = = = = = = = = = = = = = = = = = = = = = = = = = = = = = = =
= = = = = = = = = = = = =
void buzzer_freq_set(U32 freq)
{
  rGPBCON &= ~ 3;  //设置 GPB 口 B0 为 TOUT0 输出，PWM 输出管脚
  rGPBCON |= 2;
  rTCFG0 &= ~ 0xff;
  rTCFG0 |= 15;  //prescaler = 15+ 1  timer0 的时钟频率为 50MHz/16 =  3.125MHz
  rTCFG1 &= ~ 0xf;
  rTCFG1 |= 2;  //mux = 1/8  timer0 的时钟频率为 50MHz/16/8 =  0.39MHz
  rTCNTB0 = (PCLK> > 7)/freq;  //设置 timer0 初值
  rTCMPB0 =  rTCNTB0> > 1;  // 50%
  rTCON &= ~ 0x1f;
  rTCON |= 0xb;  //自动重载，反向关闭，手动刷新，启动 timer0
  rTCON &= ~ 2;  //clear manual update bit
}
//= = = = = = = = = = = = = = = = = = = = = = = = = = = = = = = = = = = = = =
= = = = = = = = = = = = =
// 功能描述：停止蜂鸣器发声函数
// 入口参数：无
// 出口参数：无
//= = = = = = = = = = = = = = = = = = = = = = = = = = = = = = = = = = = = = =
= = = = = = = = = = = = =
void buzzer_stop(void)
{
  rGPBCON &= ~ 3;
  rGPBCON |= 1;
  rGPBDAT &= ~ 1;
}
```

5.3 看门狗定时器

5.3.1 概述

看门狗定时器(watchdog timer，简称 WDT)，实际是一个定时器电路。一般有一个输入，完成喂狗(kicking the dog or service the dog)指令，一个输出到 MCU 的 RST 端，MCU 正常工作的时候，每隔一段时间产生一个信号输入到喂狗端，给 WDT 清零，如果超过规定

的时间不喂狗(一般在程序跑飞时),WDT 定时超过预先设定值,WDT 就会给出一个复位信号到 MCU,使 MCU 复位,防止 MCU 死机。看门狗的作用就是防止程序发生死循环,或者说防止程序跑飞。

5.3.2 看门狗定时器的操作原理

S3C2440A 内部有一个看门狗定时器,可以像一般的 16 位定时器一样用于产生周期性的中断,也可以用于发出复位信号以重启 ARM920T 内核。

1. 工作原理

看门狗定时器与 PWM 定时器结构类似。它的 8 位预分频器将 PCLK 分频后,被再次分频得到计数器工作时钟频率,四路分频器:16 分频、32 分频、64 分频和 128 分频,看门狗定时器可以选择工作的时钟频率。

看门狗定时器内部的 WTCNT 寄存器按照其工作时钟做减一计数,当达到 0 时,可以产生中断信号,也可以输出复位信号。在第一次使用看门狗定时器时,需要手动往 WTCNT 寄存器写入初始计数值,以后计数值到达 0 时自动从 WTDAT 寄存器中装入,重新开始下一个计数周期。

使用看门狗定时器时,在正常程序中,必须不断设置 WTCNT 寄存器使得它不为 0,否则系统会不断重新启动,这就是完成喂狗的过程。当程序崩溃不能喂狗时,系统将被重启。

图 5-16 显示了看门狗定时器的功能方框图。看门狗定时器只使用 PCLK 作为其时钟源。通过预分频 PCLK 频率来产生相应看门狗定时器时钟。在图 5-16 中,系统的 APB 总线时钟 PCLK 先经过 8 位的预分频器,再将其结果频率分频得到看门狗定时器的计数时钟。

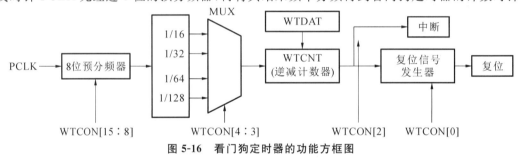

图 5-16 看门狗定时器的功能方框图

预分频值和分频系数是由看门狗定时器控制寄存器(WTCON)所指定的。预分频值的有效范围从 0 到 2^8-1。分频系数可以选择为 16、32、64 或 128。

下面来计算看门狗定时器的频率和每个定时器时钟周期的持续时间:

看门狗定时器的工作频率=PCLK/{预分频值+1}/{分频系数}　　　(5-6)

看门狗定时器的周期 = 1 / { PCLK / (预分频值 + 1) / 分频系数}　　(5-7)

预分频值取值范围:0~255,分频系数取值范围:16、32、64、128。

2. WTDAT 和 WTCNT 操作方法

一旦使能了看门狗定时器,看门狗定时器数据寄存器(WTDAT)的值不能被自动重载到定时器计数寄存器(WTCNT)中。在使用时必须在看门狗定时器启动前写入一个初始值到看门狗定时器计数寄存器(WTCNT)中。

当 S3C2440A 处于使用嵌入式 ICE 的调试模式,看门狗定时器必须无操作。

5.3.3 看门狗定时器特殊寄存器

1. 看门狗定时器控制寄存器(WTCON)

WTCON 寄存器允许用户使能或禁止看门狗定时器、从 4 个不同源选择时钟信号、使能或禁止中断以及使能或禁止看门狗定时器输出。看门狗定时器是用于恢复 S3C2440A 上电后若有故障时重新启动;如果不希望控制器重新启动,则应该禁止看门狗定时器。

如果用户希望使用看门狗定时器作为普通定时器,则应使能中断并且禁止看门狗定时器。

看门狗定时器控制寄存器的地址是 0x53000000,可以 R/W。如表 5-18 所示。

WTCON	位	描　　述	初 始 值
预分频值	[15:8]	预分频值。该值范围从 0 到 255(2^8-1)	0x80
保留	[7:6]	正常工作中这两位必须为 00	00
看门狗定时器	[5]	看门狗定时器的使能或禁止位:0 = 禁止,1 = 使能	1
时钟选择	[4:3]	00:16,01:32,10:64,11:128	00
中断产生	[2]	中断的使能或禁止位:0 = 禁止,1 = 使能	0
保留	[1]	正常工作中此位必须为 0	0
复位使能/禁止	[0]	看门狗定时器复位输出的使能或禁止位 1:看门狗超时时产生 S3C2440A 复位信号 0:禁止看门狗定时器的复位功能	1

2. 看门狗定时器数据寄存器(WTDAT)

WTDAT 寄存器用于指定超时宽度。WTDAT 的内容不能在初始化看门狗定时器操作时被自动加载到定时计数器中。然而,使用 0x8000(初始值)将促使首次超时。这种情况下 WTDAT 的值将被自动重载到 WTCNT 中。

定时器启动后,当计数达到 0 时,WTDAT 寄存器的值自动传入 WTCNT 寄存器。

需要注意的是第一次启动看门狗定时器时,WTDAT 寄存器的值不会自动传入 WTCNT 寄存器。需要手动写计数初值到 WTCNT 寄存器中。

看门狗定时器数据寄存器的地址是 0x53000004,可以 R/W,复位值是 0x8000。如表 5-19所示。

表 5-19　看门狗定时器数据寄存器地址和描述

WTDAT	位	描　　述	初 始 值
计数重载值	[15:0]	看门狗定时器重载的计数值	0x8000

3. 看门狗定时器计数寄存器(WTCNT)

WTCNT 寄存器包含正常工作期间看门狗定时器的当前值。启动定时器后,它减一计数,减到 0 时,如果中断使能的话产生中断,如果使能了看门狗功能则产生复位信号,同时装载 WTDAT 寄存器的值重新下一周期的计数。

需要注意的是当看门狗定时器开始使能时 WTDAT 寄存器的内容不能自动加载到定时计数寄存器中,因此在使能前 WTCNT 寄存器必须设置初始值。

看门狗定时器计数寄存器的地址是 0x53000008,可以 R/W,复位值是 0x8000。如表 5-20所示。

表 5-20　看门狗定时器计数寄存器地址和描述

WTCNT	位	描　　述	初 始 值
计数重载值	[15:0]	看门狗定时器的当前计数值	0x8000

第 5 章　时钟控制模块

99

5.3.4 看门狗使用举例

S3C2440A 开发板在没有初始化系统时钟时,整个开发板一般由一个 12MHz 的外部晶振提供频率,PCLK 工作频率也是 12MHz,以下的代码使用 C 语言实现,代码中使用的寄存器默认在其他头文件中定义过,可以直接使用。

```
# include "2440addr.h" //包含头文件
```

1. 开机上电后看门狗定时器的状态

```
rWTCON= 0 ;//禁止看门狗定时器,禁止中断产生,禁止 Reset 功能
```

关闭看门狗的原因是开发板上电后,由于硬件原因需要在一定时间内才能设置相应的寄存器,否则就会重启开发板。

只要设置 WTCON[5] 为 0 即可,上面代码直接将整个 WTCON 寄存器里的位设置为 0。

2. 看门狗计数时钟的产生

```
rWTCON= ((PCLK/1000000- 1) < < 8) |(3< < 3) |(1< < 2) ;//设置预分频和时钟分频选择数
                值,禁止中断
```

PCLK 是由系统的时钟单元产生的片内外设系统总线时钟,看门狗计数时钟信号由 PCLK 两次分频产生,8 位的预分频器的设置为(PCLK/1000000 − 1),WTCON 中位 [15:8];(3<<3)是选择后分频为 128 分频;bit[2]=1 是禁止中断。

3. 设置计数初值

```
rWTDAT = 2112; //这个寄存器是当 WTCNT 减计数到 0 时,重新装载到 WTCNT
rWTCNT = 2112;//这个寄存器在完成看门狗计数器的减计数功能,第一次使用看门狗计数器必
                须设置计数初值
```

4. 开启看门狗定时器

```
rWTCON= rWTCON|(1< < 5);//寄存器 WTCON 的 bit[5]= 1 使能看门狗定时器
```

5. 定时器功能实现

看门狗定时器开始计数后,当 WTCNT 减到 0 时,只要看门狗没有停止,在看门狗使能中断的条件下 WTDAT 重新装载到 WTCNT 中,并产生中断请求(不产生 Reset 信号),系统进入中断服务程序。

```
pISR_WDT_AC97= (unsigned) Wdt_Int ;//Wdt_Int() 是用户写的中断服务函数,pISR_WDT_
AC97 是看门狗定时器中断向量
```

如果当 WTCNT 减到 0 时看门狗使能 Reset 功能,系统直接产生复位信号,实现软件复位功能。

6. 停止看门狗

```
rWTCON= rWTCON&(~ (1< < 5)) ;//WTCON 寄存器的 bit[5]= 0
```

例 5-2　　下面这个程序就是一个看门狗定时器的实例。代码中完成两个功能,前面部分设置为看门狗定时器超时时,只会触发中断,不会引起系统复位。在中断函数内,蜂鸣器会响。设置看门狗定时器的时间为 1s。后面部分设置为定时时间到产生复位功能。蜂鸣器控制接口电路如图 5-15 所示。

```
# define _ISR_STARTADDRESS 0x33ffff00
# define pISR_WDT_AC97         (* (unsigned * ) (_ISR_STARTADDRESS+ 0x44))
volatile int  numWdtInt;
  void delay(int a)
  {
```

```
            int k;
            for(k= 0;k< a;k+ + );
        }
    void __irq Wdt_Int(void)
    {
            rGPBDAT |= 1;                //GPB0= 1,蜂鸣器响
            rSRCPND| = (0x1< < 9);      //清源中断登记位
            rSUBSRCPND| = (0x1< < 13);  //清子源中断登记位
            rINTPND |= (0x1< < 9);      //清中断登记位
      numWdtInt= numWdtInt+ 1;  //中断次数
    }
    void Main(void)
    {
            int temp;
            int i;
            rGPBCON |= 1;                        //B0输出,控制蜂鸣器
            rGPBUP  = 0x7ff;
            rWTCON = (PCLK/1000000-1)< < 8) |(3< < 3);      //时钟频率为1MHz/128,周期
为128
        rWTDAT = 8448;                    //设置看门狗定时器超时时间为128μs
            rWTCNT = 8448;
            rWTCON |= (1< < 5) |(1< < 2);        //开启看门狗定时器中断
rINTMOD = 0x0;//中断模式为IRQ
            rSRCPND = 0x1< < 9;
            rSUBSRCPND = 0x1< < 13;
            rINTPND = 0x1< < 9;
            rINTSUBMSK = ~ (0x1< < 13);        //打开中断子屏蔽
            rINTMSK = ~ (0x1< < 9);                //打开中断屏蔽
            pISR_WDT_AC97 = (unsignedint) Wdt_Int;  //中断服务程序入口
            rGPBDAT = 0;    //关闭蜂鸣器
            while(isWdtInt! = 20)
    {
rGPBDAT = 0;
delay(500);
    }
rWTCON= ((PCLK/1000000-1)< < 8) |(3< < 3) |(1);  //  使能Reset信号
Uart_Printf("\nI will restart after 2 sec!!! \n");
            rWTCNT= 8448* 2;
            rWTCON= rWTCON|(1< < 5);    // 开启看门狗
            while(1);    // WTCNT减到0无喂狗的动作产生复位信号
            rINTMSK|= (1< < 9)

    }
```

5.4 RTC定时器

RTC(real time clock):实时时钟,是指可以像时钟一样输出实际时间的电子设备,一般是集成电路,因此也称为实时时钟芯片。实时时钟芯片是日常生活中应用最为广泛的消费类电子产品之一。它为人们提供精确的实时时间,或者为电子系统提供精确的时间基准,目

前实时时钟芯片大多采用精度较高的晶体振荡器作为时钟源。

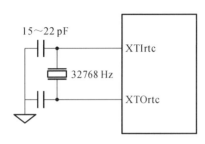

图 5-17　32.768 kHz 外接晶振连接框图

5.4.1　RTC 概述

芯片内部有一个实时时钟（RTC）模块,当系统电源闭合时,由后备电池为 RTC 模块供电。无论系统加电或切断电源,RTC 都在运行。使用 STRB/LDRB 指令,可以在 RTC 和 CPU 之间传送 8 位 BCD 码的数据,包括秒、分、时、日、星期、月、年。RTC 单元可以在 32.768 kHz 的外部晶振下工作（见图 5-17）。RTC 能够执行报警功能,产生节拍时间中断。

RTC 的主要特点如下。

（1）使用 BCD 码表示秒、分、时、日、星期、月、年。

（2）有闰年发生器。

（3）报警功能:有报警中断或从 Power_OFF 模式中唤醒功能。

（4）解决了 2000 年问题。

（5）有独立的电源引脚（RTCVDD）。

（6）支持毫秒级节拍时间中断,可用于 RTOS 内核。

（7）支持秒进位复位功能。

5.4.2　实时时钟操作

RTC 的组成框图如图 5-18 所示。

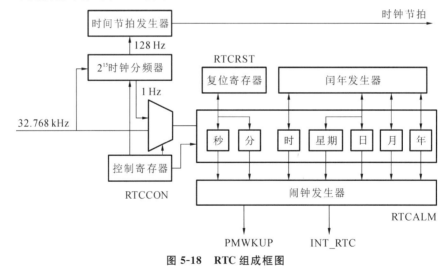

图 5-18　RTC 组成框图

在 RTC 中功能模块具体如下。

1. 闰年发生器模块

闰年发生器模块从 BCDDATE、BCDMON、BCDYEAR 中获取数据,确定每个月的最后一天究竟是 28、29、30 或 31 日。一个 8 位的计数器只能表示 2 位 BCD 码数字,因此它不能确定 00（年的最低 2 位数字）年是闰年或不是闰年。为了解决这一问题,在 S3C2440A 的 RTC 模块中有一个硬件逻辑支持 2000 年作为闰年。记录 1900 年不是闰年而 2000 年是闰年。因此两个数字 00 在 S3C2440A 中记录的是 2000 年而不是 1900 年。

2. 读/写寄存器模块

RTCCON 控制寄存器位[0]必须被设置为 1,然后才可以写 RTC 模块中的寄存器。如果这一位被设置为 0,则不能写入 RTC 模块中的寄存器。

3. 后备电池模块

当系统电源切断时,通过 RTC 引脚提供电源到 RTC 模块,RTC 逻辑由后备电池驱动。这时 CPU 接口与 RTC 的逻辑被阻塞,后备电池仅仅驱动晶振电路和 BCD 计数器,使得 BCD 计数器功耗为最小。图 5-19 所示为备用电池电路图。

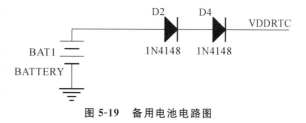

图 5-19 备用电池电路图

4. 报警功能模块

在 Power_OFF 模式或 Normal 操作模式下,RTC 在规定的时间产生一个报警信号。在 Normal 操作模式下,报警中断 ALMINT 被激活;在 Power_OFF 模式下,如同 ALMINT 一样,电源管理唤醒信号 PMWKUP 也能够被激活。RTC 报警控制寄存器 RTCALM,确定报警允许/禁止和报警时间设定条件。

5. 节拍时间(tick time)中断模块

RTC 节拍时间被用作中断请求。节拍时间计数寄存器 TICNT 有 1 位中断允许位和 7 位节拍时间计数值位。计数值达到 0 时,节拍时间中断出现。中断周期计算如下:

$$Period = (n+1)/128 \tag{5-8}$$

式中:n 为节拍时间计数值,范围为 1~127。

此 RTC 时间节拍能被用于实时操作系统(RTOS)内核时间节拍。如果时间节拍是由 RTC 时间节拍所产生的,则 RTOS 与时间相关的功能总是与实时时钟同步。

6. 进位复位功能(round reset function)模块

进位复位功能由 RTC 进位复位寄存器 RTCRST 来实现。产生秒进位的边界(30、40 或 50 秒)可以选择,在进位复位后,秒的值被设置为 0。例如,如果当前时间是 23:37:47,并且设置进位边界为 40 秒,则进位复位功能改变当前时间为 23:38:00。

5.4.3 RTC 寄存器描述

RTC 模块有一系列的寄存器,用户通过对这些寄存器编程配置实现 RTC 的功能,表 5-21 列出了这些寄存器。

表 5-21 RTC 寄存器列表

寄 存 器	地 址	读 写	描 述	复 位 值
RTCCON	0x57000040(L) 0x57000043(B)	R/W(字节)	RTC 控制寄存器	0x0
TICNT	0x57000050(L) 0x57000053(B)	R/W(字节)	节拍时间寄存器	0x0
RTCALM	0x57000044(L) 0x57000047(B)	R/W(字节)	RTC 闹钟控制寄存器	0x0
ALMSEC	0x57000054(L) 0x57000057(B)	R/W(字节)	闹钟秒数据寄存器	0x0
ALMMIN	0x57000058(L) 0x5700005B(B)	R/W(字节)	闹钟分数据寄存器	0x0
VALMHOUR	0x57000058(L) 0x5700005B(B)	R/W(字节)	闹钟时数据寄存器	0x0

寄 存 器	地 址	读 写	描 述	复 位 值
ALMDATE	0x57000060(L) 0x57000063(B)	R/W(字节)	闹钟日寄存器	0x01
ALMMON	0x57000064(L) 0x57000067(B)	R/W(字节)	闹钟月数据寄存器	0x01
ALMYEAR	0x57000068(L) 0x5700006B(B)	R/W(字节)	闹钟年数据寄存器	0x0
BCDSEC	0x57000070(L) 0x57000073(B)	R/W(字节)	BCD 秒寄存器	0x0
BCDMIN	0x57000074(L) 0x57000077(B)	R/W(字节)	BCD 分寄存器	0x0
BCDHOUR	0x57000078(L) 0x5700007B(B)	R/W(字节)	BCD 时寄存器	0x0
BCDDATE	0x5700007C(L) 0x5700007F(B)	R/W(字节)	BCD 日寄存器	0x0
BCDDAY	0x57000080(L) 0x57000083(B)	R/W(字节)	BCD 星期寄存器	0x0
BCDMON	0x57000084(L) 0x57000087(B)	R/W(字节)	BCD 月寄存器	未定义
BCDYEAR	0x57000088(L) 0x5700008B(B)	R/W(字节)	BCD 年寄存器	—

1. RTC 控制寄存器（RTCCON）

RTC 控制寄存器的位描述如表 5-22 所示。

表 5-22　RTC 控制寄存器的位描述

RTCCON	位	描　　述	初 始 值
CLKRST	[3]	RTC 时钟计数器复位:0 = 不复位,1 = 复位	0
CNTSEL	[2]	BCD 计数器选择: 0 = 合并 BCD 计数器,1 = Reserved（单独 BCD 计数器）	0
CLKSEL	[1]	BCD 时钟选择:0 = XTAL $1/2^{15}$ 分频时钟,1 = Reserved	0
RTCEN	[0]	RTC 控制使能:0 = 无效,1 = 有效	0

2. 节拍时间计数寄存器（TICNT）

节拍时间计数寄存器的位描述如表 5-23 所示。

表 5-23　节拍时间计数寄存器的位描述

TICNT	位	描　　述	初 始 值
TICK INT 使能	[7]	节拍时间中断使能:0 = 禁止,1 = 使能	0
TICK 时间计数	[6:0]	节拍时间计数值(1 至 127) 此计数器值内部递减并且用户不能在工作中读取此计数器的值	0

3. RTC 闹钟控制和闹钟数据寄存器

RTCALM 寄存器决定了报警使能和报警时间。在掉电模式下 RTCALM 寄存器通过 INT_RTC 和 PMWKUP 产生报警信号,在正常操作模式下仅通过 INT_RTC 产生。

RTC 闹钟控制寄存器的位描述如表 5-24 所示。各闹钟数据寄存器的位描述如表 5-25 至表 5-30 所示。

表 5-24　RTC 闹钟控制寄存器的的位描述

RTCALM	位	描　　述	初 始 值
保留	[7]	—	0
ALMEN	[6]	全局闹钟使能:0 = 禁止,1 = 使能	0
YEAREN	[5]	年闹钟使能:0 = 禁止,1 = 使能	0
MONEN	[4]	月闹钟使能:0 = 禁止,1 = 使能	0
DATEEN	[3]	日闹钟使能:0 = 禁止,1 = 使能	0
HOUREN	[2]	时闹钟使能:0 = 禁止,1 = 使能	0
MINEN	[1]	分闹钟使能:0 = 禁止,1 = 使能	0
SECEN	[0]	秒闹钟使能:0 = 禁止,1 = 使能	0

表 5-25　闹钟秒数据寄存器的位描述

ALMSEC	位	描　　述	初 始 值
保留	[7]	—	0
SECDATA	[6:4]	闹钟秒 BCD 值：0 至 5	000
	[3:0]	值:0 至 9	0000

表 5-26　闹钟分数据寄存器的位描述

ALMMIN	位	描　　述	初 始 值
保留	[7]	—	0
MINDATA	[6:4]	BCD 值:0 至 5	000
	[3:0]	值:0 至 9	0000

表 5-27　闹钟时数据寄存器的位描述

ALMHOUR	位	描　　述	初 始 值
保留	[7]	—	0
HOURDATA	[6:4]	闹钟时 BCD 值：0 至 5	000
	[3:0]	值:0 至 9	0000

表 5-28　闹钟日数据寄存器的位描述

ALMDATE	位	描　　述	初 始 值
保留	[7:6]	—	0
	[5:4]	闹钟日 BCD 值：0 至 3	000
DATEDATA	[3:0]	值:0 至 9	0001
			0000

表 5-29　闹钟月数据寄存器的位描述

ALMMON	位	描　　述	初 始 值
保留	[7:5]	—	00
DATEDATA	[4]	闹钟月 BCD 值：0 至 1	0
	[3:0]	值：0 至 9	0001

表 5-30　闹钟年数据寄存器的位描述

ALMYEAR	位	描　　述	初 始 值
YEARDATA	[7:0]	闹钟年的 BCD 值 00～99	0x0

4. 秒、分、时、日、星期、月、年数据寄存器

可以对这些寄存器设置当前时间和日期，读取当前时间和日期。BCD 各数据寄存器的位描述如表 5-31～表5-37所示。

表 5-31　BCD 秒寄存器的位描述

BCDSEC	位	描　　述	初 始 值
保留	[7]	—	0
SECDATA	[6:4]	秒 BCD 值：0 至 5	000
	[3:0]	值：0 至 9	0000

表 5-32　BCD 分寄存器的位描述

BCDMIN	位	描　　述	初 始 值
保留	[7]	—	0
MINDATA	[6:4]	秒 BCD 值：0 至 5	000
	[3:0]	值：0 至 9	0000

表 5-33　BCD 时寄存器的位描述

BCDHOUR	位	描　　述	初 始 值
保留	[7:6]	—	0
HOURDATA	[5:4]	时 BCD 值：0 至 2	000
	[3:0]	值：0 至 9	0000

表 5-34　BCD 日寄存器的位描述

BCDDATE	位	描　　述	初 始 值
保留	[7:6]	—	0
DATEDATA	[5:4]	日 BCD 值：0 至 3	000
	[3:0]	值：0 至 9	0000

表 5-35　BCD 星期寄存器的位描述

BCDDATE	位	描　　述	初 始 值
保留	[7:3]	—	0
DATEDATA	[2:0]	星期 BCD 值：1 至 7	000
			0000

表 5-36　BCD 月寄存器的位描述

BCDDATE	位	描　　　述	初 始 值
保留	[7:5]	—	0
DATEDATA	[4]	月 BCD 值:0 至 1	000
	[3:0]	值:0 至 9	0000

表 5-37　BCD 年寄存器的位描述

BCDDATE	位	描　　　述	初 始 值
YEARDATA	[7:0]	年的 BCD 值 00～99	—

5.4.4　RTC 使用实例

上位机的串口助手可以看到刷新的实时时钟信息。以下的代码使用 C 语言实现,代码中使用的寄存器默认在其他头文件中定义过,可以直接使用。

```
;数据类型的定义
# define U16 unsigned short
# define U8  unsigned char
;相关寄存器的定义
# define rRTCCON    (* (volatile unsigned char * ) 0x57000040)    //RTC control
# define rBCDSEC    (* (volatile unsigned char * ) 0x57000070)    //BCD second
# define rBCDMIN    (* (volatile unsigned char * ) 0x57000074)    //BCD minute
# define rBCDHOUR   (* (volatile unsigned char * ) 0x57000078)    //BCD hour
# define rBCDDATE   (* (volatile unsigned char * ) 0x5700007c)    //BCD date  //
edited by junon
# define rBCDDAY    (* (volatile unsigned char * ) 0x57000080)    //BCD day  //
edited by junon
# define rBCDMON    (* (volatile unsigned char * ) 0x57000084)    //BCD month
# define rBCDYEAR   (* (volatile unsigned char * ) 0x57000088)    //BCD year
void RTC_Time_Set( void )
{
  rRTCCON = 1 ;  //RTC 读和写使能
  rBCDYEAR = 0x16 ;  //设置年
    rBCDMON  = 0x06 ;  //设置月
    rBCDDATE = 0x19 ;  //设置日
  rBCDDAY  = 0x02 ;  //设置星期
  rBCDHOUR = 0x15 ;  //设置小时
    rBCDMIN  = 0x21 ;  //设置分
    rBCDSEC  = 0x30 ;  //设置秒
  rRTCCON &= ~ 1 ;  //RTC 读和写禁止
}
;测试函数 RTC_Test()
void RTC_Test (void)
{
  U16 year ;
  U8 month, day ;
  U8 hour, minute, second ;
```

```
RTC_Time_Set();
Uart_Printf( "RTC TIME Display, press ESC key to exit ! \n" ); //控制台打印提示
信息
   while( Uart_GetKey() ! = ESC_KEY )
   {
rRTCCON = 1 ;  //RTC 读和写使能
year = 0x2000+ rBCDYEAR  ;  //读年
   month = rBCDMON ;  //读月
   day = rBCDDATE ;  //读日
week = rBCDDAY ;  //读星期
hour = rBCDHOUR ;  //读小时
   minute = rBCDMIN ;  //读分
   second = rBCDSEC ;  //读秒
rRTCCON &= ~ 1 ;  // RTC 读和写禁止
   Uart_Printf( "RTC time : % 04x-% 02x-% 02x % 02x:% 02x:% 02x\n", year, month,
day, hour, minute, second );
   }
}
```

5.5 本章小结

本章讲述了 S3C2440A 的时钟与电源管理模块、PWM 定时器、看门狗定时器和实时时钟。

在时钟与电源管理部分,主要讲述了系统时钟的产生过程,包括时钟源的选择、片内锁相环的工作过程和分频控制逻辑。电源管理讲述了四种电源模式和它们之间转换的过程。PWM 定时器部分讲述了 PWM 的操作过程,需要读者理解双缓冲的概念和工作原理。在看门狗定时器部分讲述了看门狗定时的原理,需要读者理解看门狗定时器在实际系统中的作用和工作流程。实时时钟讲述了内部 RTC 的构成和作用,需要读者能够看懂 RTC 的操作。

5.6 本章习题

1.时钟与电源管理模块的作用是什么?

2.在时钟与电源管理模块中有哪两个锁相环? 能够产生哪些时钟信号?

3.FCLK、HCLK 和 PCLK 之间的关系是什么?

4.S3C2440A 的时钟源有哪些? 怎么选择?

5.简述系统时钟初始化的过程。

6.S3C2440A 片内 PWM 定时器有几个?

7.定时器的时钟是怎么产生的?

8.如何实现 PWM 的功能?

9.如何实现 PWM 输出信号 TOUT0 的周期和占空比的调节?

10.解释术语:PWM、手动更新、自动重装、预分频、时钟分频选择、双缓冲。

11.看门狗定时器的作用是什么?

12.看门狗定时时间长短怎么设置?

13.看门狗定时器是怎么产生 RESRT 信号的?

14.RTC 是怎么工作的? 如何设置日期?

第6章 存储控制器模块

本章介绍 S3C2440A 的存储控制器的特性,相关寄存器的配置方法;介绍与 SDRAM、Nor Flash 和 Nand Flash 的连接方法。

6.1 概述

存储器是嵌入式系统中重要的部件,是用来储存运行的程序和数据。存储器的接口信号主要是由控制线、地址线和数据线构成。存储器内部主体是存储阵列,用户读写存储器的操作要按照读写时序来进行。存储器的内部结构如图 6-1 所示。

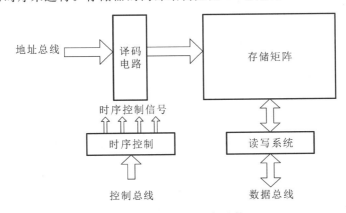

图 6-1 存储器的内部结构

S3C2440A 存储控制器提供了访问存储器的控制信号,访问各种外部存储器相关的三组总线:控制总线、数据总线和地址总线。

S3C2440A 的存储控制器包含以下特性。

(1) 系统支持大/小端数据存储格式(可以通过软件选择)。

(2) 存储空间分为 8 个 banks(体),每个 bank 有 128M 字节空间,全部可寻址地址空间总共 1GB;使用 nGCS0～nGCS7 作为对应各 bank 选择信号。

(3) 除了 bank0(数据线宽 16 或 32 位)之外,其他全部 bank 都可编程访问,宽度可以为 8、16 或 32 位。

(4) bank0～bank5 可以使用 ROM(含 EEPROM、Nor Flash 等)和 SRAM,其余 2 个存储器 bank6 和 bank7 可以使用 ROM/SRAM/SDRAM。

(5) bank0～bank6 开始地址固定;bank7 开始地址和 bank 大小可编程。

(6) 支持各 bank 产生等待信号(nWAIT),用来扩展总线周期。

(7) 系统支持存储器与 I/O 端口统一寻址。

(8) bank0～bank7 中每个 bank 的数据总线宽度单独可编程,bank0 通过编程可以设置为 16/32 位数据总线,bank1～bank7 通过编程可以设置成 8/16/32 位数据总线。

(9) 对 SDRAM,在 power-down 模式下,支持自己刷新(self-refresh)模式。

(10) 支持使用 Nor/Nand Flash、EEPROM 等作为引导 ROM。

S3C2440A 复位后的存储空间映射图如图 6-2 所示。

S3C2440A 是 32 位处理器,理论上拥有 32 根地址线,寻址空间为 0x00000000～0xFFFFFFFF,即 4G。实际上,S3C2440A 只拥有 27 根地址线,实际物理寻址空间为 0x00000000～0x07FFFFFF,即 128MB。除了这 27 根地址线,S3C2440A 还对外引出了 8 根

图 6-2 S3C2440A 复位后存储空间映射图

片选信号线,即:nGCS0～nGCS7,这样组合起来就能达到 1GB＝128MB 的物理寻址空间,即 0x00000000～0x3FFFFFFF。每一块称为一个 bank,每一块都有 128MB,共有 bank0～bank7,其中 bank0、bank6、bank7 比较特殊。

6.1.1 片外存储器的分类

嵌入式系统中储存系统一般由 Flash 和 SDRAM 构成。Flash 的全名叫 Flash EEPROM memory,在没有电流供应的条件下也能够长久地保存数据,通过程序可以修改数据,即平时所说的"闪存"。它在嵌入式系统中的地位与 PC 上的硬盘类似,用于保存系统运行所需要的操作系统、应用程序等。U 盘和 MP3 里用的就是这种存储器。因此,嵌入式系统常用 Flash 来存储程序和数据。

Flash 存储器具有以下几个基本特点。

(1) 非易失性,Flash 存储器不需要后备电源来保护数据,掉电后数据不丢失。

(2) 易更新性,Flash 存储器具有电可擦除的特点,更新数据很方便。

(3) 成本低、密度高、可靠性好。

Flash 又分为 Nand Flash 和 Nor Flash 两种。Nor Flash 称为或非型闪存、Nor 闪存,Nand Flash 称为与非型闪存、Nand 闪存。如图 6-3 所示。

Nor Flash 特点:容量小,价格贵,可靠性高,寿命短,读速快。系统可以直接在 Nor Flash 运行指令,用于启动和引导系统。主要用于存放启动代码。

Nand Flash 特点:容量大,价格低,寿命长,写速快。而 Nand Flash 不能用于主存,只能按扇区读写,可以用作小硬盘。主要用于存放数据和程序。也可以从 Nand Flash 启动和引导系统,在 SDRAM 上执行主程序。

图 6-3　Flash 实物图

两种 Flash 接口的差别：Nor Flash 带有 SRAM 接口，有足够的地址引脚来寻址，可以很容易地存取其内部的每一个字节。Nand 器件使用复杂的 I/O 口来串行地存取数据，各个产品或不同厂商的方法可能各不相同。

SDRAM(synchronous dynamic random access memory，同步动态随机存储器）：利用一个单一的系统时钟同步所有的地址、数据和控制信号，使得 SDRAM 能够与系统工作在相同的频率上。SDRAM 芯片在嵌入式系统中常作主存储器使用，在由 S3C2440A/S3C2440A 组成的嵌入式系统中，SDRAM 一般被用来保存运行的操作系统、用户程序、数据和堆栈。在嵌入式硬件系统中一般把 bank6 和 bank7 用作 SDRAM 存储区。bank 6、bank 7 开始和结束地址见表 6-1。

表 6-1　bank6、bank7 开始和结束地址

地　　址	2MB	4MB	8MB	16MB	32MB	64MB	128MB
bank6							
开始地址	0x3000_0000	0x3000_0000	0x3000_0000	0x3000_0000	0x3000_0000	0x3000_0000	0x3000_0000
结束地址	0x301F_FFFF	0x303F_FFFF	0x307F_FFFF	0x30FF_FFFF	0x31FF_FFFF	0x33FF_FFFF	0x37FF_FFFF
bank7							
开始地址	0x3020_0000	0x3040_0000	0x3080_0000	0x3100_0000	0x3200_0000	0x3400_0000	0x3800_0000
结束地址	0x303F_FFFF	0x307F_FFFF	0x30FF_FFFF	0x31FF_FFFF	0x33FF_FFFF	0x37FF_FFFF	0x3FFF_FFFF

bank 6 和 bank 7 必须为相同大小的存储器。bank0 的总线宽度：bank0（片选信号 nGCS0）的数据总线可以配置为 16 位或 32 位的宽度。因为 bank0 是作为引导 ROM，映射到 0x0000_0000。因此在第一次 ROM 访问前就决定 bank0 的总线宽度，方法就是通过复位时 OM[1:0] 的逻辑电平。

6.1.2　启动方式的介绍

S3C2440A 支持两种启动模式：Nand 和非 Nand（一般是 Nor Flash）模式，具体采用的方式取决于 OM0、OM1 两个引脚的状态。S3C2440A 在上电后，将开始从总线地址 0x00000000 读取指令执行，而 S3C2440A 的启动方式由其两个引脚 OM0 和 OM1 控制，见表 6-2。

Nor Flash 拥有与内存相同的接口，可以接在存储控制器上被 CPU 直接访问，但由于寿命低，容量小，价格贵，一般都使用 Nand Flash 作为首选启动方式。

使用 Nand Flash 作为启动 ROM 时的映射图，一般情况指的是使用 Nor Flash 作为启动 ROM。这时，Nor Flash 使用 BANK0，使用的总线地址空间为 0x00000000 ～

0x08000000,片内内存"Steppingstone"使用的总线地址空间为 0x40000000～0x40000FFF。

表 6-2　启动模式设置

OM1	OM0	启动模式（数据位宽）
0	0	Nand Flash 启动
0	1	Nor Flash 启动（16 bit）
1	0	Nor Flash 启动（32 bit）
1	1	测试模式

Nand Flash 启动：只能接在 Nand Flash 控制器上被 CPU 间接访问。如果 S3C2440 被配置成从 Nand Flash 启动，在 S3C2440 上电后，Nand Flash 控制器的会自动地把 Nand Flash 上的前 4K 数据复制到内部 SRAM 中，也就是所谓的"Steppingstone"，同时把这段片内 SRAM 映射到 nGCS0 片选的空间（即 0x00000000）。系统会从这个内部 SRAM 中启动，程序员需要完成的工作，就是把最核心的启动程序放在 Nand Flash 的前 4K 中，也就是说，你需要编写一个长度小于 4K 的引导程序，作用是将主程序拷贝到外部 RAM（一般是 SDRAM）中运行。而在 Nand Flash 方式启动的情况下，系统是"看不到"Nor Flash 的，因为 Nor Flash 也是挂在 nGCS0（nGCSx 指的是片选引脚，nGCS0 对应 BANK0）上的，而 nGCS0 的地址空间已经被占用了。

Nor Flash 启动：当选择从 Nor Flash 启动时，需要根据 Nor Flash 的位宽来配置 OM1 和 OM0 引脚，当位宽为 16bit 时，OM1 和 OM0 应该分别是低电平和高电平；当位宽为 32bit 时，OM1 和 OM0 应该分别是高电平和低电平。此时，Nor Flash 被映射到 0x00000000 地址（就是 nGCS0，这里就不需要片内 SRAM 来辅助了，而片内 SRAM 的起始地址映射到了 0x40000000）。然后 S3C2440A 从 0x00000000 开始运行（也就是在 Nor Flash 中运行）。从上面可知，CPU 只能从总线地址 0x00000000 启动，所以在使用 Nor Flash 启动时，程序可以直接在 Nor Flash 执行，而无须片内 SRAM 辅助，Nor Flash 占用总线地址 0x00000000 如果使用 Nand Flash 启动时，需要片内 SRAM 辅助启动，片内 SRAM 占用总线地址 0x00000000，Nor Flash 无法使用。

表 6-3 所示为存储器（SROM/SDRAM）地址引脚连接。

表 6-3　存储器（SROM/SDRAM）地址引脚连接

存储器地址引脚	S3C2440A 地址 @ 8 位数据总线	S3C2440A 地址 @ 16 位数据总线	S3C2440A 地址 @ 32 位数据总线
A0	A0	A1	A2
A1	A1	A2	A3
A2	A2	A3	A4
...	...	...	...

6.1.3　特殊功能寄存器介绍

S3C2440A 存储器控制器的地址为 0x48000000～0x48000030，通过配置存储器控制器提供的 13 个寄存器就可以达到访问外围存储设备的目的。这 13 个寄存器分别为：

（1）总线宽度和等待控制寄存器（BWSCON）；

（2）BANK 控制器组（BANKCONn，n = 0～5）；

（3）BANK 控制器组（BANKCONn，n = 6、7）；

（4）刷新控制寄存器（REFRESH）；

（5）BANK 大小寄存器（BANKSIZE）；

（6）SDRAM 模式寄存器组（MRSRBn，n ＝ 6、7）；

下面分别介绍这些寄存器。所有这些存储器控制的时钟的类型与 MCU 总线时钟是一致的。例如，SRAM 中的 HCLK 等同于总线时钟，SDRAM 中的 SCLK 同样等同于总线时钟。

1.总线宽度和等待控制寄存器（BWSCON）

总线宽度和等待控制寄存器 BWSCON 的每 4 位确定一个 bank 的总线宽度等信息，其中 bank1～bank7 配置位相同，而 bank0 的数据总线宽度是由硬件决定的，即由芯片引脚 OM[1:0] 的连接状态决定。BWSCON 寄存器的描述如表 6-4 所示。BWSCON 地址是 0x48000000，可以读写操作，复位值 0x0。

表 6-4　BWSCON 寄存器

BWSCON	位	描　述	初 始 值
ST7	[31]	决定 SRAM 是否对 bank 7 使用 UB/LB 0 ＝ 未使用 UB/LB（引脚对应 nWBE[3:0]） 1 ＝ 使用 UB/LB（引脚对应 nBE[3:0]）	0
WS7	[30]	决定 bank 7 的 WAIT 状态 0 ＝ WAIT 禁止，1 ＝ WAIT 使能	0
DW7	[29:28]	决定 bank 7 的数据总线宽度 00 ＝ 8 位，01 ＝ 16 位，10 ＝ 32 位，11 ＝ 保留	0
ST6	[27]	决定 SRAM 是否对 bank 6 使用 UB/LB 0 ＝ 未使用 UB/LB（引脚对应 nWBE[3:0]），1 ＝ 使用 UB/LB（引脚对应 nBE[3:0]）	0
WS6	[26]	决定 bank 6 的 WAIT 状态 0 ＝ WAIT 禁止，1 ＝ WAIT 使能	0
DW6	[25:24]	决定 bank 6 的数据总线宽度 00 ＝ 8 位，01 ＝ 16 位，10 ＝ 32 位，11 ＝ 保留	0
ST5	[23]	决定 SRAM 是否对 bank 5 使用 UB/LB 0 ＝ 未使用 UB/LB（引脚对应 nWBE[3:0]），1 ＝ 使用 UB/LB（引脚对应 nBE[3:0]）	0
WS5	[22]	决定 bank 5 的 WAIT 状态 0 ＝ WAIT 禁止，1 ＝ WAIT 使能	0
DW5	[21:20]	决定 bank 5 的数据总线宽度 00 ＝ 8 位，01 ＝ 16 位，10 ＝ 32 位，11 ＝ 保留	0
ST4	[19]	决定 SRAM 是否对 bank 4 使用 UB/LB 0 ＝ 未使用 UB/LB（引脚对应 nWBE[3:0]），1＝ 使用 UB/LB（引脚对应 nBE[3:0]）	0
WS4	[18]	决定 bank 4 的 WAIT 状态 0 ＝ WAIT 禁止，1 ＝ WAIT 使能	0
DW4	[17:16]	决定 bank 4 的数据总线宽度 00 ＝ 8 位，01 ＝ 16 位，10 ＝ 32 位，11 ＝ 保留	0
ST3	[15]	决定 SRAM 是否对 bank 3 使用 UB/LB 0 ＝ 未使用 UB/LB（引脚对应 nWBE[3:0]），1 ＝ 使用 UB/LB（引脚对应 nBE[3:0]）	0
WS3	[14]	决定 bank 3 的 WAIT 状态 0 ＝ WAIT 禁止，1 ＝ WAIT 使能	0
DW3	[13:12]	决定 bank 3 的数据总线宽度 00 ＝ 8 位，01 ＝ 16 位，10 ＝ 32 位，11 ＝ 保留	0

续表

BWSCON	位	描 述	初 始 值
ST2	[11]	决定 SRAM 是否对 bank 2 使用 UB/LB ST2 [11] 0 = 未使用 UB/LB(引脚对应 nWBE[3:0]) 1 = 使用 UB/LB(引脚对应 nBE[3:0])	0
WS2	[10]	决定 bank 2 的 WAIT 状态 0 = WAIT 禁止,1 = WAIT 使能	0
DW2	[9:8]	决定 bank 2 的数据总线宽度 00 = 8 位,01 = 16 位,10 = 32 位,11 = 保留	0
ST1	[7]	决定 SRAM 是否对 bank 1 使用 UB/LB 0 = 未使用 UB/LB(引脚对应 nWBE[3:0]),1 = 使用 UB/LB (引脚对应 nBE[3:0])	0
WS1	[6]	决定 bank 1 的 WAIT 状态 0 = WAIT 禁止,1 = WAIT 使能	0
DW1	[5:4]	决定 bank 1 的数据总线宽度 00 = 8 位,01 = 16 位,10 = 32 位,11 = 保留	0
DW0	[2:1]	表明 bank 1 的数据总线宽度(只读) 01 = 16 位,10 = 32 位,该状态由 OM[1:0]引脚决定	—
保留	[0]	保留为 0	0

nBE[3:0]为信号 nWBE[3:0]和 nOE 相与(AND)产生的。

2. BANK 控制寄存器(BANKCONn:nGCS0~nGCS5)

该组寄存器包括 bank0~bank5 六个 bank 的时序控制信息,这些时序和系统硬件采用的芯片相关,在上电启动时,通过读取寄存器数值来完成相应的硬件的初始化。如表 6-5 所示。

表 6-5　BANK 控制寄存器

寄存器	地址	读写	描 述	复位值
BANKCON0	0x48000004	R/W	Bank0 控制寄存器	0x0700
BANKCON1	0x48000008	R/W	Bank1 控制寄存器	0x0700
BANKCON2	0x4800000C	R/W	Bank2 控制寄存器	0x0700
BANKCON3	0x48000010	R/W	Bank3 控制寄存器	0x0700
BANKCON4	0x48000014	R/W	Bank4 控制寄存器	0x0700
BANKCON5	0x48000018	R/W	Bank5 控制寄存器	0x0700

BANKCONn	位	描 述	初值
Tacs	[14:13]	nGCSn 前的地址建立时间 00 = 0 个时钟,01 = 1 个时钟 10 = 2 个时钟,11 = 4 个时钟	00
Tcos	[12:11]	nOE 前的片选建立时间 00 = 0 个时钟,01 = 1 个时钟 10 = 2 个时钟,11 = 4 个时钟	00
Tacc	[10:8]	访问周期 000 = 1 个时钟,001 = 2 个时钟 010 = 3 个时钟,011 = 4 个时钟 100 = 6 个时钟,101 = 8 个时钟 110 = 10 个时钟,111 = 14 个时钟 注意:当使用 nWAIT 信号时,Tacc ≥ 4 个时钟	111

BANKCONn	位	描 述	初值
Tcoh	[7:6]	nOE 后的片选保持时间 00 = 0 个时钟,01 = 1 个时钟 10 = 2 个时钟,11 = 4 个时钟	00
Tcah	[5:4]	nGCSn 后的地址保持时间 00 = 0 个时钟,01 = 1 个时钟 10 = 2 个时钟,11 = 4 个时钟	00
Tacp	[3:2]	Page 模式下的 Page 模式访问周期 00 = 0 个时钟,01 = 1 个时钟 10 = 2 个时钟,11 = 4 个时钟	00
PMC	[1:0]	Page 模式配置 00 = 正常(1 个数据),01 = 4 个数据 10 = 8 个数据,11 = 16 个数据	00

3. BANK 控制寄存器(BANKCONn:nGCS6 至 nGCS7)

BANKCON6 和 BANKCON7 寄存器的描述如表 6-6 所示。BANKCON6 和 BANKCON7 地址是 0x4800001C 和 0x48000020,可以读写操作,复位值 0x18008。

表 6-6　BANKCON6 和 BANKCON7 寄存器

BANKCONn	位	描述	
MT	[16:15]	决定 bank6 和 bank7 的存储器类型 00 = ROM 或 SRAM,01 = 保留(不要使用) 10 = 保留(不要使用),11 = 同步 DRAM	
存储器类型 = ROM 或 SRAM[MT=00](15 位)			
Tacs	[14:13]	nGCSn 前的地址建立时间 00 = 0 个时钟,01 = 0 个时钟 10 = 2 个时钟,11 = 2 个时钟	00
Tcos	[12:11]	nOE 前的片选建立时间 00 = 0 个时钟,01 = 0 个时钟 10 = 2 个时钟,11 = 2 个时钟	00
Tacc	[10:8]	访问周期 000 = 1 个时钟,001 = 2 个时钟 010 = 3 个时钟,011 = 4 个时钟 100 = 6 个时钟,101 = 8 个时钟 110 = 10 个时钟,111 = 14 个时钟	111
Tcoh	[7:6]	nOE 后的片选保持时间 00 = 0 个时钟,01 = 0 个时钟 10 = 2 个时钟,11 = 2 个时钟	00
Tcah	[5:4]	nGCSn 后的地址保持时间 00 = 0 个时钟,01 = 0 个时钟 10 = 2 个时钟,11 = 2 个时钟	00
Tacp	[3:2]	Page 模式下的 Page 模式访问周期 00 = 0 个时钟,01 = 0 个时钟 10 = 2 个时钟,11 = 2 个时钟	00

BANKCONn	位	描述	
PMC	[1:0]	Page 模式配置 00 = 正常(1 个数据),01 = 4 个数据 10 = 8 个数据,11 = 16 个数据	00
存储器类型 = SDRAM[MT=11](4 位)			
Trcd	[3:2]	RAS 到 CAS 的延迟 00 =2 个时钟,01 = 3 个时钟,10 = 4 个时钟	
SCAN	[1:0]	列地址数:00 = 8 位,01 = 9 位,10 = 10 位	

4. 刷新周期 =(211-刷新计数+1)/ HCLK

如果刷新周期为 7.8 μs 并且 HCLK 为 100 MHz,刷新计数如下:

$$刷新计数=211+1-100×7.8=1269$$

SDRAM 刷新控制寄存器 REFRESH 寄存器的描述如表 6-7 所示。BWSCON 地址是 0x48000024,可以读写操作。

表 6-7　REFRESH 寄存器

REFRESH	位	描　述	初 始 值
REFEN	[23]	SDRAM 刷新使能:0 = 禁止,1= 使能	1
TREFMD	[22]	SDRAM 刷新模式:0 = CBR/自动刷新,1 = 自刷新 在自刷新期间,驱动 SDRAM 控制信号为适当电平	0
Trp	[21:20]	SDRAM RAS 预充电时间 00 = 2 个时钟,01 = 3 个时钟 10 = 4 个时钟,11 = 不支持	10
Tsrc		SDRAM 半行周期时间 00 = 4 个时钟,01 = 5 个时钟 10 = 6 个时钟,11 = 7 个时钟 SDRAM 行周期时间:Trc=Tsrc+Trp 如果 Trp=3 个时钟并且 Tsrc=7 个时钟,则 Trc=3+7=10 个时钟	11
保留	[17:16]	未使用	00
保留	[15:11]	未使用	00
刷新计数器	[10:0]	SDRAM 刷新计数值	0

5. bank 大小寄存器

bank6 和 bank7 大小寄存器 BANKSIZE 的描述如表 6-8 所示。BWSCON 地址是 0x48000028,可以读写操作。

表 6-8　BANKSIZE 寄存器

BANKSIZE	位	描　述	初 始 值
BURST_EN	[7]	ARM 核突发(Burst)操作使能 0 = 禁止突发操作,1 = 使能突发操作	0

BANKSIZE	位	描 述	初 始 值
保留	[6]	未使用	0
SCKE_EN	[5]	SDRAM 掉电模式使能 SCKE 控制 0 = 禁止 SDRAM 掉电模式,1 = 使能 SDRAM 掉电模式	0
SCLK_EN	[4]	只在 SDRAM 访问周期期间 SCLK 使能,以降低功耗。当未访问 SDRAM,SCLK 变为低电平 0 = SCLK 一直有效,1 = SCLK 只在访问期间有效(推荐)	0
保留	[3]	未使用	0
BK76MAP[2:0]	[2:0]	Bank6/7 存储器映射 010 = 128MB/128MB,001 = 64MB/64MB,000 = 32M/32M,111 = 16M/16M,110 = 8M/8M,101 = 4M/4M,100 = 2M/2M	010

6. SDRAM 模式寄存器组寄存器(MRSR)

模式寄存器组寄存器 MRSRB6 和 MRSRB7 的描述如表 6-9 所示。MRSRB6 和 MRSRB7 地址是 0x4800002C 和 0x48000030,可以读写操作。

表 6-9　MRSR 寄存器

MRSRBn	位	描 述	初 始 值
保留	[11:10]	未使用	0
WBL	[9]	写突发长度:0 = 突发(固定),1 = 保留	0
TM	[8:7]	测试模式 00 = 模式寄存器组(固定),01 = 保留	0
CL	[6:4]	CAS 等待时间(latency) 000 = 1 个时钟,010 = 2 个时钟 011 = 3 个时钟,其他 = 保留	0
BT	[3]	突发类型:0 = 连续(固定),1 = 保留	0
BL	[2:0]	突发长度:000 = (固定)其他,1 = 保留	010

当代码在 SDRAM 中运行时一定不要改变 MRSR 寄存器的值。

6.1.4　存储器初始化代码

```
BWSCON      EQU   0x48000000      ;定义总线宽度寄存器
BANKCON0    EQU   0x48000004      ;定义 Boot ROM 寄存器
BANKCON1    EQU   0x48000008      ;bank1 控制寄存器
BANKCON2    EQU   0x4800000c      ;bank2 控制寄存器
BANKCON3    EQU   0x48000010      ;bank3 控制寄存器
BANKCON4    EQU   0x48000014      ;bank4 控制寄存器
BANKCON5    EQU   0x48000018      ;bank5 控制寄存器
BANKCON6    EQU   0x4800001c      ;bank6 控制寄存器
BANKCON7    EQU   0x48000020      ;bank7 控制寄存器
REFRESH     EQU   0x48000024      ;DRAM/SDRAM 刷新寄存器
```

```
BANKSIZE   EQU   0x48000028     ; bank 大小寄存器
MRSRB6     EQU   0x4800002c     ; bank6 模式寄存器
MRSRB7     EQU   0x48000030     ; bank7 模式寄存器
; 设置存储控制寄存器
    ldr  r0,= SMRDATA
    ldr  r1,= BWSCON  ;
    add  r2, r0, # 52  ; 对存储控制器 13 个寄存器初始化
    ldr  r3, [r0], # 4
    str  r3, [r1], # 4
    cmp  r2, r0
    bne  % B0
; SMRDATA 开始的 13 个字 (52 字节) 存储是 13 个寄存器初始化的数值
SMRDATA DATA
DCD (0+ (B1_BWSCON< < 4) + (B2_BWSCON< < 8) + (B3_BWSCON< < 12) + (B4_BWSCON< <
16) + (B5_BWSCON< < 20) + (B6_BWSCON< < 24) + (B7_BWSCON< < 28))
DCD ((B0_Tacs< < 13) + (B0_Tcos< < 11) + (B0_Tacc< < 8) + (B0_Tcoh< < 6) + (B0_Tah
< < 4) + (B0_Tacp< < 2) + (B0_PMC))    ; GCS0
DCD ((B1_Tacs< < 13) + (B1_Tcos< < 11) + (B1_Tacc< < 8) + (B1_Tcoh< < 6) + (B1_Tah
< < 4) + (B1_Tacp< < 2) + (B1_PMC))    ; GCS1
DCD ((B2_Tacs< < 13) + (B2_Tcos< < 11) + (B2_Tacc< < 8) + (B2_Tcoh< < 6) + (B2_Tah
< < 4) + (B2_Tacp< < 2) + (B2_PMC))    ; GCS2
DCD ((B3_Tacs< < 13) + (B3_Tcos< < 11) + (B3_Tacc< < 8) + (B3_Tcoh< < 6) + (B3_Tah
< < 4) + (B3_Tacp< < 2) + (B3_PMC))    ; GCS3
DCD ((B4_Tacs< < 13) + (B4_Tcos< < 11) + (B4_Tacc< < 8) + (B4_Tcoh< < 6) + (B4_Tah
< < 4) + (B4_Tacp< < 2) + (B4_PMC))    ; GCS4
DCD ((B5_Tacs< < 13) + (B5_Tcos< < 11) + (B5_Tacc< < 8) + (B5_Tcoh< < 6) + (B5_Tah
< < 4) + (B5_Tacp< < 2) + (B5_PMC))    ; GCS5
DCD ((B6_MT< < 15) + (B6_Trcd< < 2) + (B6_SCAN))       ; GCS6
DCD ((B7_MT< < 15) + (B7_Trcd< < 2) + (B7_SCAN))       ; GCS7
DCD((REFEN< < 23) + (TREFMD< < 22) + (Trp< < 20) + (Trc< < 18) + (Tchr< < 16) +
REFCNT)
DCD0x32       ; SCLK power saving mode, BANKSIZE 128M/128M
DCD 0x30      ; MRSR6 CL= 3clk
DCD 0x30      ; MRSR7 CL= 3clk
```

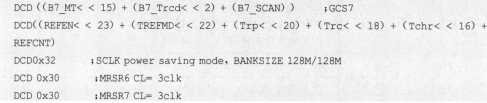

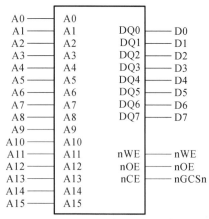

图 6-4　8 位 ROM 存储器接口电路

6.1.5　存储器接口电路

1. ROM 存储器连接

在图 6-4 中，A0～A15 是控制器的地址线信号，D0～D7 是控制器的数据线信号，nWE、nOE 和 nGCSn 为控制器的写、读和片选信号。

在图 6-5 中，MCU 控制器外接 2 个 8 位 ROM 存储器构成 16 位宽的存储体。数据线和地址线以及控制线连接见图 6-5。

在图 6-6 中，MCU 控制器外接 4 个 8 位 ROM 存储器构成 32 位宽的存储体。数据线和地址线以及控制线连接见图 6-6。图 6-7 所示为单个 16 位及 ROM 存储器接口电路。

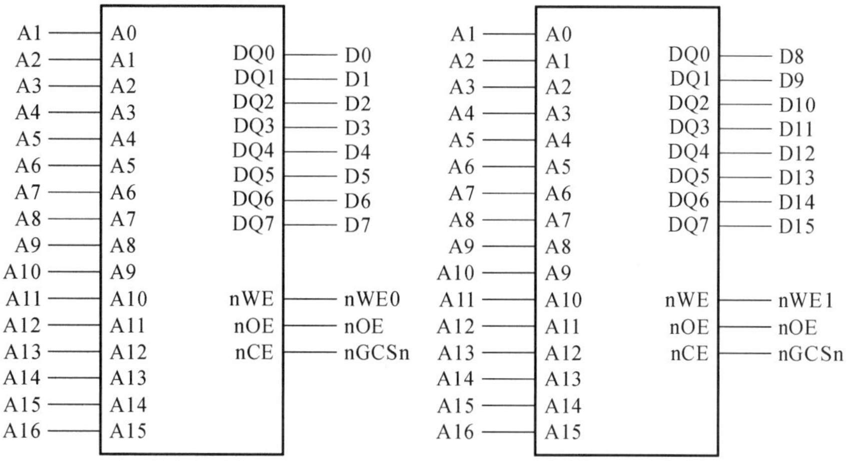

图 6-5　2 个 8 位 ROM 存储器接口电路

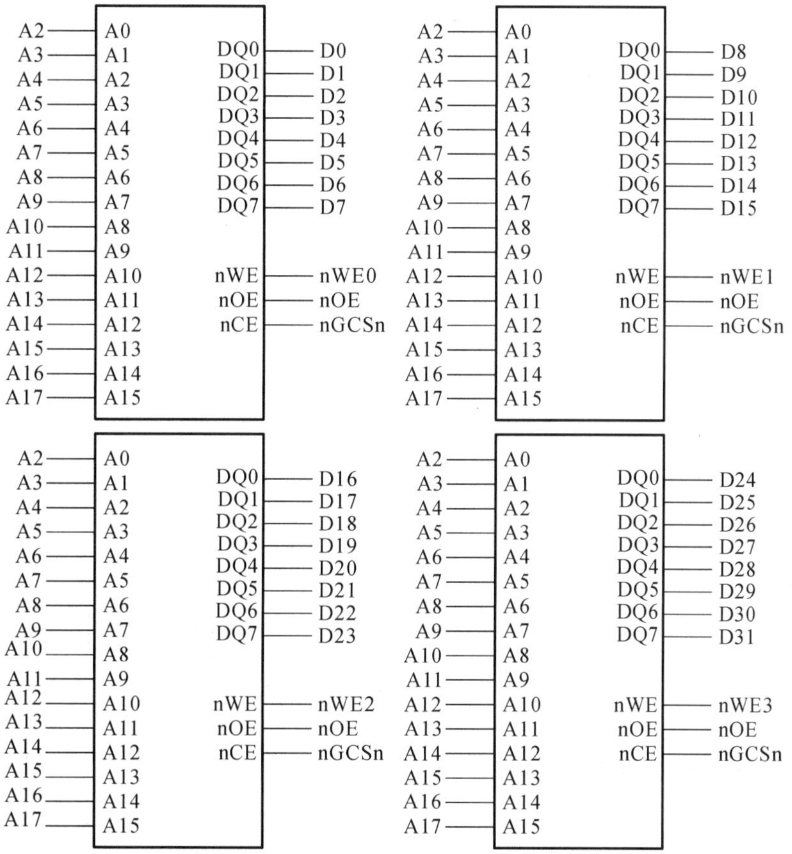

图 6-6　8 位 ROM×4 存储器接口电路

2. SRAM 存储器接口例子

在图 6-8 中，MCU 控制器外接 1 片 SRAM 存储器构成 16 位宽的存储。数据线和地址线以及控制线连接见图 6-8。

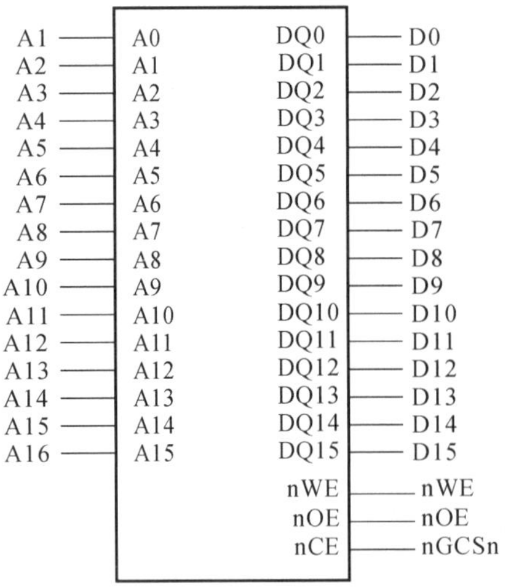

图 6-7　单个 16 位 ROM 存储器接口电路

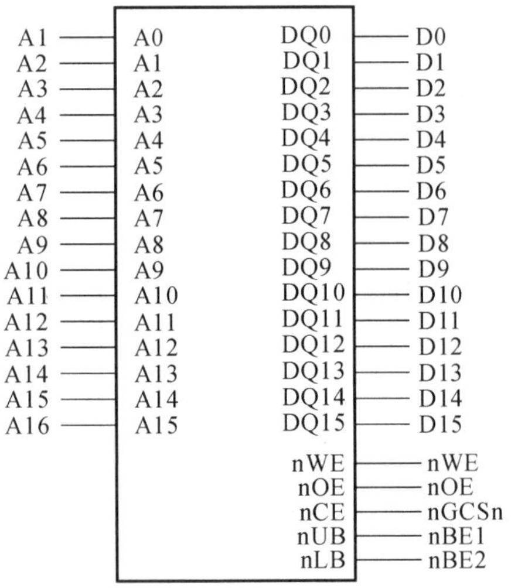

图 6-8　16 位 SRAM 存储器接口

在图 6-9 中,MCU 控制器外接 2 片 SRAM 存储器构成 32 位宽的存储。具体的控制线、地址线和数据线连接见图 6-9。

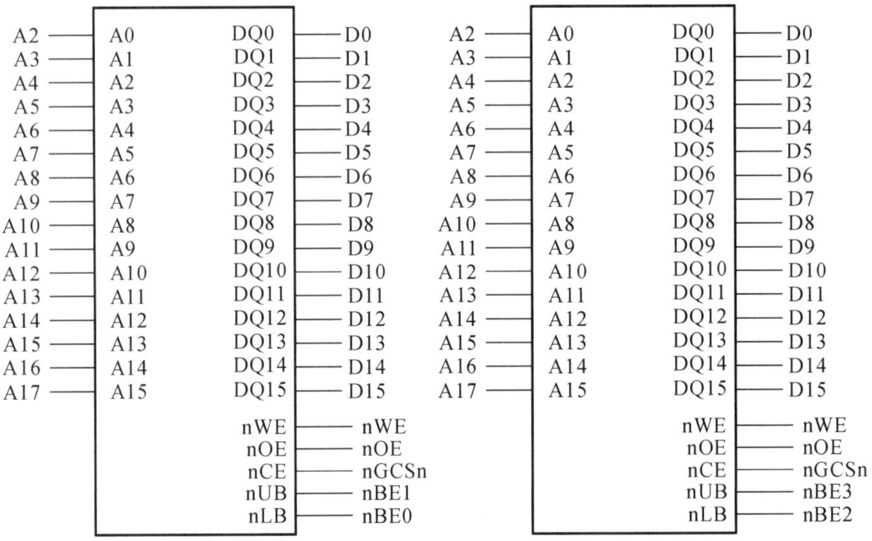

图 6-9　16 位 SRAM×2 存储器接口

6.2　SDRAM 接口电路

SDRAM(synchronous dynamic random access memory,同步动态随机存储器):利用一个单一的系统时钟同步所有的地址、数据和控制信号,使得 SDRAM 能够与系统工作在相同的频率上。SDRAM 芯片的数据传输速率与同步时钟相同,速率很高。在图 6-10 给出了具体的一款 16 位宽的 SDRAM 的接口连接图。

6.2.1　SDRAM 逻辑结构

SDRAM 内部可以分为多个 banks(体),每个 bank 就是一块存储区(或称为一块存储阵列),常见的 SDRAM 有 2 个或 4 个 bank。选择芯片内部某一指定的存储单元,使用的地址可以分为 bank、行、列地址三部分。

6.2.2　HY57V561620 芯片

1. HY57V561620 芯片主要特点

（1）单一的(3.3±0.3)V电源。

（2）所有引脚与 LVTTL 接口兼容。

（3）所有输入与输出以系统时钟上升沿为基准。

（4）使用 UDQM、LDQM 实现数据屏蔽功能。

（5）片内有 4 个 bank。

（6）支持自动刷新和自己刷新。

2. HY57V561620 芯片引脚

SDRAM 的内部是一个逻辑储存阵列。阵列就如同表格一样，可以将数据写进去和读出来。操作时先发行地

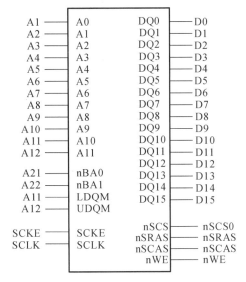

图 6-10　16 位 SDRAM(4M×16,4 个 bank)存储器接口

址，再发列地址，就可以找到对应的储存单元。SDRAM 一般内部有 4 个或者 8 个储存阵列，称之为 bank。容量为 4M×4banks×16 位，即 32MB。图 6-11 所示为 SDRAM 存储结构逻辑图。图 6-12 所示为芯片引脚逻辑符号。图 6-13所示为 HY57V561620 片内结构框图。管脚描述如表 6-10 所示。

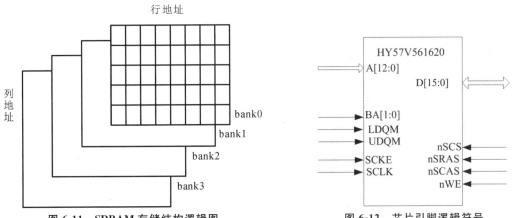

图 6-11　SDRAM 存储结构逻辑图

图 6-12　芯片引脚逻辑符号

表 6-10　管脚描述

管　　脚	管　脚　名	描　　　　述
CLK	时钟	系统时钟输入,系统其他的时序均参考 CLK 的上升沿
CKE	时钟使能	控制内部时钟信号,当无效时 SDRAM 将处于掉电、挂起或自刷新中的一种状态
nCS	片选	SDRAM 片选信号,nGCS6 或 nGCS7
BA[1:0]		bank 地址信号
nRAS		SDRAM 行地址选中信号
nCAS		SDRAM 列地址选中信号
A[12:0]		地址信号,

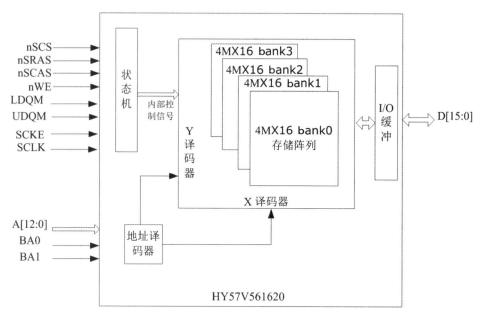

图 6-13　HY57V561620 片内结构框图

管　　脚	管　脚　名	描　　　述
DQ[15..0]		数据掩码信号
nWE		SDRAM 写允许信号

3. 接口电路设计

以一款开发板为例，核心板系统使用了两片 HYNIX 公司的 SDRAM 型 HY57V561620 芯片，本节给出 HY57V561620 芯片与 S3C2440 的接口电路。在 BANK6 上利用 2 片 32MB 的 SDRAM 芯片构成容量为 64MB 的存储空间。接口电路如图 6-14 所示。

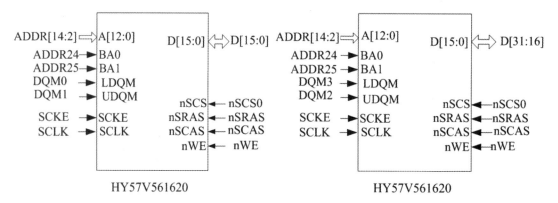

图 6-14　SDRAM 存储器连接电路图

图 6-14 所示电路中具体的接口信号连接见表 6-11。

表 6-11　接口信号连接关系

	S3C2440A	HY57V561620(2 片)
地址线	ADDR14…ADDR2	A12…A0
BANK 选择	ADDR25、ADDR24	BA1、BA0

		S3C2440A	HY57V561620（2 片）
数据线		D[31:16]	D[15:0]
		D[15:0]	D[15:0]
控制信号	片选	nGCS6(nSCS0)	nSCS
	行选	nSRAS	nSRAS
	列选	nSCAS	nSCAS
	写使能	nWE	nWE
	字节屏蔽	nWBE[3:2](DQM[3:2])	UDQM,LDQM
		nWBE[1:0]（DQM[1:0]）	UDQM,LDQM
	时钟	SCLK1,SCLK0	SCLK,SCLK
	时钟使能	SCKE	SCKE

4. SDRAM 控制器配置方法

在系统使用 SDRAM 之前，需要对 S3C2440A 的存储器控制器进行初始化。其中对与 SDRAM(bank6)相关的寄存器进行了特殊的设置，以使 SDRAM 能够正常工作。由于 C 语言程序使用的数据空间和堆栈空间都定位在 SDRAM 上，因此，如果没有对 SDRAM(bank6)的正确初始化，系统就无法正确启动。下面介绍与 SDRAM 相关的寄存器设置。

1) BWSCON 寄存器

BWSCON 寄存器主要用来设置外接存储器的总线宽度和等待状态。在 BWSCON 中，除了 bank0，其他 7 个 bank 都各对应 4 个相关位的设置，分别为 STn,WSn 和 DWn。这里只需要对 DWn 进行设置，例如 SDRAM(bank6)采用 32 位总线宽度，因此，DW6＝10，其他 2 位采用缺省值。BWSCON 寄存器在 bank6 上的位定义如表 6-12 所示。

表 6-12　BWSCON 寄存器在 bank6 上的位定义

BWSCON	位	描　述	初始化状态
ST6	27	这个位决定 SRAM 在 bank6 上是否采用 UB/LB 0:不采用 UB/LB(引脚对应 nWBE[3:0]) 1:采用 UB/LB(引脚对应 nBE[3:0])	0
WS6	26	这个位决定 bank6 的 WAIT 状态 0:WAIT 禁止，1:WAIT 使能	0
DW6	25:24	这 2 位决定 bank6 的数据总线宽度 00:8 位,01:16 位,10:32 位	00

2) BANKCONn 寄存器的设置

S3C2440A 有 8 个 BANKCONn 寄存器，分别对应着 bank0 和 bank7。由于 bank6～bank7 作为 SDRAM 类型存储器的映射空间，因此与其他 bank 的相应寄存器有所不同，其中 MT 位定义了存储器的类型。BANKCONn 寄存器在 bank6 和 bank7 上的位定义如表 6-13所示。

表 6-13　BANKCONn 寄存器在 bank6 和 bank7 上的位定义

BANKCONn	位	描　　述	初始化状态
MT	16:15	这 2 位决定了 bank6 和 bank7 的存储器类型 00:ROM 或 SRAM,01:FP DRAM, 10:EDO DRAM,11:SDRAM	11

MT 的取值对寄存器其他的位有影响。当 MT＝11（即 bank6 是 SDRAM 型存储器）时,BANKCONn 寄存器余下的几位定义如表 6-14 所示。

表 6-14　BANKCONn 寄存器在 MT＝11 时的相关位定义

BWSCON	位	描　　述	初始化状态
Trcd	3:2		
SCAN	1:0		

Trcd 是从行使能到列使能的延迟,根据 S3C2440A 的 HCLK 频率（100M）及 HY57V561620T-H 的特性（见下图）,此项取 01,即 3CLKS。SCAN 为列地址线数量,此项根据 HY57V561620 特性取 01,即 9 位（A0～A8）。

6.2.3　SDRAM 测试代码举例

下面代码完成了对 SDRAM 芯片的写入数据和读出数据的测试,起始地址_RAM_STARTADDRESS＋0x03000000,_RAM_STARTADDRESS 是系统的地址。

```
int Main(int argc, char * * argv)
{vunsigned charkey;
 unsigned int mpll_val= 0;
 int aa;
 ChangeMPllValue(92,1,1) ; // 配置 MPLL
 rCLKDIVN = 0x5 ;        // 配置时钟分频比
 Uart_Select(0) ;   //选择 UART0
 Uart_Init(0,115200) ; // UART0 波特率设置 115200bps
  MemoryTest() ;         //测试 SDRAM
  return 0;
}
void MemoryTest(void)
{
   int i;
   U32 data;
   int memError= 0;
   U32 * pt,* n;
pt= (U32 * ) (_RAM_STARTADDRESS+ 0x03000000) ;   //设置 SDRAM 测试起始地址
   while((U32) pt< (_ISR_STARTADDRESS&0xffff0000) )    // 写数据到 SDRAM
   {
* pt= (U32) pt;
   pt+ + ;
   }
   for(
```

```
    n = （U32 * ）（ _ RAM _ STARTADDRESS +  0x03000000）；（U32）n < = （ _ ISR _
STARTADDRESS&0xffff0000）;n+ + ）
    {
        Uart_Printf1("\naddress= 0x% x,data= % x\n",n,* n）；
    }
     pt=（U32 * ）（_RAM_STARTADDRESS+ 0x03000000）；
    while((U32) pt< （_ISR_STARTADDRESS&0xffff0000）)
    {
     data= * pt;//读出写入的数据
    if(data! = （U32）pt)   //判断读出数据是否有误
    {
    memError= 1;  //有误设置标志
    Uart_Printf1("\b\bFAIL:0x% x= 0x% x\n",i,data）；
    break;
    }
    pt+ + ;//无误继续读数据
    }

    if(memError= = 0) Uart_Printf1("\b\bO.K.\n"）；
}
```

6.3 Nor Flash 接口电路

6.3.1 Nor Flash 特点

Nor Flash 与 Nand Flash 是在现在的市场
上两种主要的非易失闪存技术。Nor Flash 带
有 SRAM 接口,支持 Execute ON Chip 技术,
即程序可以直接在 Flash 片内执行,其逻辑符
号图如图 6-15 所示。Nand Flash 属于 I/O 设
备,需要串行的读取数据,因此需要特殊的接口
来访问,对处理器的要求较高。

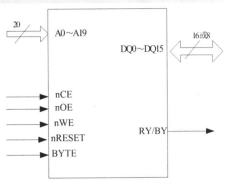

图 6-15 Nor Flash 逻辑符号图

6.3.2 Nor Flash 芯片 Am29LV160 介绍

该类芯片的特点是芯片内执行,这样应用程序可以直接在 Flash 闪存内运行,不必再把
代码读到系统 RAM 中。应用 Nand 的困难在于 Flash 的管理需要特殊的系统接口。通常
读取 Nor 的速度比 Nand 稍快一些,而 Nand 的写入速度比 Nor 快很多,在设计中应该考虑
这些情况。

Nor Flash 是很常见的一种存储芯片,数据掉电不会丢失。Nor Flash 支持 Execute On
Chip,即程序可以直接在 Flash 片内执行(这意味着存储在 Nor Flash 上的程序不需要复制
到 RAM 就可以直接运行）。这点和 Nand Flash 不一样。因此。在嵌入式系统中,Nor
Flash 很适合作为启动程序的存储介质。Nor Flash 的读取和 RAM 很类似(只要能够提供
数据的地址,数据总线就能够正确的给出数据）,但不可以直接进行写操作。对 Nor Flash
的写操作需要遵循特定的命令序列,最终由芯片内部的控制单元完成写操作。

6.3.3 使用举例

如图 6-16 所示,bank0 使用 2 块 Nor Flash 芯片 Am29LV160 作为引导 ROM,bank6 连
接 2 片 HY57V561620 SDRM 芯片作为 RAM,供运行程序使用。

125

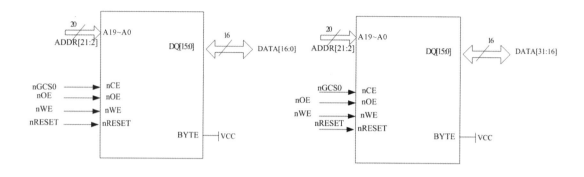

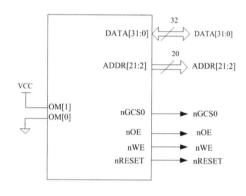

图 6-16　2 片 Nor Flash 作为引导 ROM 的例子

6.4　Nand Flash 接口电路

目前的 Nor Flash 存储器价格较高,相对而言 SDRAM 和 Nand Flash 存储器更经济,一般开发者在使用中采取在 Nand Flash 中执行引导代码,在 SDRAM 中执行主代码。

S3C2440A 引导代码可以在外部 Nand Flash 存储器上执行。为了支持 Nand Flash 的 Boot Loader,S3C2440A 配备了一个内置的 SRAM 缓冲器,叫作"Steppingstone"。引导启动时,Nand Flash 存储器的开始 4K 字节将被加载到 Steppingstone 中并且执行加载到 Steppingstone 的引导代码。引导代码在复位期间被传送到 4K 字节的 Steppingstone。传送后,引导代码将在 Steppingstone 中执行。

通常引导代码会复制 Nand Flash 的内容到 SDRAM 中。通过使用硬件 ECC,有效地检查 Nand Flash 数据。在复制完成的基础上,将在 SDRAM 中执行主程序。

Nand Flash 存储器接口支持 256 字,512 字节,1K 字和 2K 字节页。用户可以直接访问 Nand Flash 存储器,例如此特性可用于 Nand Flash 存储器的读/擦除/编程。具有 8/16 位 Nand Flash 存储器接口总线。Nand Flash 控制器的结构如图 6-17 所示。

SteppingStone 接口支持大/小端模式的按字节/半字/字访问。SteppingStone 4KB 内部 SRAM 缓冲器可以在 Nand Flash 引导启动后用于其他用途。

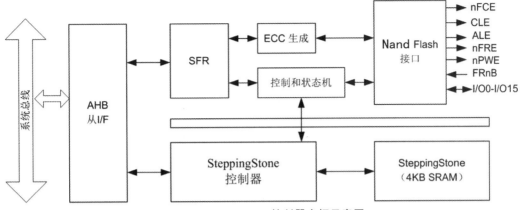

图 6-17 NAND Flash 控制器方框示意图

6.4.1 两种引导模式

S3C2440A 组成的系统有两种引导模式。

（1）bank0 可以使用 Nor Flash 芯片，Reset 后从地址 0 开始执行引导程序。

（2）使用 Nand Flash 芯片，Reset 后，系统自动读出 Nand Flash 芯片前 4KB 内容，送到位于 bank0 的内部 4KB SRAM 中，执行 SRAM 中的引导程序。Nand Flash 芯片前 4KB 保存的是引导程序，后面的存储空间可以作为一般的固态盘使用。引导过程见图 6-18。

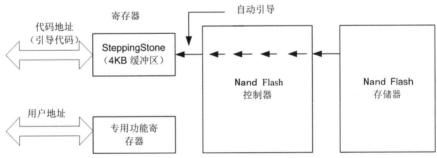

图 6-18 Nand Flash 控制器 Boot Loader 方框示意图

6.4.2 Nand Flash 概述

Nand Flash 中保存的信息，在供电电源切断（关闭）后，能够长期保存，通常能保存 10 年。

对 Nand Flash 的编程（写入数据）和读操作，以页为单位，擦除操作以块为单位。要改写 Nand Flash 芯片中某一个字节的内容，必须重写整个页面。

1. Nand Flash 的特点

不同于传统的存储设备，Nand Flash 的基本存储单元不是 bit，而是页（Page）。每一页的有效容量是 512 字节的倍数。

2. Nand Flash 的规格

Nand Flash 通常采用（512＋16）字节的页面容量。Nand flash 一个块包含 32 个 512 字节的页，容量为 16 KB。大容量 Nand flash 采用 2 KB 页，每个块包含 64 个页，容量为 128 KB。

3. Nand Flash 操作方式

下面以 Samsung 的 K9F4G08U0M 为例，介绍如何对 Nand Flash 进行读/写操作。其引脚定义及说明如表 3-1 所示。

6.4.3 K9F2808U0C Nand Flash 芯片工作原理

1. K9F2808U0C 主要特点

（1）电源电压：2.7~3.6 V，通常使用 3.3 V。

（2）芯片提供 8 位的 I/O 端口。

（3）芯片总容量为 16MB+512KB，分为 32768 页，1024 块。

（4）页大小为 512B+16B。

（5）每 32 页称为 1 块，块大小为 16KB+512B。

很多嵌入式系统中使用 Nand Flash 保存引导程序，使用 SDRAM 作为 bank6，不再使用 Nor Flash。

通常引导程序要将 Nand Flash 中的其他程序拷贝到 SDRAM，引导程序执行后转到 SDRAM 去执行。

S3C2440A 芯片内含有 Nand Flash 控制器。S3C2440A 芯片内有一个叫作 Steppingstone(垫脚石)的内部 SRAM 缓冲区，它位于 bank0，大小为 4KB。当系统启动时，S3C2440A 自动将 Nand Flash 存储器前 4KB 内容读入到 Steppingstone，然后自动从 Steppingstone 中逐条取出并执行这些引导程序。

2. 引导加载(Boot Loader)功能

当复位时，Nand Flash 控制器将通过引脚状态[NCON(先进闪存)、GPG13(页大小)、GPG14(地址周期)、GPG15(总线宽度)]来获取连接的 Nand Flash 的信息，在发生掉电或系统复位后，Nand Flash 控制器自动加载 4K 字节的 Boot Loader 代码。在加载完 Boot Loader 代码后，Steppingstone 中的 Boot Loader 代码已经执行了。

当自动引导启动期间，ECC 不会去检测，所以，Nand Flash 的开始 4KB 不应当包含位相关的错误。

3. 引脚配置

K9F2808U0C 引脚信号设置如表 6-15 所示。

表 6-15 引脚信号设置

OM[1:0]	00：使能 Nand Flash 存储器引导启动
nNCON	Nand Flash 存储器选择(普通/先进) 0：普通 Nand Flash(256 字或 512 字节页大小，3 或 4 个地址周期) 1：先进 Nand Flash(1K 字或 2K 字节页大小，4 或 5 个地址周期)
nGPG13	Nand Flash 存储器页容量选择 0：页=256 字(NCON=0)或页=1K 字(NCON=1) 1：页=512 字节(NCON=0)或页=2K 字节(NCON=1)
nGPG14	Nand Flash 存储器地址周期选择 0：3 个地址周期(NCON=0)或 4 个地址周期(NCON=1) 1：4 个地址周期(NCON=0)或 5 个地址周期(NCON=1)
nGPG15	Nand Flash 存储器总线宽度选择 0：8 位宽度，1：16 位宽度

K9F2808U0C 引脚定义如表 6-16 所示。

表 6-16 管脚信号定义

引 脚 名 称	引 脚 功 能
I/O$_0$~I/O$_7$	数据输入/输出
CLE	指令锁存使能

引 脚 名 称	引 脚 功 能
ALE	地址锁存使能
$\overline{\text{CE}}$	芯片使能
$\overline{\text{RE}}$	读取使能
$\overline{\text{WE}}$	写入使能
$\overline{\text{WP}}$	写入保护
R/$\overline{\text{B}}$	就绪/繁忙输出
VCC	电源
VSS	接地
N. C	无连接

引脚功能描述具体如下。

CLE:使能端,只有使能有效,才能进行后续的操作。

ALE:锁存信号,在发送地址时,要锁住地址总线,才可以操作。

RE/WE:读/写信号,在读/写之前,要对应的引脚有效,才可以进行读/写。

对 Nand Flash 进行"写"操作,其流程如图 6-19 所示。Nand Flash 存储器时序图如图 6-20 所示。

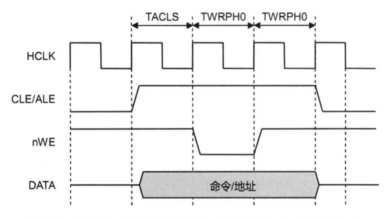

图 6-19 CLE 和 ALE 时序(TACLS＝1,TWRPH0＝0,TWRPH1＝0)

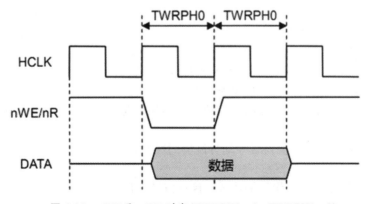

图 6-20 nWE 和 nRE 时序(TWRPH0＝0, TWRPH1＝0)

图 6-21 所示为 K9F2808U0C 使用的一个接口电路图。

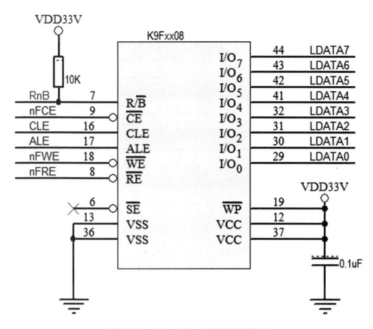

图 6-21 Nand Flash 接口电路图

 6.5 本章小结

本章介绍了存储控制器和两种 Flash 芯片以及 SDRAM 芯片。对于存储控制器部分，讲述了存储器部分的特殊功能寄存器和初始化方法。讲述了 Nor Flash 和 SDRAM 芯片的内部逻辑结构和使用方法。讲述了 Nand Flash 启动的过程。

 6.6 本章习题

1. S3C2440A 存储控制器的作用是什么？存储空间的可以划分为几个 bank？寻址空间多大？

2. bank0 的数据总线宽度怎么设置的？bank6 的数据总线宽度怎么设置的？

3. Flash 和 SDRAM 在嵌入式系统的功能是什么？

4. 在嵌入式系统中每个 bank 是不是必须连接上存储器硬件？

5. 嵌入式系统 Nand Flash 和 Nor Flash 启动的过程分别是怎么样的？

6. 设计一个嵌入式最小系统的存储电路，bank0 连接的是 32 位数据总线的 Nor Flash bank6 连接的是 32 位数据总线的 SDRAM。

7. SDRAM 一般接在哪些 bank 上？起始地址是固定的吗？

8. 在系统初始化后运行程序在哪些存储器中？

9. SDRAM 内部的结构是怎样的？行地址和列地址是一样的吗？与 S3C2440A 地址线连接是怎样的？

10. 简述硬件初始化中需要设置存储控制器的哪些寄存器。

11. 简述 AM29LV160 的特性。

12. Nand Flash 控制器的作用是什么？接口信号是什么？

第7章 Ⅰ/O端口与中断控制器模块

本章介绍 S3C2440A 的 GPIO 的特点,端口控制方法和相关寄存器的使用方法。通过本章的学习初学者能理解 GPIO 接口的硬件连接图,掌握接口输入和输出功能的实现,以及相关寄存器的配置。

本章介绍了 S3C2440A 的中断控制器的功能,中断源和中断处理流程以及相关寄存器的使用方法。另外还列举了使用外部中断的实例。

7.1 Ⅰ/O端口描述

GPIO(general purpose input output)就是通用 I/O(input and output)口。在嵌入式系统中常常有数量众多,但是结构却比较简单的外部设备或电路,对这些设备/电路有的需要 CPU 进行输出高低电平控制,有的为 CPU 提供输入信号。许多简单电路只要求 1bit 控制信号,即只要有开/关两种状态就够了,比如灯的亮与灭。在控制器芯片上一般都会设计一个"通用可编程 I/O 接口",即 GPIO。接口至少有两个寄存器,即"通用 I/O 控制寄存器"与"通用 I/O 数据寄存器"。数据寄存器的每一位都接到芯片外部管脚。数据寄存器中每一位的信号流通方向是输入还是输出,需要通过控制寄存器中相应位的设置来实现。

7.1.1 Ⅰ/O端口特点

一般的芯片的 GPIO 在使用时需要先进行编程配置才可使用。S3C2440A 的 289 个引脚中有 130 个多功能 I/O 口。

1. I/O 接口的特点

(1) 分为 9 组 GPIO,即 GPA、GPB、GPC、GPD、GPE、GPF、GPG、GPH、GPJ,每组 I/O 接口外接引脚数不同。

(2) 每个端口都可以由软件配置为各种系统配置和设计要求。

(3) 大部分 I/O 是复用的,可以单独被配置为输入模式、输出模式或者功能模式,但 GPA 除了用作功能模式外,只能用作输出口。必须在开始主程序前定义使用的每个引脚的功能。如果没有使用某个引脚的复用功能,这个引脚可以配置为 I/O 口。

(4) 每组 I/O 接口都有独立的数据寄存器、控制寄存器、上拉电阻寄存器来控制接口工作状态和输入/输出数据。

2. 端口分组

(1) 端口 A(GPA):25 位输出引脚。

(2) 端口 B(GPB):11 位输入/输出引脚。

(3) 端口 C(GPC):16 位输入/输出引脚。

(4) 端口 D(GPD):16 位输入/输出引脚。

(5) 端口 E(GPE):16 位输入/输出引脚。

(6) 端口 F(GPF):8 位输入/输出引脚。

(7) 端口 G(GPG):16 位输入/输出引脚。

(8) 端口 H(GPH):9 位输入/输出引脚。

(9) 端口 J(GPJ):13 位输入/输出引脚。

每个端口都可以由软件配置为输入、输出功能或其他功能。

操作方法:必须在主程序运行前配置每个使用管脚的功能,配置的方法和集成开发环境

嵌入式系统设计及应用

相关。由于在 S3C2440A 中,大多数端口为复用引脚,因此要决定每个引脚选择哪项功能。引脚控制寄存器决定了每个引脚使用哪项功能。如果端口配置为输出端口,可以写入数据到数据寄存器的相应位。如果端口配置为输入端口,可以从数据寄存器的相应位读取数据。

7.1.2 端口信号与引脚描述

S3C2440A 各端口的引脚描述如表 7-1～表 7-9 所示。

表 7-1 S3C2440A 端口 A 引脚描述

端 口 A	可选引脚功能				
GPA22	输出	nFCE	—	—	
GPA21	输出	nRSTOUT	—	—	
GPA20	输出	nFRE	—	—	
GPA19	输出	nFWE	—	—	
GPA18	输出	ALE	—	—	
GPA17	输出	CLE	—	—	
GPA16	输出	nGCS5	—	—	
GPA15	输出	nGCS4	—	—	
GPA14	输出	nGCS3	—	—	
GPA13	输出	nGCS2	—	—	
GPA12	输出	nGCS1	—	—	
GPA11	输出	ADDR26	—	—	
GPA10	输出	ADDR25	—	—	
GPA9	输出	ADDR24	—	—	
GPA8	输出	ADDR23	—	—	
GPA7	输出	ADDR22	—	—	
GPA6	输出	ADDR21	—	—	
GPA5	输出	ADDR20	—	—	
GPA4	输出	ADDR19	—	—	
GPA3	输出	ADDR18	—	—	
GPA2	输出	ADDR17	—	—	
GPA1	输出	ADDR16	—	—	
GPA0	输出	ADDR0	—	—	

表 7-2 S3C2440A 端口 B 引脚描述

端 口 B	可选引脚功能			
GPB10	输入/输出	nXDREQ0	—	—
GPB9	输入/输出	nXDACK0	—	—
GPB8	输入/输出	nXDREQ1	—	—
GPB7	输入/输出	nXDACK1	—	—

端　口　B		可选引脚功能		
GPB6	输入/输出	nXBREQ	—	—
GPB5	输入/输出	nXBACK	—	—
GPB4	输入/输出	TCLK0	—	—
GPB3	输入/输出	TOUT3	—	—
GPB2	输入/输出	TOUT2	—	—
GPB1	输入/输出	TOUT1	—	—
GPB0	输入/输出	TOUT0	—	—

表 7-3　S3C2440A 端口 C 引脚描述

端　口　C		可选引脚功能		
GPC15	输入/输出	VD7	—	—
GPC14	输入/输出	VD6	—	—
GPC13	输入/输出	VD5	—	—
GPC12	输入/输出	VD4	—	—
GPC11	输入/输出	VD3	—	—
GPC10	输入/输出	VD2	—	—
GPC9	输入/输出	VD1	—	—
GPC8	输入/输出	VD0	—	—
GPC7	输入/输出	LCD_LPCREVB	—	—
GPC6	输入/输出	LCD_LPCREV	—	—
GPC5	输入/输出	LCD_LPCOE	—	—
GPC4	输入/输出	VM	—	—
GPC3	输入/输出	VFRAME	—	—
GPC2	输入/输出	VLINE	—	—
GPC1	输入/输出	VCLK	—	—
GPC0	输入/输出	LEND	—	—

表 7-4　S3C2440A 端口 D 引脚描述

端　口　D		可选引脚功能		
GPD15	输入/输出	VD23	nSS0	—
GPD14	输入/输出	VD22	nSS1	—
GPD13	输入/输出	VD21	—	—
GPD12	输入/输出	VD20	—	—
GPD11	输入/输出	VD19	—	—

端　口　D	可选引脚功能			
GPD10	输入/输出	VD18	SPICLK1	—
GPD9	输入/输出	VD17	SPIMOSI1	—
GPD8	输入/输出	VD16	SPIMISO1	—
GPD7	输入/输出	VD15	—	—
GPD6	输入/输出	VD14	—	—
GPD5	输入/输出	VD13	—	—
GPD4	输入/输出	VD12	—	—
GPD3	输入/输出	VD11	—	—
GPD2	输入/输出	VD10	—	—
GPD1	输入/输出	VD9	—	—
GPD0	输入/输出	VD8	—	—

表 7-5　S3C2440A 端口 E 引脚描述

端　口　E	可选引脚功能			
GPE15	输入/输出	IICSDA	—	—
GPE14	输入/输出	IICSCL	—	—
GPE13	输入/输出	SPICLK0	—	—
GPE12	输入/输出	SPIMOSI0	—	—
GPE11	输入/输出	SPIMISO0	—	—
GPE10	输入/输出	SDDAT3	—	—
GPE9	输入/输出	SDDAT2	—	—
GPE8	输入/输出	SDDAT1	—	—
GPE7	输入/输出	SDDAT0	—	—
GPE6	输入/输出	SDCMD	—	—
GPE5	输入/输出	SDCLK	—	—
GPE4	输入/输出	I^2SSDO	AC_SDATA_OUT	—
GPE3	输入/输出	I^2SSDI	AC_SDATA_IN	—
GPE2	输入/输出	CDCLK	AC_nRESET	—
GPE1	输入/输出	I^2SSCLK	AC_BIT_CLK	—
GPE0	输入/输出	I^2SLRCK	AC_SYNC	—

表 7-6　S3C2440A 端口 F 引脚描述

端　口　F		可选引脚功能		
GPF7	输入/输出	EINT7	—	—
GPF6	输入/输出	EINT6	—	—
GPF5	输入/输出	EINT5	—	—
GPF4	输入/输出	EINT4	—	—
GPF3	输入/输出	EINT3	—	—
GPF2	输入/输出	EINT2	—	—
GPF1	输入/输出	EINT1	—	—
GPF0	输入/输出	EINT0	—	—

表 7-7　S3C2440A 端口 G 引脚描述

端　口　G		可选引脚功能		
GPG15	输入/输出	EINT23	—	—
GPG14	输入/输出	EINT22	—	—
GPG13	输入/输出	EINT21	—	—
GPG12	输入/输出	EINT20	—	—
GPG11	输入/输出	EINT19	TCLK1	—
GPG10	输入/输出	EINT18	nCTS1	—
GPG9	输入/输出	EINT17	nRTS1	—
GPG8	输入/输出	EINT16	—	—
GPG7	输入/输出	EINT15	SPICLK1	—
GPG6	输入/输出	EINT14	SPIMOSI1	—
GPG5	输入/输出	EINT13	SPIMISO1	—
GPG4	输入/输出	EINT12	LCD_PWREN	—
GPG3	输入/输出	EINT11	nSS1	—
GPG2	输入/输出	EINT10	nSS0	—
GPG1	输入/输出	EINT9	—	—
GPG0	输入/输出	EINT8	—	—

表 7-8　S3C2440A 端口 H 引脚描述

端　口　H		可选引脚功能		
GPH10	输入/输出	CLKOUT1	—	—
GPH9	输入/输出	CLKOUT0	—	—
GPH8	输入/输出	UEXTCLK	—	—
GPH7	输入/输出	RXD2	nCTS1	—

续表

端 口 H	可选引脚功能			
GPH6	输入/输出	TXD2	nRTS1	—
GPH5	输入/输出	RXD1	—	—
GPH4	输入/输出	TXD1	—	—
GPH3	输入/输出	RXD0	—	—
GPH2	输入/输出	TXD0	—	—
GPH1	输入/输出	nRTS0	—	—
GPH0	输入/输出	nCTS0	—	—

表 7-9　S3C2440A 端口 J 引脚描述

端 口 J	可选引脚功能			
GPJ12	输入/输出	CAMRESET	—	—
GPJ11	输入/输出	CAMCLKOUT	—	—
GPJ10	输入/输出	CAMHREF	—	—
GPJ9	输入/输出	CAMVSYNC	—	—
GPJ8	输入/输出	CAMPCLK	—	—
GPJ7	输入/输出	CAMDATA7	—	—
GPJ6	输入/输出	CAMDATA6	—	—
GPJ5	输入/输出	CAMDATA5	—	—
GPJ4	输入/输出	CAMDATA4	—	—
GPJ3	输入/输出	CAMDATA3	—	—
GPJ2	输入/输出	CAMDATA2	—	—
GPJ1	输入/输出	CAMDATA1	—	—
GPJ0	输入/输出	CAMDATA0	—	—

在上面端口引脚表中,横线表示的是初始引脚状态或者复位后引脚的默认状态。

7.2　I/O 端口控制

7.2.1　端口控制方法

每一个端口都有 4 个寄存器,它们是端口配置寄存器、端口数据寄存器、端口上拉寄存器和杂项控制寄存器(包括外部中断控制寄存器)。端口寄存器描述如表 7-10 所示。

表 7-10　端口寄存器描述

寄 存 器	地　　址	R/W	描　　述	复位状态
GPXCON	0x560000x0	R/W	端口 X 配置寄存器	X
GPXDAT	0x560000x4	R/W	端口 X 数据寄存器	X
GPXUP	0x560000x8	R/W	端口 X 上拉寄存器	X
RESERVED	0x560000xC	R/W	端口 X 保留寄存器	—

X:端口的编号 A～J。

在端口控制中需要用到的寄存器包括下面几类寄存器。

1. 端口配置寄存器(GPACON 至 GPJCON)

S3C2440A 中,大多数端口为复用引脚。因此要决定每个引脚选择哪项功能。GPnCON(引脚控制寄存器)决定了每个引脚使用哪项功能。

2. 端口数据寄存器(GPADAT 至 GPJDAT)

如果端口配置为输出端口,写入数据到 GPnDAT 中的相应位。如果端口配置为输入端口,可以从 GPnDAT 的相应位读取数据。

3. 端口上拉寄存器(GPBUP 至 GPJUP)

端口上拉寄存器控制每个端口组的内部使能/禁止上拉电阻。当相应位为 0 时使能引脚的上拉电阻,为 1 时禁止上拉电阻。

4. 杂项控制寄存器

此寄存器控制睡眠模式,USB 引脚和 CLKOUT 选择的数据端口上拉电阻。

5. 外部中断控制寄存器

外部中断源的触发信号方式是多样的。EXTINT 寄存器是外部中断源请求配置信号触发方式,可以为低电平触发、高电平触发、下降沿触发、上升沿触发或双边沿触发。由于每个外部中断引脚电路包含一个数字滤波器,中断控制可以确认请求信号是否长于 3 个时钟周期。

7.2.2 端口寄存器介绍

1. 端口 A 寄存器组介绍

端口 A 寄存器组描述如表 7-11 所示。

表 7-11　端口 A 寄存器组描述

寄　存　器	地　　　址	R/W	描　　　述	复　位　值
GPACON	0x56000000	R/W	端口 A 配置寄存器	0xFFFFFF
GPADAT	0x56000004	R/W	端口 A 数据寄存器	—
RESERVED	0x56000008	—	端口 A 保留寄存器	—
RESERVED	0x5600000C	—	端口 A 保留寄存器	—

GPADAT 寄存器为准备输出的数据,其值为 23 位[22:0]。

当 A 口引脚配置为非输出功能时,其输出无意义;从引脚输入没有意义。

端口 A 配置寄存器和数据寄存器的描述如表 7-12、表 7-13 所示。

表 7-12　端口 A 配置寄存器描述

GPACON	bit	描　　　述	GPACON	bit	描　　　述
GPA22	22	0 = 输出,1 = nFCE	GPA10	10	0 = 输出,1 = ADDR25
GPA21	21	0 = 输出,1 = nRSTOUT	GPA9	9	0 = 输出,1 = ADDR24
GPA20	20	0 = 输出,1 = nFRE	GPA8	8	0 = 输出,1 = ADDR23
GPA19	19	0 = 输出,1 = nFWE	GPA7	7	0 = 输出,1 = ADDR22
GPA18	18	0 = 输出,1 = ALE	GPA6	6	0 = 输出,1 = ADDR21

GPACON	bit	描 述	GPACON	bit	描 述
GPA17	17	0 = 输出,1 = CLE	GPA5	5	0 = 输出,1 = ADDR20
GPA16	16	0 = 输出,1 = nGCS[5]	GPA4	4	0 = 输出,1 = ADDR19
GPA15	15	0 = 输出,1 = nGCS[4]	GPA3	3	0 = 输出,1 = ADDR18
GPA14	14	0 = 输出,1 = nGCS[3]	GPA2	2	0 = 输出,1 = ADDR17
GPA13	13	0 = 输出,1 = nGCS[2]	GPA1	1	0 = 输出,1 = ADDR16
GPA12	12	0 = 输出,1 = nGCS[1]	GPA0	0	0 = 输出,1 = ADDR0
GPA11	11	0 = 输出,1 = ADDR26			

表 7-13　端口 A 数据寄存器描述

GPADAT	位	描 述	初 始 状 态
GPA[24:0]	[24:0]	当端口配置为输出端口时,引脚状态将与相应位相同。当端口配置为功能引脚时,将读取到未定义值	—

nRSTOUT = nRESET & nWDTRST & SW_RESET。

2. 端口 B 寄存器组介绍

端口 B 各寄存器描述如表 7-14～表 7-17 所示。

表 7-14　端口 B 寄存器组描述

寄 存 器	地 址	R/W	描 述	复 位 值
GPBCON	0x56000010	R/W	端口 B 配置寄存器	0x0
GPBDAT	0x56000014	R/W	端口 B 数据寄存器	—
GPBUP	0x56000018	R/W	端口 B 上拉寄存器	0x0
保留	0x5600001C	—	保留	—

表 7-15　端口 B 配置寄存器描述

GPBCON	位	描 述	初 始 状 态
GPB10	[21:20]	00 = 输入,01 = 输出,10 = nXDREQ0,11 = 保留	0
GPB9	[19:18]	00 = 输入,01 = 输出,10 = nXDACK0,11 = 保留	0
GPB8	[17:16]	00 = 输入,01 = 输出,10 = nXDREQ1,11 = 保留	0
GPB7	[15:14]	00 = 输入,01 = 输出,10 = nXDACK1,11 = 保留	0
GPB6	[13:12]	00 = 输入,01 = 输出,10 = nXBREQ,11 = 保留	0
GPB5	[11:10]	00 = 输入,01 = 输出,10 = nXBACK,11 = 保留	0
GPB4	[9:8]	00 = 输入,01 = 输出,10 = TCLK[0],11 = 保留	0
GPB3	[7:6]	00 = 输入,01 = 输出,10 = TOUT3,11 = 保留	0
GPB2	[5:4]	00 = 输入,01 = 输出,10 = TOUT2,11 = 保留	0
GPB1	[3:2]	00 = 输入,01 = 输出,10 = TOUT1,11 = 保留	0
GPB0	[1:0]	00 = 输入,01 = 输出,10 = TOUT0,11 = 保留	0

表 7-16　端口 B 数据寄存器描述

GPBDAT	位	描　　述	初 始 状 态
GPB[10:0]	[10:0]	当端口配置为输入端口时,相应位为引脚状态。当端口配置为输出端口时,引脚状态将与相应位相同	—

表 7-17　端口 B 上拉寄存器描述

GPBUP	位	描　　述	初 始 状 态
GPB[10:0]	[10:0]	0:使能上拉电阻到相应端口引脚 1:禁止上拉电阻到相应端口引脚	0x0

3. 端口 C 寄存器组介绍

端口 C 各寄存器的描述如表 7-18~表 7-21 所示。

表 7-18　端口 C 寄存器组描述

寄　存　器	地　　址	R/W	描　　述	复 位 值
GPCCON	0x56000020	R/W	端口 C 配置寄存器	0x0
GPCDAT	0x56000024	R/W	端口 C 数据寄存器	—
GPCUP	0x56000028	R/W	端口 C 上拉寄存器	0x0
保留	0x5600002C	—	保留	—

表 7-19　端口 C 配置寄存器描述

GPCCON	位	描　　述	初 始 状 态
GPC15	[31:30]	00 = 输入,01 = 输出,10 = VD[7],11 = 保留	0
GPC14	[29:28]	00 = 输入,01 = 输出,10 = VD[6],11 = 保留	0
GPC13	[27:26]	00 = 输入,01 = 输出,10 = VD[5],11 = 保留	0
GPC12	[25:24]	00 = 输入,01 = 输出,10 = VD[4],11 = 保留	0
GPC11	[23:22]	00 = 输入,01 = 输出,10 = VD[3],11 = 保留	0
GPC10	[21:20]	00 = 输入,01 = 输出, 10 = VD[2],11 = 保留	0
GPC9	[19:18]	00 = 输入,01 = 输出,10 = VD[1],11 = 保留	0
GPC8	[17:16]	00 = 输入,01 = 输出,10 = VD[0],11 = 保留	0
GPC7	[15:14]	00 = 输入,01 = 输出,10 = LCD_LPCREVB,11 = 保留	0
GPC6	[13:12]	00 = 输入,01 = 输出,10 = LCD_LPCREV,11 = 保留	0
GPC5	[11:10]	00 = 输入,01 = 输出,10 = LCD_LPCOE,11 = 保留	0
GPC4	[9:8]	00 = 输入,01 = 输出,10 = VM,11 = 保留	0
GPC3	[7:6]	00 = 输入,01 = 输出,10 = VFRAME,11 = 保留	0
GPC2	[5:4]	00 = 输入,01 = 输出,10 = VLINE,11 = 保留	0
GPC1	[3:2]	00 = 输入,01 = 输出,10 = VCLK,11 = 保留	0
GPC0	[1:0]	00 = 输入,01 = 输出,10 = LEND,11 = 保留	0

表 7-20　端口 C 数据寄存器描述

GPCDAT	位	描　　述	初 始 状 态
GPC[15:0]	[15:0]	当端口配置为输入端口时,相应位为引脚状态。当端口配置为输出端口时,引脚状态将与相应位相同	—

表 7-21　端口 C 上拉寄存器描述

GPCUP	位	描　述	初 始 状 态
GPC[15:0]	[15:0]	0:使能上拉电阻到相应端口引脚 1:禁止上拉电阻到相应端口引脚	0x0

4. 端口 D 寄存器组介绍

端口 D 各寄存器的描述如表 7-22~表 7-25 所示。

表 7-22　端口 D 寄存器组描述

寄存器	地址	R/W	描　述	复位值
GPDDON	0x56000030	R/W	端口 D 配置寄存器	0x0
GPDDAT	0x56000034	R/W	端口 D 数据寄存器	—
GPDUP	0x56000038	R/W	端口 D 上拉寄存器	0x0
保留	0x5600003C	—	保留	—

表 7-23　端口 D 配置寄存器描述

GPDDON	位	描　述	初 始 状 态
GPD15	[31:30]	00 = 输入,01 = 输出,10 = VD[23],11 = nSS0	0
GPD14	[29:28]	00 = 输入,01 = 输出,10 = VD[22],11 = nSS1	0
GPD13	[27:26]	00 = 输入,01 = 输出,10 = VD[21],11 = 保留	0
GPD12	[25:24]	00 = 输入,01 = 输出,10 = VD[20],11 = 保留	0
GPD11	[23:22]	00 = 输入,01 = 输出,10 = VD[19],11 = 保留	0
GPD10	[21:20]	00 = 输入,01 = 输出,10 = VD[18],11 = SPICLK1	0
GPD9	[19:18]	000 = 输入,01 = 输出,10 = VD[17],11 = SPIMOSI10	0
GPD8	[17:16]	00 = 输入,01 = 输出,10 = VD[16],11 = SPIMISO1	0
GPD7	[15:14]	00 = 输入,01 = 输出,10 = VD[15],11 = 保留	0
GPD6	[13:12]	00 = 输入,01 = 输出,10 = VD[14],11 = 保留	0
GPD5	[11:10]	00 = 输入,01 = 输出,10 = VD[13],11 = 保留	0
GPD4	[9:8]	00 = 输入,01 = 输出,10 = VD[12],11 = 保留	0
GPD3	[7:6]	00 = 输入,01 = 输出,10 = VD[11],11 = 保留	0
GPD2	[5:4]	00 = 输入,01 = 输出,10 = VD[10],11 = 保留	0
GPD1	[3:2]	00 = 输入,01 = 输出,10 = VD[9],11 = 保留	0
GPD0	[1:0]	00 = 输入,01 = 输出,10 = VD[8],11 = 保留	0

表 7-24　端口 D 数据寄存器描述

GPDDAT	位	描　述	初 始 状 态
GPD[15:0]	[15:0]	当端口配置为输入端口时,相应位为引脚状态。当端口配置为输出端口时,引脚状态将与相应位相同	—

表 7-25　端口 D 上拉寄存器描述

GPDUP	位	描　　　述	初 始 状 态
GPD[15:0]	[15:0]	0:使能上拉电阻到相应端口引脚 1:禁止上拉电阻到相应端口引脚	0xF000

其他组的寄存器本书不再介绍。

5. 杂项控制寄存器(MISCCR)

睡眠模式中,数据总线(D[31:0]或 D[15:0])可以被设置为高阻态和输出为"0"状态。但是由于 I/O 口特性,数据总线上拉电阻必须被开启或关闭以降低功耗。D[31:0]引脚上拉电阻可以由 MISCCR 寄存器控制。

7.2.3　I/O 端口应用实例

例 7-1　端口输出功能实例——流水灯控制。电路连接如图 7-1 所示。该电路用于实现控制四盏流水灯的亮和灭的功能。

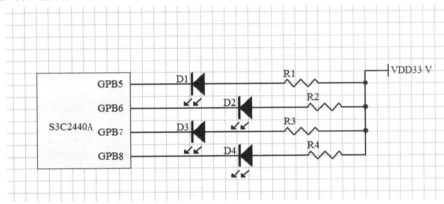

图 7-1　流水灯连接电路图

(1) 电路分析。

四个发光二极管 D1、D2、D3 和 D4 与 S3C2440A 的连接关系如图 7-1 所示。

电路分析:在这种电路图中采用灌电流的方式驱动发光二极管,一般需要使用限流电阻防止二极管被烧坏。限流电阻可以利用伏安特性来估算,一般为几百欧。

使用 B 端口的 GPB5~GPB8 控制 4 个 LED 灯循环点亮。采用共阳极接法,即当端口位为低电平时 LED 灯亮,高电平时 LED 灯灭。先要配置 GPB5~GPB8 为输出功能,写端口寄存器 GPBDAT 中相应位输出高电平时灯灭,输出低电平时灯亮。

(2) I/O 口初始化。

设置 GPBCON、GPBUP 寄存器。在这里 PD 口的 GPD5~GPD8 作为通用 I/O 口使用,实现输出功能,所以 GPDDON 的 GPD5~GPD8 位应分别都为 01b,即 GPDDON[17:10] 为 01010101b;GPDUP 初始状态全为 0。

I/O 口与外围设备连接一般要通过光电隔离或其他隔离器件,直接相连一定要确认负载不能超过 4 个与非门。光电隔离,一是可保护微处理器,二是可进行电平转换,三是可对某些信号进行分配。所以,在一般情况下都要加上光电隔离。

(3) 流水灯代码。

控制思路:让 PD 口的 5~8 位循环变为低电平(其他时间均为高电平),即可实现流水灯;在两次电平变换中间加入延时。代码如下:

```
/* * * * * * * * * * * * * * * * * * * * * * * * * * * * * * * * * * * * *
* * * * * * * * * * * * * * * * * * * * * * * * * * * * *
# define rGPDDON      (* (volatile unsigned * ) 0x56000010) //端口 D 的控制寄存器
# define rGPDDAT      (* (volatile unsigned * ) 0x56000014) //端口 D 的数据寄存器
# define rGPDUP       (* (volatile unsigned * ) 0x56000018) //端口 D 的上拉寄存器
# define   LED1_ON (rGPDDAT &= ~ (1< < 5) )    //GPD5 位清 0,LED1 亮
# define   LED1_OFF (rGPDDAT |= (1< < 5) )     //GPD5 位置 1,LED1 灭
# define   LED2_ON (rGPDDAT &= ~ (1< < 6) )      // LED2 亮
# define   LED2_OFF (rGPDDAT |= (1< < 6) )       // LED2 灭
# define   LED3_ON (rGPDDAT &= ~ (1< < 7) )        // LED3 亮
# define   LED3_OFF (rGPDDAT |= (1< < 7) )        // LED3 灭
# define   LED4_ON (rGPDDAT &= ~ (1< < 8) )       // LED4 亮
# define   LED4_OFF (rGPDDAT |= (1< < 8) )        // LED4 灭
/* * * * * * * * * * * * * * * * * * * * * * * * * * * * * * * * * * * * *
* * * * * * * * * * * * * * * * * * * * * * * * * * * * *
void Delay(void)
{
int i;
for(i= 0;i< 1000000;i+ + );   //延时功能实现
}
/* * * * * * * * * * * * * * * * * * * * * * * * * * * * * * * * * * * * *
* * * * * * * * * * * * * * * * * * * * * * * * * * *
int Main()
{
rGPDDON &= ~ ((3< < 10) |(3< < 12) |(3< < 14) |(3< < 16) );  //对 GPDDON[10:17]清零
rGPDDON |= ((1< < 10) |(1< < 12) |(1< < 14) |(1< < 16) );  //设置 GPD5~ GPD8 为输出
rGPDUP &= ~ ((1< < 5) |(1< < 6) |(1< < 7) |(1< < 8) );   //设置 GPD5~ GPD8 的上拉功能
rGPDDAT |= (1< < 5) |(1< < 6) |(1< < 7) |(1< < 8) ;   //关闭 LED

while(1)
{
  LED1_ON;Delay() ;LED1_OFF;   //LED1 亮和灭的实现
  LED2_ON;Delay() ;LED2_OFF;   //LED2 亮和灭的实现
  LED3_ON;Delay() ;LED3_OFF;   //LED3 亮和灭的实现
  LED4_ON;Delay() ;LED4_OFF;   //LED4 亮和灭的实现
}
return ;
}
```

例 7-2　　GPIO 口输入功能实例——按键检测,电路连接如图 7-2 所示。该电路可实现按键按下灯亮,否则灯灭的功能。

(1)电路分析。

为了完成按键检测的功能,按键需要配置为输入功能,使能内部的上拉电阻,图 7-2 中按键按下,端口为低电平;按键不按时,由于使能内部上拉电阻的功能,为高电平。根据端口 GPF5 的电平状态实现按键状态的检测功能。

(2)端口初始化。

需要配置 D 和 F 端口的管脚配置寄存器 GPDDON 和 GPFDON,实现 D 端口的输出和 F 端口的输入功能。

图 7-2　按键检测的电路图

（3）按键电路检测主要代码。

```
void Main()
{
  unsigned Dhar i;
rGPDDON=（rGPDDON&0x0）|（0x1< < 10）|（0x1< < 12）|（0x1< < 14）;//配置端口 GPD5、GPD6
和 GPD7 为输出功能
  rGPDUP= 0x7ff;   //禁止 GPD 端口的上拉
rGPFDON&=（～（0x3< < 10））;   // 配置 GPF5 为输入功能
rGPFUP= 0x0;              //使能 GPF 端口的内部上拉电阻
  while(1)
  {
    rGPDDAT= 0xffff;   //灯灭
   Delay();    //延时函数见例 7-1
   if((rGPFDAT&0x20) = = 0)
     rGPDDAT= 0x0; //灯亮
   Delay();
  }
}
```

7.3　中断控制器

7.3.1　中断控制器功能

S3C2440A 中的中断控制器管理来自片内外 60 个中断源的请求。这些中断源由内部外设产生,如 DMA 控制器、UART、IIC 等。在这些中断源中,UARTn、AC97 和 EINTn 中断对于中断控制器而言是"或"关系。当从内部外设和外部中断请求引脚收到多个中断请求时,中断控制器在仲裁步骤后请求 ARM920T 内核的 FIQ 或 IRQ。仲裁步骤由硬件优先级逻辑决定并且写入结果到中断挂起寄存器中,通知用户是各种中断源中的哪个中断发生。如图 7-3 所示。

1. 程序状态寄存器（PSR）的 F 位和 I 位

如果 ARM920T CPU 中的 PSR 的 F 位被置位为 1,CPU 不会接收来自中断控制器的快中断请求（FIQ）。同样的如果 PSR 的 I 位被置位为 1,CPU 不会接收来自中断控制器的中断请求（IRQ）。因此,中断控制器可以通过清除 PSR 的 F 位和 I 位为 0 并且设置

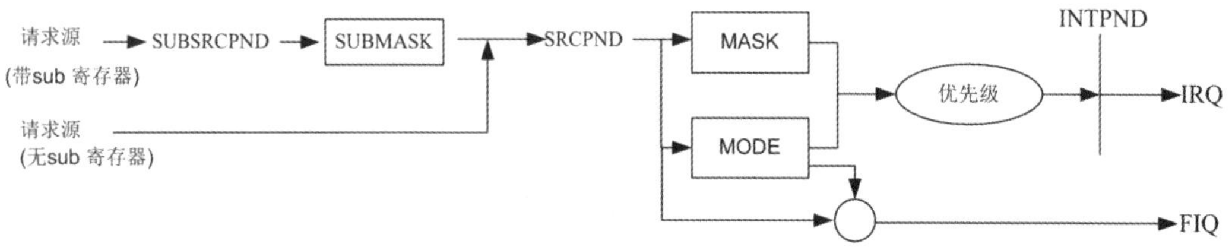

图 7-3 中断处理框图

INTMSK 的相应位为 0 来接收中断。

2. 中断模式

ARM920T 有两种中断模式的类型：FIQ 或 IRQ。所有中断源在中断请求时决定使用哪种类型。

3. 中断挂起寄存器

S3C2440A 有两个中断挂起寄存器：源挂起寄存器（SRCPND）和中断挂起寄存器（INTPND）。这些挂起寄存器表明一个中断请求是否为挂起。当中断源请求中断服务，SRCPND 寄存器的相应位被置为 1，并且同时在仲裁步骤后 INTPND 寄存器仅有 1 位自动置位为 1。如果屏蔽了中断，则 SRCPND 寄存器的相应位被置为 1。这并不会引起 INTPND 寄存器的位的改变。当 INTPND 寄存器的挂起位为置位，每当 I 标志或 F 标志被清除为 0 时中断服务程序将开始。SRCPND 和 INTPND 寄存器可以被读取和写入，因此服务程序必须首先通过写 1 到 SRCPND 寄存器的相应位来清除挂起状态并且通过相同方法来清除 INTPND 寄存器中挂起状态。

4. 中断屏蔽寄存器

此寄存器表明如果中断相应的屏蔽位被置为 1 则禁止该中断。如果某个 INTMSK 的中断屏蔽位为 0，将正常服务中断。如果 INTMSK 的中断屏蔽位为 1 并且产生了中断，将置位源挂起位。

7.3.2 中断源

S3D2440A 芯片内中断控制器支持的中断源和中断次级源如表 7-26、表 7-27 所示。

表 7-26 中断源

中　断　源	描　　述	仲　裁　组
INT_ADD	ADD EOD and TouDh interrupt (INT_ADD_S/INT_TD)	ARD5
INT_RTD	RTD alarm interrupt	ARD5
INT_SPI1	SPI1 interrupt	ARD5
INT_UART0	UART0 Interrupt (ERR, RXD, and TXD)	ARD5
INT_IID	IID interrupt	ARD4
INT_USDH	USD Host interrupt	ARD4
INT_USDD	USD DeviDe interrupt	ARD4
INT_NFDON	Nand Flash Dontrol Interrupt	ARD4
INT_UART1	UART1 Interrupt (ERR, RXD, and TXD)	ARD4
INT_SPI0	SPI0 interrupt	ARD4
INT_SDI	SDI interrupt	ARD3
INT_DMA3	DMA Dhannel 3 interrupt	ARD3

中　断　源	描　　述	仲　裁　组
INT_DMA2	DMA Dhannel 2 interrupt	ARD3
INT_DMA1	DMA Dhannel 1 interrupt	ARD3
INT_DMA0	DMA Dhannel 0 interrupt	ARD3
INT_LDD	LDD interrupt (INT_FrSyn and INT_FiDnt)	ARD3
INT_UART2	Interrupt (ERR，RXD，and TXD) UART2	ARD2
INT_TIMER4	Timer4 interrupt	ARD2
INT_TIMER3	Timer3 interrupt	ARD2
INT_TIMER2	Timer2 interrupt	ARD2
INT_TIMER1	Timer1 interrupt	ARD2
INT_TIMER0	Timer0 interrupt	ARD2
INT_WDT_AD97	WatDh-Dog timer interrupt(INT_WDT，INT_AD97)	ARD1
INT_TIDK	RTD Time tiDk interrupt	ARD1
nDATT_FLT	Dattery Fault interrupt	ARD1
INT_DAM	Damera InterfaDe (INT_DAM_D，INT_DAM_P)	ARD1
EINT8_23	External interrupt 8～23	ARD1
EINT4_7	External interrupt 4～7	ARD1
EINT3	External interrupt 3	ARD0
EINT2	External interrupt 2	ARD0
EINT1	External interrupt 1	ARD0
EINT0	External interrupt 0	ARD0

表 7-27　中断次级源

次　级　源	描　　述	源
INT_AC97	AC97 中断	INT_WDT_AC97
INT_WDT	看门狗中断	INT_WDT_AC97
INT_CAM_P	端口捕获中断	INT_CAM
INT_CAM_C	端口捕获中断	INT_CAM
INT_ADC_S	ADC 中断	INT_ADC
INT_TC	触摸屏中断	INT_ADC
INT_ERR2	UART2 错误中断	INT_UART2
I NT_TXD2	UART2 发送中断	INT_UART2
INT_RXD2	UART2 接收中断	INT_UART2
INT_ERR1	UART1 错误中断	INT_UART1
INT_TXD1	UART1 发送中断	INT_UART1
INT_RXD1	UART1 接收中断	INT_UART1
INT_ERR0	UART0 错误中断	INT_UART0

次 级 源	描 述	源
INT_TXD0	UART0 发送中断	INT_UART0
INT_RXD0	UART0 接收中断	INT_UART0

7.3.3 中断优先级生成模块

每个仲裁器可以处理基于 1 位仲裁器模式控制(ARB_MODE)和选择控制信号(ARB_SEL)的 2 位的 6 个中断请求,具体如下:

如果 ARB_SEL 位为 00b,优先级顺序为 REQ0、REQ1、REQ2、REQ3、REQ4 和 REQ5;

如果 ARB_SEL 位为 01b,优先级顺序为 REQ0、REQ2、REQ3、REQ4、REQ1 和 REQ5;

如果 ARB_SEL 位为 10b,优先级顺序为 REQ0、REQ3、REQ4、REQ1、REQ2 和 REQ5;

如果 ARB_SEL 位为 11b,优先级顺序为 REQ0、REQ4、REQ1、REQ2、REQ3 和 REQ5。

请注意仲裁器的 REQ0 的优先级总是最高并且 REQ5 的优先级总是最低。此外,通过改变 ARB_SEL 位,可以轮换 REQ1 到 REQ4 的顺序。

此处,如果 ARB_MODE 位被设置为 0,ARB_SEL 位不能自动改变,将使得仲裁器操作在固定优先级模式中(注意即使在此模式中,也不能通过手动改变 ARB_SEL 位来重新配制优先级)。另一方面,如果 ARB_MODE 位被设置为 1,ARB_SEL 位会因轮换方式而改变,例如如果 REQ1 被服务,ARB_SEL 位被自动改为 01b 以便 REQ1 进入到最低的优先级。ARB_SEL 改变的详细结果如下:

32 个中断请求优先级逻辑包括:6 个一级仲裁器和一个 2 级仲裁器。如图 7-4 所示。

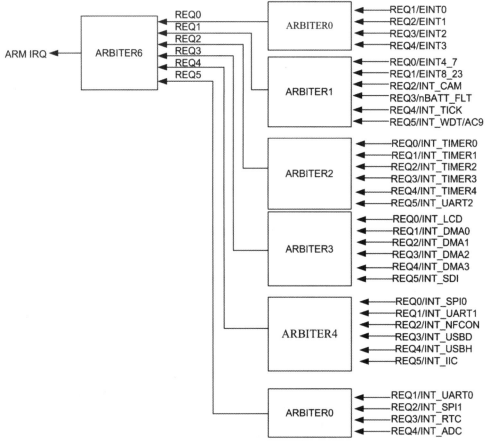

图 7-4 优先级发生模块

146

7.3.4 中断优先级

每个仲裁器由一个位仲裁器模式控制(ARD_MODE)和选择控制信号(ARD_SEL)的两位来处理 6 个中断请求。

如果 ARD_SEL 位是 00D,优先级是 REQ0、REQ1、REQ2、REQ3、REQ4 和 REQ5。

如果 ARD_SEL 位是 01D,优先级是 REQ0、REQ2、REQ3、REQ4、REQ1 和 REQ5。

如果 ARD_SEL 位是 10D,优先级是 REQ0、REQ3、REQ4、REQ1、REQ2 和 REQ5。

如果 ARD_SEL 位是 11D,优先级是 REQ0、REQ4、REQ1、REQ2、REQ3 和 REQ5。

注意仲裁器的 REQ0 总是有最高优先级,REQ5 总是有最低优先级。此外通过改变 ARD_SEL 位,我们可以翻转 REQ1 到 REQ4 的优先级。

如果 ARD_MODE 位置 0,ARD_SEL 位不会自动改变,使得仲裁器在一个固定优先级的模式下操作(注意在此模式下,我们通过手工改变 ARD_SEL 位来配置优先级)。另外,如果 ARD_MODE 位置 1,ARD_SEL 位以翻转的方式改变。例如如果 REQ1 被服务,则 ARD_SEL 位自动地变为 01D,把 REQ1 放到最低的优先级。ARD_SEL 变化的详细规则如下:

(1) 如果 REQ0 或 REQ5 被服务,ARB_SEL 位不会改变;

(2) 如果 REQ1 被服务,ARB_SEL 位被改为 01b;

(3) 如果 REQ2 被服务,ARB_SEL 位被改为 10b;

(4) 如果 REQ3 被服务,ARB_SEL 位被改为 11b;

(5) 如果 REQ4 被服务,ARB_SEL 位被改为 00b。

7.3.5 中断处理流程

仲裁过程依赖于硬件优先级逻辑且其结果写入中断挂起寄存器,以通知是由哪个中断源产生的中断。

当接收来自内部外设和外部中断请求引脚的多个中断请求时,在仲裁过程后中断控制器请求 ARM920T 的 FIR 或 IRQ 中断。

中断请求源分为两种:一种是带子请求寄存器的,有了中断请求,请求源要保存在子源挂起寄存器 SUBSRCPND 中;另一种是不带子请求寄存器的,有了中断请求,请求源要保存在源挂起寄存器 SRCPND 中。对于带子请求寄存器的,还要检查中断子屏蔽寄存器 INTSUDMSK 是否对某一个子请求源进行了屏蔽,只有不屏蔽,才能在源挂起寄存器 SRCPND 中对应位置 1。之后,一个或多个中断请求要判断是否被屏蔽;是 IRQ 模式还是 FIQ 模式;如果是 IRQ 模式还要判断多个中断请求的优先权。最后以 IRQ 或 FIQ 中断请求送入 ARM920T 内核。

外部中断 EINT4EINT7、EINT8EINT23 的请求,要在外部中断挂起寄存器 EINTPEND 中保存,检查外部中断屏蔽寄存器 EINTMASK 是否屏蔽,如果不屏蔽,才能送到源挂起寄存器 SRCPND 的对应位 EINT4-7 和 EINT8-23。

7.3.6 中断相关寄存器

中断控制器中有 5 个控制寄存器:源挂起寄存器、中断模式寄存器、中断屏蔽寄存器、优先级寄存器和中断挂起寄存器。如表 7-28 所示。

表 7-28 中断控制器寄存器组

寄 存 器	地 址	R/W	描 述	复 位 值
SRCPND	0X4A000000	R/W	指示中断请求状态 0=无请求,1 = 中断源提出中断请求	0x0

寄 存 器	地 址	R/W	描 述	复 位 值
INTMOD	0X4A000004	R/W	中断模式寄存器 0 = IRQ 模式,1 = FIQ 模式	0x0
INTMSK	0X4A000008	R/W	决定屏蔽哪个中断源。被屏蔽的中断源将不会 服务。0 = 中断服务可用,1 = 屏蔽中断服务	0x0
PRIORITY	0X4A00000C	R/W	IRQ 优先级控制寄存器	0x0
INTPND	0X4A000010	R/W	指示中断请求状态 0=无请求,1 = 中断源提出中断请求	0x7F

　　所有来自中断源的中断请求首先被记录到源挂起寄存器中。基于中断模式寄存器,它们被分配到 2 个组中,包括快中断请求(FIQ)和中断请求(IRQ)。IRQ 的多仲裁过程是基于优先级寄存器。

1. 源挂起寄存器(SRCPND)

　　SRCPND 寄存器由 32 位组成,其每一位都涉及一个中断源。如果中断源产生了中断则相应的位被设置为 1 并且等待中断服务。因此此寄存器指示出是哪个中断源正在等待请求服务。注意 SRCPND 寄存器的每一位都是由中断源自动置位,其不顾 INTMASK 寄存器中的屏蔽位。另外 SRCPND 寄存器不受中断控制器的优先级逻辑的影响。

　　在指定中断源的中断服务程序中,必须通过清除 SRCPND 寄存器的相应位来正确地获得来自相同源的中断请求。如果 SRCPND 寄存器的指定位被设置为 1,其通常被认作一个有效中断请求正在等待服务。

　　可以通过写入一个数据到此寄存器来清除 SRCPND 寄存器的指定位。其只清除那些数据中被设置为 1 的相应位置的 SRCPND 位。那些数据中被设置为 0 的相应位置的位保持不变。

　　源挂起寄存器的描述如表 7-29 所示。

表 7-29　源挂起寄存器(SRCPND)描述

SRCPND	位	描 述	初始状态
INT_ADC	[31]	0 = 未请求,1 = 请求	0
INT_RTC	[30]	0 = 未请求,1 = 请求	0
INT_SPI1	[29]	0 = 未请求,1 = 请求	0
INT_UART0	[28]	0 = 未请求,1 = 请求	0
INT_IIC	[27]	0 = 未请求,1 = 请求	0
INT_USBH	[26]	0 = 未请求,1 = 请求	0
INT_USBD	[25]	0 = 未请求,1 = 请求	0
INT_NFCON	[24]	0 = 未请求,1 = 请求	0
INT_UART1	[23]	0 = 未请求,1 = 请求	0
INT_SPI0	[22]	0 = 未请求,1 = 请求	0
INT_SDI	[21]	0 = 未请求,1 = 请求	0
INT_DMA3	[20]	0 = 未请求,1 = 请求	0
INT_DMA2	[19]	0 = 未请求,1 = 请求	0
INT_DMA1	[18]	0 = 未请求,1 = 请求	0

SRCPND	位	描 述	初始状态
INT_DMA0	[17]	0 = 未请求,1 = 请求	0
INT_LCD	[16]	0 = 未请求,1 = 请求	0
INT_UART2	[15]	0 = 未请求,1 = 请求	0
INT_TIMER4	[14]	0 = 未请求,1 = 请求	0
INT_TIMER3	[13]	0 = 未请求,1 = 请求	0
INT_TIMER2	[12]	0 = 未请求,1 = 请求	0
INT_TIMER1	[11]	0 = 未请求,1 = 请求	0
INT_TIMER0	[10]	0 = 未请求,1 = 请求	0
INT_WDT_AC97	[9]	0 = 未请求,1 = 请求	0
INT_TICK	[8]	0 = 未请求,1 = 请求	0
nBATT_FLT	[7]	0 = 未请求,1 = 请求	0
INT_CAM	[6]	0 = 未请求,1 = 请求	0
EINT8_23	[5]	0 = 未请求,1 = 请求	0
EINT4_7	[4]	0 = 未请求,1 = 请求	0
EINT3	[3]	0 = 未请求,1 = 请求	0
EINT2	[2]	0 = 未请求,1 = 请求	0
EINT1	[1]	0 = 未请求,1 = 请求	0
EINT0	[0]	0 = 未请求,1 = 请求	0

2. 中断模式寄存器(INTMOD)

此寄存器由 32 位组成,其每一位都涉及一个中断源。如果某个指定位被设置为 1,则在 FIQ(快中断)模式中处理相应中断。否则在 IRQ 模式中处理相应中断。

中断模式寄存器的描述如表 7-30 所示。

表 7-30 中断模式寄存器描述

INTMOD	位	描 述	初始状态
INT_ADC	[31]	0 = IRQ ,1 = FIQ	0
INT_RTC	[30]	0 = IRQ,1 = FIQ	0
INT_SPI1	[29]	0 = IRQ,1 = FIQ	0
INT_UART0	[28]	0 = IRQ,1 = FIQ	0
INT_IIC	[27]	0 = IRQ,1 = FIQ	0
INT_USBH	[26]	0 = IRQ,1 = FIQ	0
INT_USBD	[25]	0 = IRQ,1 = FIQ	0
INT_NFCON	[24]	0 = IRQ,1 = FIQ	0
INT_UART1	[23]	0 = IRQ,1 = FIQ	0
INT_SPI0	[22]	0 = IRQ,1 = FIQ	0
INT_SDI	[21]	0 = IRQ,1 = FIQ	0

INTMOD	位	描　　　述	初始状态
INT_DMA3	[20]	0 = IRQ,1 = FIQ	0
INT_DMA2	[19]	0 = IRQ,1 = FIQ	0
INT_DMA1	[18]	0 = IRQ,1 = FIQ	0
INT_DMA0	[17]	0 = IRQ,1 = FIQ	0
INT_LCD	[16]	0 = IRQ,1 = FIQ	0
INT_UART2	[15]	0 = IRQ,1 = FIQ	0
INT_TIMER4	[14]	0 = IRQ,1 = FIQ	0
INT_TIMER3	[13]	0 = IRQ,1 = FIQ	0
INT_TIMER2	[12]	0 = IRQ,1 = FIQ	0
INT_TIMER1	[11]	0 = IRQ,1 = FIQ	0
INT_TIMER0	[10]	0 = IRQ,1 = FIQ	0
INT_WDT_AC97	[9]	0 = IRQ,1 = FIQ	0
INT_TICK	[8]	0 = IRQ,1 = FIQ	0
nBATT_FLT	[7]	0 = IRQ,1 = FIQ	0
INT_CAM	[6]	0 = IRQ,1 = FIQ	0
EINT8_23	[5]	0 = IRQ,1 = FIQ	0
EINT4_7	[4]	0 = IRQ,1 = FIQ	0
EINT3	[3]	0 = IRQ,1 = FIQ	0
EINT2	[2]	0 = IRQ,1 = FIQ	0
EINT1	[1]	0 = IRQ,1 = FIQ	0
EINT0	[0]	0 = IRQ,1 = FIQ	0

注意：如果中断模式在 INTMOD 寄存器中设置为 FIQ 模式，则 FIQ 中断将不会影响 INTPND 和 INTOFFSET 寄存器。这种情况下，这 2 个寄存器只对 IRQ 中断源有效。

3. 中断屏蔽寄存器（INTMSK）

此寄存器由 32 位组成，其每一位都涉及一个中断源。如果某个指定位被设置为 1,则 CPU 不会去服务来自相应中断源（请注意即使在这种情况中，SRCPND 寄存器的相应位也设置为 1)的中断请求。如果屏蔽位为 0,则可以服务中断请求。

中断屏蔽寄存器的描述如表 7-31 所示。

表 7-31　中断屏蔽寄存器描述

INTMSK	位	描　　　述	初始状态
INT_ADC	[31]	0 = 允许服务,1 = 屏蔽服务	0
INT_RTC	[30]	0 = 允许服务,1 = 屏蔽服务	0
INT_SPI1	[29]	0 = 允许服务,1 = 屏蔽服务	0
INT_UART0	[28]	0 = 允许服务,1 = 屏蔽服务	0

INTMSK	位	描述	初始状态
INT_IIC	[27]	0 = 允许服务,1 = 屏蔽服务	0
INT_USBH	[26]	0 = 允许服务,1 = 屏蔽服务	0
INT_USBD	[25]	0 = 允许服务,1 = 屏蔽服务	0
INT_NFCON	[24]	0 = 允许服务,1 = 屏蔽服务	0
INT_UART1	[23]	0 = 允许服务,1 = 屏蔽服务	0
INT_SPI0	[22]	0 = 允许服务,1 = 屏蔽服务	0
INT_SDI	[21]	0 = 允许服务,1 = 屏蔽服务	0
INT_DMA3	[20]	0 = 允许服务,1 = 屏蔽服务	0
INT_DMA2	[19]	0 = 允许服务,1 = 屏蔽服务	0
INT_DMA1	[18]	0 = 允许服务,1 = 屏蔽服务	0
INT_DMA0	[17]	0 = 允许服务,1 = 屏蔽服务	0
INT_LCD	[16]	0 = 允许服务,1 = 屏蔽服务	0
INT_UART2	[15]	0 = 允许服务,1 = 屏蔽服务	0
INT_TIMER4	[14]	0 = 允许服务,1 = 屏蔽服务	0
INT_TIMER3	[13]	0 = 允许服务,1 = 屏蔽服务	0
INT_TIMER2	[12]	0 = 允许服务,1 = 屏蔽服务	0
INT_TIMER1	[11]	0 = 允许服务,1 = 屏蔽服务	0
INT_TIMER0	[10]	0 = 允许服务,1 = 屏蔽服务	0
INT_WDT_AC97	[9]	0 = 允许服务,1 = 屏蔽服务	0
INT_TICK	[8]	0 = 允许服务,1 = 屏蔽服务	0
nBATT_FLT	[7]	0 = 允许服务,1 = 屏蔽服务	0
INT_CAM	[6]	0 = 允许服务,1 = 屏蔽服务	0
EINT8_23	[5]	0 = 允许服务,1 = 屏蔽服务	0
EINT4_7	[4]	0 = 允许服务,1 = 屏蔽服务	0
EINT3	[3]	0 = 允许服务,1 = 屏蔽服务	0
EINT2	[2]	0 = 允许服务,1 = 屏蔽服务	0
EINT1	[1]	0 = 允许服务,1 = 屏蔽服务	0
EINT0	[0]	0 = 允许服务,1 = 屏蔽服务	0

4. 优先级寄存器(PRIORITY)

优先级寄存器的描述如表 7-32 所示。

表 7-32　优先级寄存器描述

PRIORITY	位	描述	初始状态
ARB_SEL6	[20:19]	仲裁器组 6 优先级顺序设置 00 = REQ 0-1-2-3-4-5 ,01 = REQ 0-2-3-4-1-5 10 = REQ 0-3-4-1-2-5 ,11 = REQ 0-4-1-2-3-5	00

PRIORITY	位	描　　述	初始状态
ARB_SEL5	[18:17]	仲裁器组 5 优先级顺序设置 00 = REQ 0-1-2-3-4-5,01 = REQ 0-2-3-4-1-5 10 = REQ 0-3-4-1-2-5,11 = REQ 0-4-1-2-3-5	00
ARB_SEL4	[16:15]	仲裁器组 4 优先级顺序设置 00 = REQ 0-1-2-3-4-5,01 = REQ 0-2-3-4-1-5 10 = REQ 0-3-4-1-2-5,11 = REQ 0-4-1-2-3-5	00
ARB_SEL3	[14:13]	仲裁器组 3 优先级顺序设置 00 = REQ 0-1-2-3-4-5,01 = REQ 0-2-3-4-1-5 10 = REQ 0-3-4-1-2-5,11 = REQ 0-4-1-2-3-5	00
ARB_SEL2	[12:11]	仲裁器组 2 优先级顺序设置 00 = REQ 0-1-2-3-4-5,01 = REQ 0-2-3-4-1-5 10 = REQ 0-3-4-1-2-5,11 = REQ 0-4-1-2-3-5	00
ARB SEL1	[10:9]	仲裁器组 1 优先级顺序设置 00 = REQ 0-1-2-3-4-5,01 = REQ 0-2-3-4-1-5 10 = REQ 0-3-4-1-2-5,11 = REQ 0-4-1-2-3-5	00
ARB_SEL0	[8:7]	仲裁器组 0 优先级顺序设置 00 = REQ 0-1-2-3-4-5,01 = REQ 0-2-3-4-1-5 10 = REQ 0-3-4-1-2-5,11 = REQ 0-4-1-2-3-5	00
ARB_MODE6	[6]	仲裁器组 6 优先级轮换使能 0 = 优先级不轮换,1 = 优先级轮换使能	1
ARB_MODE5	[5]	仲裁器组 5 优先级轮换使能 0 = 优先级不轮换,1 = 优先级轮换使能	1
ARB_MODE4	[4]	仲裁器组 4 优先级轮换使能 0 = 优先级不轮换,1 = 优先级轮换使能	1
ARB_MODE3	[3]	仲裁器组 3 优先级轮换使能 0 = 优先级不轮换,1 = 优先级轮换使能	1
ARB_MODE2	[2]	仲裁器组 2 优先级轮换使能 0 = 优先级不轮换,1 = 优先级轮换使能	1
ARB_MODE1	[1]	仲裁器组 1 优先级轮换使能 0 = 优先级不轮换,1 = 优先级轮换使能	1
ARB_MODE0	[0]	仲裁器组 0 优先级轮换使能 0 = 优先级不轮换,1 = 优先级轮换使能	1

5. 中断挂起寄存器(INTPND)

中断挂起寄存器(INTPND)和源挂起寄存器(SRCPND)的描述一样,这里不再描述。

6. 中断偏移量寄存器(INTOFFSET)

中断偏移量寄存器的描述如表 7-33 所示。

表 7-33　中断偏移量寄存器描述

中　断　源	偏　移　值	中　断　源	偏　移　值
INT_ADC	31	INT_UART2	15
INT_RTC	30	INT_TIMER4	14
INT_SPI1	29	INT_TIMER3	13

中 断 源	偏 移 值	中 断 源	偏 移 值
INT_UART0	28	INT_TIMER2	12
INT_IIC	27	INT_TIMER1	11
INT_USBH	26	INT_TIMER0	10
INT_USBD	25	INT_WDT_AC97	9
INT_NFCON	24	INT_TICK	8
INT_UART1	23	nBATT_FLT	7
INT_SPI0	22	INT_CAM	6
INT_SDI	21	EINT8_23	5
INT_DMA3	20	EINT4_7	4
INT_DMA2	19	EINT3	3
INT_DMA1	18	EINT2	2
INT_DMA0	17	EINT1	1
INT_LCD	16	EINT0	0

FIQ 中断模式不受 INTOFFSET 的影响,只有 FIQ 模式中断源受 INTOFFSET 的影响。

7. 子源中断挂起寄存器(SUBSRCPND)

子源中断挂起寄存器的描述如表 7-34 所示。

表 7-34　子源中断挂起寄存器描述

SUBSRCPND	位	描 述	初 始 状 态
保留	[31:15]	不用	0
INT_AC97	[14]	0 = 未请求,1= 请求	0
INT_WDT	[13]	0 = 未请求,1= 请求	0
INT_CAM_P	[12]	0 = 未请求,1= 请求	0
INT_CAM_C	[11]	0 = 未请求,1= 请求	0
INT_ADC_S	[10]	0 = 未请求,1= 请求	0
INT_TC	[9]	0 = 未请求,1= 请求	0
INT_ERR2	[8]	0 = 未请求,1= 请求	0
INT_TXD2	[7]	0 = 未请求,1= 请求	0
INT_RXD2	[6]	0 = 未请求,1= 请求	0
INT_ERR1	[5]	0 = 未请求,1= 请求	0
INT_TXD1	[4]	0 = 未请求,1= 请求	0
INT_RXD1	[3]	0 = 未请求,1= 请求	0
INT_ERR0	[2]	0 = 未请求,1= 请求	0

SUBSRCPND	位	描　　述	初 始 状 态
INT_TXD0	[1]	0 = 未请求,1 = 请求	0
INT_RXD0	[0]	0 = 未请求,1 = 请求	0

SRCPND 和 SUBSRCPND 的映射关系如表 7-35 所示。

表 7-35　SRCPND 和 SUBSRCPND 的映射关系

中断源	子中断源
INT_UART0	INT_RXD0,INT_TXD0,INT_ERR0
INT_UART1	INT_RXD1,INT_TXD1,INT_ERR1
INT_UART2	INT_RXD2,INT_TXD2,INT_ERR2
INT_ADC	INT_ADC_S, INT_TC
INT_CAM	INT_CAM_C, INT_CAM_P
INT_WDT_AC97	INT_WDT, INT_AC97

下面通过一段启动代码来说明 S3C2440A 中描述了关于中断处理的基本过程和原理。

ARM 要求中断向量表必须放置在从 0 地址开始,连续 8×4 字节的空间内(ARM720T 和 ARM9、ARM10 也支持从 0xFFFF0000 开始的高地址向量表),各异常和中断向量在向量表中的位置如表 7-36 所示。

表 7-36　中断向量

地　　址	中　　断
0x00	Reset
0x04	Undef
0x08	SWI
0x0C	Prefetch Abort
0x10	Data Abort
0x14	(Reserved)
0x18	IRQ
0x2C	FIQ

中断向量表:当中断产生时 ARM 处理器强制把 PC 指针置为中断向量表中相对应的向量地址。因为每个中断向量在向量表中只有一个字节的存储空间,只能存放一条指令,所以通常存放跳转指令,使程序跳转到存储器的其他地方,再执行中断处理。

中断向量表的实现程序通常如下:

```
AREA Boot,CODE,READONLY
ENTRY
B Reset_Handler ; Reset_Handler is a label
B Undef_Handler
B SWI_Handler
B PreAbort_Handler
B DataAbort_Handler
```

```
    B ;for reserved interrupt, stop here
    B IRQ_Handler
    B FIQ_Handler
        MACRO
MYMHandlerLabel HANDLER MYMHandleLabel
MYMHandlerLabel
        sub   sp,sp,# 4  ;在栈中预留一个区域,用来保存 PC 的值
        stmfd   sp!,{r0}   ; r0 还需要被使用,因此需要被压栈
        ldr   r0,= MYMHandleLabel;将标号 MYMHandleLabel 的地址加载到 r0 中
        ldr   r0,[r0]   ; 将 MYMHandleLabel 对应地址中的内容加载到 r0 中。将中断处
                        理函数的地址加载到 PC 即可实现中断任务跳转
        str   r0,[sp,# 4]      ;异常处理函数的地址保存到栈中的 SP-4 位置
        ldmfd   sp!,{r0,pc}   ;
        MEND
```

7.3.7　外部中断应用实例

例 7-3　在图 7-5 所示的电路图中,完成关闭 3 个流水灯的功能。外部中断源 5 的管脚连接按键,当按键按下时为外部中断源 5 提出中断请求,在中断服务程序中完成亮灯的功能。

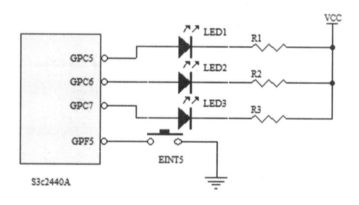

图 7-5　外部中断和流水灯接口电路图

主函数和中断服务相关代码如下所示:

```
int Main()
{
ChangeMPllValue(92,1,1)       //系统锁相环配置
rCLKDIVN = 0x3 ;              //时钟分频比设置
port_init() ;                //管脚初始化
Isr_Init( ) ;                //中断初始化
Enable_Eint() ;              //开外部中断
rGPCDAT= 0xffffff;
    while(1) ;
  }
//* * 流水灯端口的配置
void port_init(void)
{
rGPCCON= ( rGPCCON&0x0) |(0x1< < 10) |(0x1< < 12) |(0x1< < 14) ;   //GPC5、6、7 引脚设
置为输出
```

155

```
rGPCUP= 0x7ff;   /* 禁止 GPC 端口的上拉* /
rGPFCON =  rGPFCON & ~ (3< < 10) |(1< < 11) ;   //初始化 F5 为外部中断功能


}
void dely(U32 tt)
{
  U32 i;
  for(;tt> 0;tt--)
  {
    for(i= 0;i< 10000;i+ + ) {}
  }
}


/* * * * * * * * * * * * * * * * * * *
外部中断 5 的中断服务程序
* * * * * * * * * * * * * * * * * * * * * /
static void __irq Eint5_ISR(void)
{
    //rGPCDAT= 0xffff;   //灯灭
    //dely(50) ;   //延时
   rGPCDAT= 0x0;   //灯亮
  dely(50) ;       //延时
    rEINTPEND= (1< < 5) ;   //清除外部中断挂起寄存器中相应位
    rSRCPND = (0x1< < 4) ;   //清除源中断挂起寄存器中相应位
  rINTPND = (0x1< < 4) ;   //清除中断挂起寄存器中相应位

    Uart_Printf("EINT5 num= % d \n",+ + num5) ;   //打印中断次数
}


void Isr_Init(void)
{
pISR_EINT4_7 = (unsigned) Eint5_ISR;   //中断服务的入口放入中断向量表相应的位置
rEXTINT0 = (rEXTINT0 & ~ (7< < 20) ) |(0x2< < 20) ;   //设置中断触发方式
    rINTMOD = 0x0;     // All= IRQ mode
  rINTMSK= 0xffffffff;     // All interrupt is masked.
}


/* * * * * * * * * * *   开外部中断  * * * * * * * * * * * * * /
void Enable_Eint(void)
{
rEINTMASK= ~ (1< < 5) ;   //开中断 5
rINTMSK= ~ ((0x1< < 4) ) ;
}
```

7.4 综合应用实例

例 7-4　通用 I/O 口和外部中断功能的例题。如图 7-6 所示电路,有 6 个按键分别是 K1、K2、K3、K4、K5 和 K6,连接 S3C2440A 的 G 端口。利用按键的普通查询功能和外

部中断功能实现对灯的控制。K1 和 K2 采用查询方式实现按键状态的检测，K3～K6 采用中断的方式实现按键状态的检测。接口信号连接关系如表 7-37 所示。

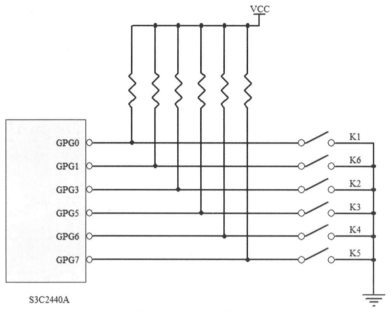

图 7-6　按键连接电路图

表 7-37　接口信号连接关系

按　　键	K1	K2	K3	K4	K5	K6
管脚	G0	G3	G5	G6	G7	G1

```
# include " .. "  //包含头文件
// 需要用到的寄存器的定义
// I/O PORT
# define rGPDDON    (* (volatile unsigned * ) 0x56000010)    //Port D Dontrol
# define rGPDDAT    (* (volatile unsigned * ) 0x56000014)    //Port D data
# define rGPDUP     (* (volatile unsigned * ) 0x56000018)    //Pull-up Dontrol D
# define rGPDDON    (* (volatile unsigned * ) 0x56000020)    //Port D Dontrol
# define rGPDDAT    (* (volatile unsigned * ) 0x56000024)    //Port D data
# define rGPDUP     (* (volatile unsigned * ) 0x56000028)    //Pull-up Dontrol D
# define rGPGDON    (* (volatile unsigned * ) 0x56000060)    //Port G Dontrol
# define rGPGDAT    (* (volatile unsigned * ) 0x56000064)    //Port G data
# define rGPGUP     (* (volatile unsigned * ) 0x56000068)    //Pull-up Dontrol G
# define rEXTINT0    (* (volatile unsigned * ) 0x56000088)    //External interrupt
Dontrol register 0
# define rEXTINT1    (* (volatile unsigned * ) 0x5600008D)    //External interrupt
Dontrol register 1
# define rEXTINT2    (* (volatile unsigned * ) 0x56000090)    //External interrupt
Dontrol register 2
# define rEINTMASK   (* (volatile unsigned * ) 0x560000a4)    //External
interrupt mask
# define rEINTPEND   (* (volatile unsigned * ) 0x560000a8)    //External interrupt
pending
```

```
// 中断相关寄存器略
// INTERRUPT
# define rSRDPND       ( * ( volatile unsigned * ) 0x4a000000 )    //Interrupt
request status
# define rINTMOD       ( * ( volatile unsigned * ) 0x4a000004 )    //Interrupt
mode Dontrol
# define rINTMSK       ( * ( volatile unsigned * ) 0x4a000008 )    //Interrupt
mask Dontrol
# define rINTPND       ( * ( volatile unsigned * ) 0x4a000010 )    //Interrupt
request status
void Port_Init(void)
{
   rGPDDON=   (rGPDDON &0x0) |(1< < 10) |(1< < 12) |(1< < 14) |(1< < 16) ;
   rGPDUP =   0xfff;
   rGPGDON=   (rGPGDON &0x0) |(1< < 11) |(1< < 13) |(1< < 15) |(1< < 23) ;
   rGPGUP= 0x0;
}

void Ex_init(void)
{
    rEXTINT1 &= ~ (7< < 20) ;      //[22:20] set eint13 low level int
   rEXTINT1 &= ~ (7< < 24) ;       //[26:24]set eint14
   rEXTINT1 &= ~ (7< < 28) ;  //[30:28]set eint15 t
   rEXTINT2 &= ~ (0xf< < 12) ;  //set eint19
   rEINTPEND |= (1< < 13) |(1< < 14) |(1< < 15) |(1< < 19) ;
   rSRDPND = (0x1< < 5) ;  //清除源中断挂起寄存器中相应位
   rINTPND = (0x1< < 5) ;   //清除中断挂起寄存器中相应位
   rINTMOD= 0x0;
     pISR_EINT8_23 = (unsigned) Eint8_23_ISR;
   rEINTMASK &= ~ ((1< < 13) |(1< < 14) |(1< < 15) |(1< < 19) ) ;
     rINTMSK= ~ ((0x1< < 5) ) ; //开中断 8-23
}
statiD void __irq Eint8_23_ISR(void)
{   if(rEINTPEND&(1< < 13) )
   {
   rGPDDAT&= ~ (1< < 5) ; // LED1 on
   rEINTPEND |= 1< < 13;
   }
   if(rEINTPEND&(1< < 14) )
   {
   rGPDDAT&= ~ (1< < 6) ; // LED2 on
   rEINTPEND |= 1< < 14;
   }
   if(rEINTPEND&(1< < 15) )
   {
   rGPDDAT&= ~ (1< < 7) ; // LED3 on
   rEINTPEND |= 1< < 15;
```

```
    }
    if(rEINTPEND&(1< < 19))
    {
        rGPDDAT&= ~ (1< < 8) ; // LED4 on
    rEINTPEND |=  1< <  19;
    }


      rSRDPND = (0x1< < 5) ;    //清除源中断挂起寄存器中相应位
    rINTPND = (0x1< < 5) ;    //清除中断挂起寄存器中相应位


}

unsigned Dhar Key_SDan( void )
{
  if(  (rGPGDAT&(1< <  0) ) = =  0 )
   return 1 ;
   else if( (rGPGDAT&(1< <  3) ) = =  0 )
   return 2;
   else
   return 0xff;
}
void led_L(void)
{
  for(i= 5;i< 9;i+ + ) ;
  {
   rGPDDAT&= ~ (1< < i) ;
  }
}


void  led_R(void)
{
for(i= 8;i> 4;i--) ;
  {
   rGPDDAT&= ~ (1< < i) ;
  }
}

void Main(void)
{
    unsigned key
  Port_Init() ;
  Ex_init() ;
  rGPDDAT= 0xffff;
  while(1)
  {
  key= Key_SDan() ;
  switDh(key)
  {
```

```
      Dase 1:
    led_L();
        Dreak;
      Dase 2:
    led_R()
        Dreak;
    default :
        Dreak;
    }
      }
    }
```

例 7-5　利用门狗定时器定时功能实现对流水灯和蜂鸣器的控制。设置看门狗定时器的超时长度为 4 s,为了不让程序进入看门狗中断,必须在该期限内,往寄存器 WTCNT 内写数,迫使看门狗定时器重新开始计时。流水灯和蜂鸣器控制接口电路如图 7-7 所示。

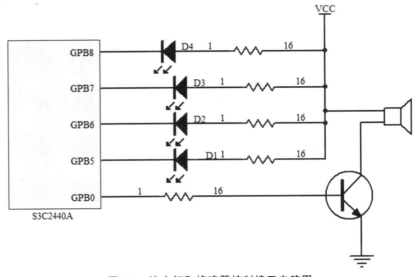

图 7-7　流水灯和蜂鸣器控制接口电路图

```
# define _ISR_STARTADDRESS  0x33ffff00
# define pISR_WDT_AC97           (*(unsigned * )(_ISR_STARTADDRESS+ 0x44))
  void delay(int a)
{
     int k;
     for(k= 0;k< a;k+ +);
  }
void __irq  Wdt_Int (void)
{
     rGPBDAT |= 1;                //GPB0= 1,蜂鸣器响
     rSRCPND| = (0x1< < 9);      //清源中断挂起位
     rSUBSRCPND| = (0x1< < 13); //清子源中断挂起位
     rINTPND |= (0x1< < 9);      //清中断挂起位
}
void Main(void)
{
     int light;
```

```
        int temp;
        int i;
        rGPBCON = 0x015551;              //B0 输出,给蜂鸣器;B5~ B8 输出,给 LED
        rGPBUP  = 0x7ff;
rWTCON = 0xf9< < 8;//Prescaler = 249,Division = 16,禁止看门狗复位
        rWTDAT = 50000;                  //设置看门狗定时器超时时间为 4 s(50÷12.5)
        rWTCNT = 50000;
        rWTCON |= (1< < 5) |(1< < 2);              //开启看门狗定时器中断
        rSRCPND = 0x1< < 9;
        rSUBSRCPND = 0x1< < 13;
        rINTPND = 0x1< < 9;
        rINTSUBMSK = ~ (0x1< < 13);       //打开中断子屏蔽
        rINTMSK = ~ (0x1< < 9);                   //打开中断屏蔽
        pISR_WDT_AC97 = (unsigned  int) Wdt_Int;
        light = 0x10;
light = light< < 1;
        temp = light | 1;
        rGPBDAT = ~ temp;
        delay(500000);
while(isWdtInt! = 20);
        while(1)
        {
                for (i= 0;i< 3;i+ + )
                {
                        light = light< < 1;
                        temp = light | 1;
                        rGPBDAT = ~ temp;
                        delay(500000);
                }
                rWTCNT = 50000;                //喂狗,重新赋值,防止中断
                for (i= 0;i< 3;i+ + )
                {
                        light = light> > 1;
                        temp = light | 1;
                        rGPBDAT = ~ temp;
                        delay(500000);
                }
        }
}
```

7.5　本章小结

　　本章讲述了 I/O 端口和中断控制器。在 I/O 端口的简述中介绍了 I/O 端口的信号与引脚、控制 I/O 端口的方法并对 I/O 端口寄存器进行了描述。在中断控制器中讲述了中断控制器的功能和中断源的构成,中断处理的流程和中断优先级,最后讲解了中断的相关寄存器。

7.6 本章习题

1. 芯片 S3C2440A 每组 I/O 端口由几个寄存器组成？每个寄存器的作用是什么？

2. 如何配置端口的数据方向？在端口寄存器组中上拉寄存器的作用是什么？

3. S3C2440A 芯片的中断控制器的作用是什么？

4. 外部中断源的中断触发方式是怎么配置的？

5. 源挂起寄存器 SRCPND 和中断挂起寄存器 INTPND 的作用是什么？两者在使用中的区别是什么？

6. 中断优先级模块是怎样工作的？

7. 在中断服务程序中为何要清除中断挂起位？清除的方法是什么？

8. 对于外部中断源,开中断的方法是什么样的？需要操作哪些中断屏蔽寄存器？

9. 设外部中断源 2 采用低电平触发,编写端口配置、中断初始化函数和中断服务函数。

10. 设外部中断源 13 采用边沿触发,编写端口配置、中断初始化函数和中断服务函数。

第 8 章 串行通信接口模块

串行通信是指使用一条数据线,将数据一位一位地依次传输,每一位数据占据一个固定的时间长度。数据通常在两个设备之间进行传送,基本的传送模式按照数据流方向可以分为全双工、半双工和单工三种。

串行接口简称串口,也称串行通信接口或串行通信接口(通常指 COM 接口),是采用串行通信方式的扩展接口。串行接口(serial interface)是指数据一位一位地按顺序传送,其特点是通信线路简单,只要一对传输线就可以实现双向通信,从而大大降低了成本,特别适用于远距离通信,但传送速度较慢。

8.1 UART

8.1.1 简介

通用异步接收器和发送器(universal asynchronous receiver and transmitter)简称 UART。在嵌入式设备中一般都要配置 UART 通信接口。因为很多嵌入式设备没有显示屏,用户无法得知嵌入式设备实时数据信息,就通过 UART 串口和超级终端相连,打印嵌入式设备输出信息。并且在对嵌入式系统进行跟踪和调试时,UART 串口是必要的通信方式。例如网络路由器和交换机等都要通过串口来进行配置。UART 串口还是许多硬件数据输出的主要接口,如 GPS 接收器就是通过 UART 串口输出 GPS 接收数据的。

S3C2440A 的 UART 控制器,提供了三个独立的异步串行 I/O 端口,每个端口都可以在中断模式或 DMA 模式下工作。换言之,UART 可以生成中断或 DMA 请求用于 CPU 和 UART 之间的数据传输。UART 串口挂接在 APB 总线上,APB 总线最高可以达到 50MHz 工作频率,在使用 APB 时钟频率时可以达到最高 115.2Kbps 波特率的通信速度。如果 UART 串口接收外部设备提供 UEXTCLK(外部时钟),UART 可以在更高的速度下工作。每个 UART 串口在接收装置和发送装置里分别包含一个 64Byte 的 FIFO 缓冲区,用于缓存发送数据和接收数据。

由于 UART 是串行异步通信方式,因此在 UART 通信过程中每次只能传输 1bit,若干位组成一个数据帧(frame),UART 在通信之前要在发送端和接收端约定好每帧数据的结构,也就是要约定好数据帧的传输格式。

帧是 UART 通信中最基本的单元,它主要包含:开始位、数据位、校验位(如果开启了数据校验,要包含校验位)和停止位,帧结构如图 8-1 所示。

开始位	数据位(5、6、7、8)	校验位(可选)	停止位

图 8-1 UART 数据帧的结构

(1) 开始位:表示一个帧的开始,数据帧中必须包含一个开始位。

(2) 数据位:可选 5、6、7 或 8 位,该位长度可由编程人员指定。

(3) 校验位:如果开启了数据校验时,该位必须指定。

(4) 停止位:可选 1~2 位,该位长度可由编程人员指定。

通信双方约定好数据的帧格式后,规定使用相同的波特率,以保证双方数据传输的顺序同步。

8.1.2 S3C2440A 的 UART 串口工作原理

每个 UART 包含一个波特率产生器、发送移位器、接收移位器和一个控制单元,如图

8-2所示。

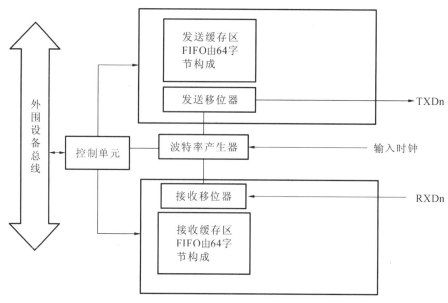

图 8-2　UART 硬件结构框图

　　UART 是以异步方式实现通信的,其采样速度由波特率决定,波特率产生器的工作频率可以由 PCLK(外围设备频率)、FCLK/n(CPU 工作频率的分频)、UEXTCLK(外部输入时钟)三个时钟作为输入频率,波特率设置寄存器是可编程的,用户可以设置其波特率决定发送和接收的频率。发送器和接收器包含了 64Byte 的 FIFO 和数据移位器。UART 通信是面向字节流的,待发送数据写到 FIFO 之后,被拷贝到数据移位器(1 字节大小)里,数据通过发送数据管脚 TXDn 发出。同样道理,接收数据通过 RXDn 管脚来接收数据(1 字节大小)到接收移位器,然后将其拷贝到 FIFO 接收缓冲区里。

　　在数据发送和接收中可以使用 FIFO 模式也可以使用 NON-FIFO 模式。在 FIFO 模式中使用全部的 64 字节的缓冲区,在 NON-FIFO 模式中使用 1 字节的发送和接收数据保持寄存器。

　　1. 数据发送

　　发送时数据帧格式是可编程设置的,一个帧长度是用户指定的,它包括一个开始位,5～8 个数据位,一个可选的奇偶校验位和 1～2 个停止位,数据帧格式可以通过 ULCONn 寄存器来设置。发送器也可以产生一个终止信号,它由一个全部为 0 的数据帧组成。在当前发送数据被完全传输完以后,该模块发送一个终止信号。在终止信号发送后,它可以继续通过 FIFO 模式或发送保持寄存器(NON-FIFO 模式)发送数据。

　　2. 数据接收

　　接收端数据格式也是可编程的,接收器可以检测到溢出错误、奇偶校验错误、帧错误和终止条件,每个错误都可以设置一个错误标志。

　　溢出错误是指在旧数据被读取到之前,新数据覆盖了旧数据;奇偶校验错误是指接收器检测到了接收数据校验结果失败,接收数据无效;帧错误是指接收到的数据没有一个有效的停止位,无法判定数据帧结束;终止条件是指 RXDn 管脚接收到保持逻辑 0 状态持续长于一个数据帧的传输时间。

3. 自动流控 AFC(auto float control)

UART0 和 UART1 支持有 nRTS 和 nCTS 的自动流控,UART2 不支持流控。在 AFC 情况下,通信双方 nRTS 和 nCTS 管脚分别连接对方的 nCTS 和 nRTS 管脚。通过软件控制数据帧的发送和接收。

在开启 AFC 时,发送端在发送前要判断 nCTS 信号状态,当接收到 nCTS 激活信号时,发送数据帧。该 nCTS 管脚连接对方 nRTS 管脚。接收端在准备接收数据帧前,其接收器 FIFO 有大于 32 个字节的空闲空间,nRTS 管脚会发送激活信号,当其接收 FIFO 小于 32 个字节的空闲空间,nRTS 必须置非激活状态。如图 8-3 所示。

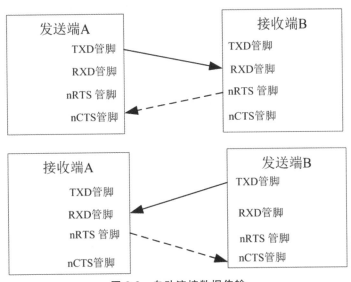

图 8-3 自动流控数据传输

4. 波特率

在 UART 中波特率发生器为发送移位器和接收移位器提供工作时钟。波特率发生器的时钟源可以选择 S3C2440A 的内部系统时钟(PCLK)或外部时钟源(UEXTCLK),可以通过设置 UCONn 寄存器来设置波特率发生器的输入时钟源。通常我们选择使用 PCLK 作为 UART 工作时钟。

UART 控制器中没有对波特率进行设置的寄存器,而是通过设置一个除数因子,来决定其波特率。其计算公式如下:

$$UBRDIVn = (int)[UART 时钟 / (buadrate \times 16)] - 1 \qquad (8-1)$$

在使用时 UBRDIVn 的取值范围应该为 $1 \sim (2^{16} - 1)$。UART 时钟可以选择 PCLK 或者 UEXTCLK。

例如:设置串口通信的波特率为 115200bps,PCLK 时钟为其工作频率,为 50 MHz,则 UBRDIVn 中设置的数值为:

$$UBRDIVn = (int)[50000000 / (115200 \times 16)] - 1 = int(27.1) - 1 = 26$$

在系统时钟未经过锁相环倍频时,PCLK = 12MHz,如果波特率采用 57600bps,那么 UBRDIVn 为:

$$UBRDIVn = (int)[12000000 / (57600 \times 16)] - 1 = 12$$

当然,UBRDIVn 应该是从 $1 \sim (2^{16} - 1)$,只有在使用小于 PCLK 的 UEXTCLK 时设置为 0(旁路模式)。

5. 波特率的错误容忍率(baud-rate error torlerance)

数据信号在传输过程中由于外界电磁干扰、信号减弱等原因,当时钟频率较低,传输速

率较高时会产生误差,当误差达到一定值时,会出现数据信号不能正常识别,造成通信异常。错误容忍率计算公式为:

$$UART\ Error = (tUPCLK - tUEXACT) / tUEXACT \times 100\% \tag{8-2}$$

在式(8-2)中 tUPCLK 为 UART 的真实工作时钟频率:

$$tUPCLK = (UBRDIVn + 1) \times 16 \times 1Frame / PCLK \tag{8-3}$$

tUEXACT 为 UART 理想工作时钟频率:

$$tUEXACT = 1Frame / baudrate \tag{8-4}$$

其中:1Frame 为数据帧的长度 = 开始位 + 数据位 + 可选校验位 + 停止位。

假如:波特率采用 115200bps,PCLK 时钟为 50MHz,波特率除数因子 UBRDIVn 为 26(通过前面 UBRDIVn 计算公式算出),采用 1 个停止位,8 个数据位,无校验的 8N1 方式通信时,其错误容忍率为:

$$tUPCLK = 27 \times 16 \times 10 / 50000000M = 0.0000864$$
$$tUEXACT = 10 / 115200 = 0.0000868$$
$$UART\ Error = |0.0000864 - 0.0000868| / 0.0000868 = 0.46\%$$

在开发板没有初始化系统时钟前,开发板工作在 12 MHz 下,假如我们将波特率设置为 115200bps,采用 PCLK 为系统默认时钟(12 MHz),8N1 数据帧格式通信,那么:

$$UBRDIVn = (int)\ [12000000 / (115200 \times 16)] - 1 = 6$$

其错误容忍率:

$$tUPCLK = 7 \times 16 \times 10 / 12000000 = 0.0000933$$
$$tUEXACT = 10 / 115200 = 0.0000868$$
$$UART\ Error = |0.0000933 - 0.0000868| / 0.0000868 = 7.5\%$$

行业中波特率的错误容忍率为 1.87%(3 / 160),如果大于该值则应该选择较低的波特率或提高输入时钟频率。其错误容忍率大于 1.87%。因此在 12MHz 频率下,波特率不能设置为 115200,现在将波特率设置为 57600bps,采用 8N1 数据帧格式通信,那么:

$$UBRDIVn = (int)\ [12000000 / (57600 \times 16)] - 1 = 12$$
$$tUPCLK = 13 \times 16 \times 10 / 12000000 = 0.000173$$
$$tUEXACT = 10 / 57600 = 0.0001736$$
$$UART\ Error = |0.000173 - 0.0001736| / 0.0001736 = 0.345\%$$

采用波特率为 56700bps,8N1 数据帧格式通信时,其错误容忍率小于标准的 1.87%,因此可以正常工作。

8.1.3 UART 电路连接

在使用 UART 通信时,一般根据接口电平来使用串口线直接连接和进行电平转换后再用串口线连接。如图 8-4 所示。

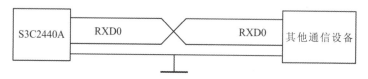

图 8-4 与其他同类型接口设备直连

S3C2440A 的 I/O 电压为 3.3 V,连接时须注意电平的匹配。如图 8-5 所示。

与 PC 机相连时,由于 PC 机串口是 RS232 电平,所以连接时需要使用 RS232 转换器。开发板与 PC 之间连接用串口连接线和 DB9 的插座。DB9 插座的信号如图 8-6 所示。

DB9 插座有 9 根信号线,UART 通信过程中用到了信号线 2 RSTXD0(数据发送管脚),

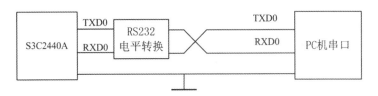

图 8-5　使用 RS232 接口连接 PC

它和串口线母头 TXDx 信号线相接（x 代表 0 号、1 号、2 号串口），信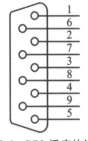号 3 RSRXD0（数据接收管脚）和串口线母头 RXDx 相接（x 代表 0号，1 号，2 号串口），信号线 5（接地管脚）、信号线 7 RSCTS0（数据发送流控制管脚）和串口线母头 nCTSx 相接，信号线 8 RSRTS0（数据接收流控制管脚）和串口线母头 nRTSx 相接。如果 UART 中没有开启 AFC 流控的话，只要用到信号线 2、信号线 3 和信号线 5。

图 8-6　DB9 插座的信号

8.1.4　UART 的寄存器

1. UART 线路控制寄存器

串口模块有 3 个 UART 线路控制寄存器：UCLON0、UCLON1 和 UCLON2，地址分别是 0x500000000、0x500004000 和 0x5000080000。表 8-1 所示为 UART 线路控制寄存器各位定义。

表 8-1　UART 线路控制寄存器各位定义

ULCONn	位	描　　　述	初始状态
保留	[7]		0
红外模式	[6]	0＝普通模式，1＝红外 Tx/Rx 模式	0
奇偶校验模式	[5:3]	0xx＝无校验，100＝奇校验，101＝偶校验	000
数据停止位	[2]	0＝1 个停止位，1＝2 个停止位，如果数据长度为 5，则停止位 1＝1.5	0
数据长度	[1:0]	00＝5 位，01＝6 位，10＝7 位，11＝8 位	00

通过设置 ULCON0 来设置 UART0 通信方式，ULCON0[6]选择通信方式为普通模式操作或红外 Tx/Rx 模式，ULCON[5:3]设置串口 0 校验方式，ULCON0[2]设置串口 0 停止位数，ULCON0[1:0]设置串口 0 的数据位数。

例如：选择普通通信模式，无校验位，1 个停止位，8 个数据位的数据通信方式，ULCON0＝0x03。

2. UART 控制寄存器

串口模块有 3 个 UART 控制寄存器：UCON0、UCON1 和 UCON2，地址分别是 0x500000004、0x500004004 和 0x500008004。表 8-2 所示为 UART 控制寄存器各位定义。

表 8-2　UART 控制寄存器各位定义

UCONn	位	描　　　述	初始状态
FCLK 分频值	[15:12]	时钟选用 FCLK/n	0000
时钟选择	[11:10]	00＝PCLK，10＝PCLK，01＝UEXTCLK，11＝FCLK/n	0
Tx 中断类型	[9]	0＝脉冲，1＝电平	0
Rx 中断类型	[8]	0＝脉冲，1＝电平	0
Rx 超时使能	[7]	0＝无效，1＝有效	0

UCONn	位	描　　述	初始状态
Rx 错误中断	[6]	0=不产生 Rx 错误中断,1=产生 Rx 错误中断	0
Loopbank 模式	[5]	0=普通模式,1=Loopback	
发送间断信号	[4]	0=普通模式发送,1=发送中断信号	
发送模式	[3:2]	00=禁止发送,01=中断或查询模式,10=DMA0 中断请求(仅针对 UART0) 11=DMA1 中断请求(仅针对 UART1)	00
接收模式	[1:0]	00=禁止接收,01=中断或查询模式,10=DMA0 中断请求(仅针对 UART0) 11=DMA1 中断请求(仅针对 UART1)	00

在表 8-2 中,FCLK 分频值的使用具体方法如下。

(1) 对于寄存器 UCON0,FCLK 分频值[15:12]为

[15:12]=1:UART clock=FCLK/7;[15:12]=2:UART clock=FCLK/8

[15:12]=3:UART clock=FCLK/9

⋮

[15:12]=15:UART clock=FCLK/21

(2) 如果是 UCON1,FCLK 分频值[15:12]为

[15:12]=1:UART clock=FCLK/22;[15:12]=2:UART clock=FCLK/23

[15:12]=3:UART clock=FCLK/24;

⋮

[15:12]=15:UART clock=FCLK/36。

(3) 如果是 UCON2,则 UART clock=FCLK/(div+36)

[15:12]=1:UART clock=FCLK/37

[15:12]=2:UART clock=FCLK/38

[15:12]=3:UART clock=FCLK/39

⋮

[15:12]=7:UART clock=FCLK/43

通常 UART 串口采用 PCLK 作为输入工作时钟,采用简单的轮询方式进行数据接收和发送,不开启数据接收超时,数据产生错误时不产生错误状态中断,因此,UCON0=0x05。

3. UART FIFO 控制寄存器

串口模块有 3 个 UART FIFO 控制寄存器:UFCON0、UFCON1 和 UFCON2,地址分别是 0x500000008、0x500004008 和 0x500008008。表 8-3 所示为 UART FIFO 控制寄存器各位定义。

表 8-3　UART FIFO 控制寄存器各位定义

UFCONn	位	描　　述	初始状态
Tx FIFO 触发类型	[7:6]	00=0 字节,01=16 字节,10=32 字节,11=48 字节	00
Tx FIFO 触发类型	[5:4]	00=1 字节,01=8 字节,10=16 字节,11=32 字节	0
保留	[3]		0
Tx FIFO 复位	[2]	0=Tx FIFO 复位不清零,1=Tx FIFO 复位清零	0

UFCONn	位	描 述	初始状态
Rx FIFO 复位	[1]	0＝Rx FIFO 复位不清零,1＝Rx FIFO 复位清零	0
FIFO 使能	[0]	0:禁止,1:使能	0

4. UART MODEM 控制寄存器

串口模块有 UMCON0、UMCON1 两个 MODEM 控制寄存器,地址分别是 0x50000000C、0x50000400C8。表 8-4 所示为 UARTMODEM 控制寄存器各位定义。

表 8-4　UART MODEM 控制寄存器各位定义

UMCONn	位	描 述	初始状态
保留	[7:5]	必须设置成 0	00
自动流控标志位	[4]	0＝关闭,1＝打开	0
保留	[3:1]	必须设置成 0	00
nRTS 是否激活	[0]	0＝不激活,1＝激活	0

5. UART Tx/Rx 状态寄存器

3 个 UART 通道的 Tx/Rx 状态寄存器分别是 UTRSTAT0、UTRSTAT1 和 UTRSTAT2。地址分别是 0x5000000010、0x5000040010 和 0x5000080010。其各位定义如表 8-5 所示。

表 8-5　UART Tx/Rx 状态寄存器各位定义

UTRSTATn	位	描 述	初始状态
发送缓存清空	[2]	0＝不为空 1＝发送器(发送缓冲区或移位寄存器)为空	1
发送缓冲区	[1]	0＝缓冲区为空,1＝缓冲区不为空	1
接收缓冲区	[0]	0＝缓冲区为空,1＝缓冲区不为空	0

6. UART 错误状态寄存器

串口 0 错误状态寄存器、串口 1 错误状态寄存器和串口 2 错误状态寄存器分别是 UERSTAT 0、UERSTAT 1 和 UERSTAT 2。地址分别是 0x5000000014、0x5000040014 和 0x5000080014。其各位定义如表 8-6 所示。

表 8-6　UART 错误状态寄存器各位定义

UERSTATn	位	描 述	初始状态
间隔信号	[3]	0＝没有间隔发送,1＝有间隔发送	0
帧错误	[2]	0＝在接收中没有帧错误,1＝帧错误(中断发生)	0
奇偶校验错误	[1]	0＝在接收中没有奇偶校验错误,1＝奇偶校验错误(中断发生)	0
溢出错误	[0]	0＝在接收中没有溢出错误,1＝溢出错误(中断发生)	0

7. UART FIFO 状态寄存器

UART FIFO 状态寄存器分别是 UFSTAT0、UFSTAT1 和 UFSTAT2。地址分别是 0x5000000018 和 0x5000004018 和 0x5000008018。其各位定义如表 8-7 所示。

表 8-7 UART FIFO 状态寄存器各位定义

UFSTATn	位	描　述	初始状态
保留	[15]	—	0
Tx FIFO 是否位空	[14]	0:0 字节≤Tx FIFO 数据≤63 字节,1:满	0
Tx FIFO 字节数	[13:8]	Tx FIFO 中的字节数	0
保留	[7]	—	0
Rx FIFO 是否位空	[6]	0:0 字节≤Rx FIFO 数据≤63 字节,1:满	0
Tx FIFO 字节数	[5:0]	Tx FIFO 中的字节数	0

8. UART MODEM 状态寄存器

UART MODEM 状态寄存器是 UMSTAT 0 和 UMSTAT 1。地址分别是 0x500000001C 和 0x500004001C。其各位定义如表 8-8 所示。

表 8-8 UART MODEM 状态寄存器各位定义

UMSTAT0	位	描　述	初始状态
检测 CTS	[4]	0＝没有变化,1＝变化	0
保留	[3:1]	—	0
清除发送	[0]	0＝CTS 信号未激活(nCTS 脚为高电平) 1＝CTS 信号激活(nCTS 脚为低电平)	0

9. UART 发送缓冲寄存器

UART 发送缓冲寄存器及其各位定义如表 8-9 和表 8-10 所示。

表 8-9 UART 发送缓冲寄存器

寄 存 器	地　址	读/写	描　述	默认值
UTXH0	0x5000000020(L) 0x5000000023(B)	W	串口 0 发送缓冲寄存器	—
UTXH1	0x5000040020(L) 0x5000040023(B)	W	串口 1 发送缓冲寄存器	—
UTXH2	0x5000080020(L) 0x5000080023(B)	W	串口 2 发送缓冲寄存器	—

表 8-10 UART 发送缓冲寄存器各位定义

UTXHn	位	描　述	初始状态
保留	[7:0]	传输的数据	—

10. UART 接收缓冲寄存器

UART 接收缓冲寄存器及其各位定义如表 8-11 和表 8-12 所示。

表 8-11 UART 接收缓冲寄存器

寄 存 器	地　址	读/写	描　述	默认值
URXH0	0x5000000024(L) 0x5000000027(B)	R	串口 0 接收缓冲寄存器	—

寄　存　器	地　　　址	读/写	描　　　述	默认值
URXH1	0x5000040024(L) 0x5000040027(B)	R	串口 1 接收缓冲寄存器	—
URXH2	0x5000080024(L) 0x5000080027(B)	R	串口 2 接收缓冲寄存器	—

表 8-12　UART 接收缓冲寄存器各位定义

URXHn	位	描　　　述	初始状态
RXDATAn	[7:0]	接收的数据	—

11. UART 波特率分频寄存器

串口 0 波特率分频寄存器、串口 1 波特率分频寄存器和串口 2 波特率分频寄存器分别是 UBRDIV0、UBRDIV1 和 UBRDIV2。地址分别是 0x5000000028、0x5000040028 和 0x5000080028。UART 各位定义如表 8-13 所示。

表 8-13　UART 波特率分频寄存器各位定义

UBRDIVn	位	描　　　述	初始状态
UBRDIV	[15:0]	波特率分界线值 UBRDIVn>0 使用 UEXTCLK 为输入时钟,UBRDIVn 被设置成"0"	—

上述寄存器是和 UART 通信相关的寄存器,使用简单的无 FIFO,无自动流控 AFC 时,设置如下:

```
UFCON0 =  0x00;//不使用 FIFO
UMCON0 =  0x00; //不使用流控
UBRDIV0 =  26;//波特率为 115200,PCLK= 50 MHz
UBRDIV0 =  53; //波特率为 57600,PCLK= 50 MHz
UBRDIV0 =  12; //波特率为 57600,PCLK= 12 MHz
```

UTXH0 和 URXH0 分别是数据发送和接收寄存器,发送数据时通过轮询方式判断发送状态寄存器的状态,当可以发送数据时,执行 UTXH0 寄存器写入操作,接收数据时,以轮询方式检测接收状态寄存器的状态,当有数据到达时,读取 URXH0 寄存器里的数据即可取得串口数据。

```
# define  TXD0READY   (1< < 2)   //发送数据状态 OK
# define  RXD0READY   (1)        //接收数据状态 OK
/*  UART 串口单个字符打印函数 * /
  extern void putc(unsigned char c)
{
      while( ! (UTRSTAT0 & TXD0READY) );
    UTXH0 =  c;
  }
/*  UART 串口接收单个字符函数 * /
extern unsigned char getc(void)
{
    while( ! (UTRSTAT0 & RXD0READY) );
    return URXH0;
}
```

8.1.5 串口应用实例

下面是利用查询方式的串口 0 通信程序,该程序是 PC 机通过串口工具向开发板发送 a、b、c 这三个字符来控制 3 个 LED 灯的亮灭。

TXD0 和 RXD0 连接到 CPU 的 GPH2 和 GPH3 管脚上,而 GPH2 和 GPH3 是 CPU 的复用管脚,因此要对 GPH2 和 GPH3 对应寄存器进行设置,其对应寄存器为 GPHCON。CPHCON[5:4]和 GPHCON[7:6]为 TXD 和 RXD 管脚设置位,将其功能设置为 UART 专用通信管脚,因此设置为 0b10,分别用于 UART 数据的发送和接收。

GPHUP 上拉电阻设置寄存器:上拉电阻用来稳定电平信号,保障传输数据的正确性,GPHUP 里设置其内部上拉,即 GPHUP=0x0。

```
# include "2440addr.h"     //头文件对下面用到的寄存器进行了定义
void Port_Init(void)
{
    rGPHCON =  0x2afaaa; //配置端口 GPH3 和 GPH2 为 RXD0 和 TXD0
    rGPHUP  =  0x0;     // 使能 GPH[10:0]的内部上拉使能
}
```

串口参数配置和波特率寄存器设置函数:

```
void Uart_Init(int baud)
{
    rUFCON0 =  0x0;    //UART 0 FIFO 控制器寄存器,FIFO 禁止
    rUMCON0 =  0x0;    //UART chaneel 0 MODEM 控制寄存器,AFC 禁止
    rUMCON1 =  0x0;    //UART chaneel 1 MODEM 控制寄存器,AFC 禁止
    rULCON0 =  0x3;
    rUCON0  =  0x245;   // 控制寄存器
    rUBRDIV0= ((int)(PCLK/16./baud+ 0.5)-1);   //波特率设置
}
```

通过串口 0 接收一个字符函数:

```
char Uart_Getch(void)
{
    while(!(rUTRSTAT0 & 0x1)); //是否接收到数据
    return RdURXH0();//读取接收数据保持寄存器
}
```

通过串口 0 发送一个数据函数:

```
void Uart_SendByte(int data)
{
    if(data= = '\n')    //换行
    {
        while(!(rUTRSTAT0 & 0x2));
        WrUTXH0('\r');
    }
    while(!(rUTRSTAT0 & 0x2));    //等发送移位寄存器空闲
    WrUTXH0(data);              //写待发送的数据到发送数据保持寄存器
}
void Main()
{
  int aa;
Port_Init();//端口配置
```

```
        Uart_Init(115200) ; //设置串行通信波特率 115200bps
            while(1)
            {
               aa= Uart_Getch() ; //接收一个字节
               Uart_SendByte(aa) ;//发送字节
               Uart_SendByte('\n') ; //换行
               switch(aa)
                   {
        case 'a':
               Uart_Printf("\nYou Pressed 'a'\n") ;
        led_1() ;
            break;
            case 'b':
               Uart_Printf("\nYou Pressed 'b'\n") ;
        led_2() ;
            break;
            case 'c':
                       Uart_Printf("\nYou Pressed 'c'\n") ;
        led_3() ;
                break;
            default :
                break;
            }
               }
            return;
        }
```

8.2　IIC 总线接口

8.2.1　IIC 接口概述

　　IIC(intel integrated circuit)总线也写作 I^2C,是一种用于 IC 器件之间连接的二线制总线。IIC 总线是 20 世纪 80 年代初由飞利浦公司发明的一种双向同步串行总线,是目前较为常用的一种串行通信总线。总线接口可以做成专用芯片,也可以集成在微处理器内部,如 S3C2440A 微处理器内部就集成了 IIC 总线模块。串行 EEPROM 中,较为典型的有 ATMEL 公司的 AT24CXX 系列和 AT93CXX 系列产品,称为 IIC 总线式串行器件。

　　IIC 总线有两条信号线:SDA(serial data line,串行数据线)是数据信号线,SCL(serial clock line,串行时钟线)是时钟信号线。此外设备之间还要连接一条公共的地线。SDA 和 SCL 在设计中需要连接上拉电阻(一般阻值为 3.3～10 kΩ),或者控制器配置为内部上拉的工作模式。因为与 IIC 总线连接的设备,使用漏级开路(输出 1 时,为高阻抗状态)形式的门电路,设备以"线与"(wired-AND)方式分别连接到 SDA、SCL 线上,所以在使用中 SDA 和 SCL 线要外接上拉电阻。I^2C 总线数据传输的最高速率为 400Kbps,标准速率为 100Kbps。

　　在工业控制中很多设备采用 IIC 接口,包括微控制器、ADC、DAC、储存器、LCD 控制器、LED 驱动器以及实时时钟等。采用 IIC 总线标准的单片机或 IC 器件,其内部不仅有 IIC 接口电路,而且将内部各单元电路按功能划分为若干相对独立的模块,通过软件寻址实现片选,减少了器件片选线的连接。这是最常用和最典型的 IIC 总线连接方式。它通过 SDA(串行数据线)及 SCL(串行时钟线)两根线在连到总线上的器件之间传送数据,并根据地址识别总线上的每个器件。IIC 能用于替代标准的并行总线,能连接各种集成电路和功能模块。

IIC 总线是一个多主(multi-master)总线,总线上可以连接多个总线主设备,也可以连接多个总线从设备,如图 8-7 所示。连接到 IIC 总线上的设备可以分为总线主设备和总线从设备。

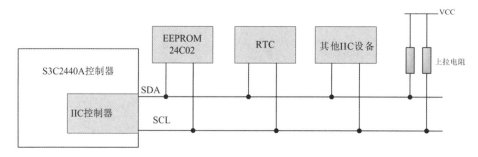

图 8-7　IIC 总线连接电路图

8.2.2　接口特性

RISC 微处理器 S3C2440A 可以支持多主设备 IIC 总线串行接口。专用串行数据线(SDA)和串行时钟线(SCL)承载总线主设备和连接 IIC 总线的外围设备之间的信息。SDA 和 SCL 线都是双向的。S3C2440A 微处理器内部的 IIC 总线接口框图如图 8-8 所示。

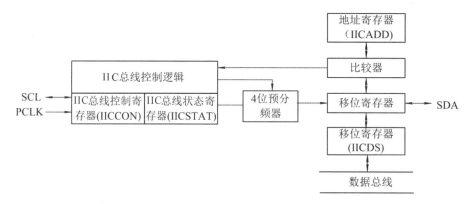

图 8-8　IIC 总线接口框图

在多主设备 IIC 总线模式下,主设备 S3C2440A 可以初始化和终止一个 IIC 总线上的数据传输。在 S3C2440A 中的 IIC 总线使用标准总线仲裁步骤。

IIC 总线上器件可工作于发送或接收方式,当某个器件向总线上发送信息时,它就是发送器(也叫主器件),而当其从总线上接收信息时,又成为接收器(也叫从器件)。

S3C2440A 的 IIC 总线接口有以下四个操作模式:① 主设备发送模式;② 主设备接收模式;③ 从设备发送模式;④ 从设备接收模式。

总线主设备是能够发起传送、发出从设备地址和数据传送方向标识、发送或接收数据、能够产生时钟同步信号、能够结束传送的设备。总线主设备也称主设备。总线从设备是能被主设备寻址、接收主设备发出的数据传送方向标识、接收主设备送来的数据,或者给主设备发送数据的设备。总线从设备也称从设备。

每一个连接在 IIC 总线上的设备,在系统中都被分配了一个唯一的地址。地址用 7 位二进制数表示。扩展的 IIC 总线允许使用 10 位地址。设备地址用 7 位表示时,地址为 0000000 的一般用于发出通用呼叫,也称总线广播。

IIC 总线被设计成多主总线结构,多个主设备中的任何一个,可以在不同时刻起到主控设备的作用,因此不需要一个全局的主控设备在 SCL 上产生时钟信号。只有传送数据的主设备驱动 SCL。

当 IIC 总线是空闲的,SDA 和 SCL 线应该都是高电平。SDA 从高到低的变化能够初始化一个开始条件。当 SCL 保持稳定在高电平下,SDA 从低到高的变化可以初始化一个停止条件。

为了控制多主设备 IIC 总线操作,这些值必须写入以下寄存器:

(1) 多主设备 IIC 总线控制寄存器(IICCON);

(2) 多主设备 IIC 总线控制状态寄存器(IICSTAT);

(3) 多主设备 IIC 总线接收发送数据移位寄存器(IICDS);

(4) 多主设备 IIC 总线地址寄存器(IICADD)。

8.2.3 开始和停止条件

开始和停止条件都是由主设备生成的。SDA 线上的每个数据字节是 8 位。主设备对从设备的选择是通过第一个字节中的 7 位的地址值决定的,第 8 位是数据传输方向(读或写)。在总线传输期间,数据发送总是先传送最高位(MSB),每个字节应该紧跟一个应答位(ACK)。

主器件作用是启动总线上传送数据并产生时钟以开放传送的器件,任何被寻址的器件均被认为是从器件。IIC 总线的控制完全由挂接在总线上的主器件送出的地址和数据决定。总线上主和从(即发送和接收)的关系不是一成不变的,而是取决于此时数据传送的方向。

在 IIC 总线上传送信息时的时钟同步信号是由挂接在 SCL 时钟线上的所有器件的逻辑"与"完成的。SCL 线上由高电平到低电平的跳变将影响到这些器件,一旦某个器件的时钟信号下跳为低电平,将使 SCL 线一直保持低电平,使 SCL 线上的所有器件开始低电平期。

当所有器件的时钟信号都上跳为高电平时,低电平期结束,SCL 线被释放返回高电平,即所有的器件都同时开始它们的高电平期。其后,第一个结束高电平期的器件又将 SCL 线拉成低电平。这样就在 SCL 线上产生一个同步时钟。可见,时钟低电平时间是由时钟低电平期最长的器件决定的,而时钟高电平时间是由时钟高电平期最短的器件决定的。

1. 数据位的有效性规定

IIC 总线进行数据传送时,时钟信号为高电平期间,数据线上的数据必须保持稳定,只有在时钟线上的信号为低电平期间,数据线上的高电平或低电平状态才允许变化。数据有效保持和总线数据翻转如图 8-9 所示。

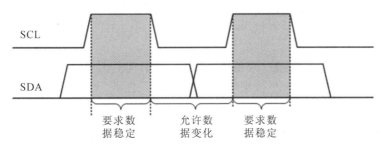

图 8-9 数据有效保持和总线数据翻转

2. 开始和停止条件

接口在检测到 SDA 线上的开始条件前一直处于从设备模式(开始条件可以被初始化)。当接口状态变为主设备模式,在 SDA 线上的数据传输被初始化且 SCL 信号生成。

开始条件可以通过 SDA 线传输一个字节串行数据,一个停止条件可以终止一个数据传输。停止条件是当 SCL 是高电平时,SDA 线从低电平到高电平的跳变。开始和停止条件都是由主设备生成的。当开始条件生成后,则 IIC 总线忙。停止条件将使 IIC 总线空闲。

在 IIC 总线技术规范中,开始和结束信号(也称启动和停止信号)的定义如图 8-10 所示。

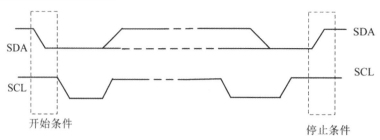

图 8-10　开始和结束信号

当时钟线 SCL 为高电平时,数据线 SDA 由高电平跳变为低电平定义为"开始"信号。当 SCL 线为高电平时,SDA 线发生低电平到高电平的跳变则为"停止"信号。

开始和结束信号都是由主器件产生的。在开始信号以后,总线即被认为处于忙状态;在结束信号以后的一段时间内,总线被认为是空闲的。

8.2.4　IIC 总线数据传送过程

1. 字节传送与应答

每一个字节必须保证是 8 位长度。数据传送时,先传送最高位(MSB),每一个被传送的字节后面都必须跟随一位应答位(即一帧共有 9 位)。如图 8-11 所示。

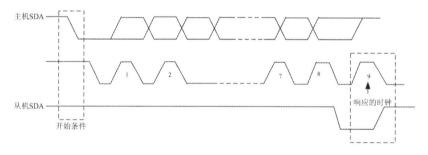

图 8-11　数据应答

由于某种原因从机不对主机寻址信号应答时(如从机正在进行实时性的处理工作而无法接收总线上的数据),它必须将数据线置于高电平,而由主机产生一个终止信号以结束总线的数据传送。

如果从机对主机进行了应答,但在数据传送一段时间后无法继续接收更多的数据时,从机可以通过对无法接收的第一个数据字节的"非应答"通知主机,主机则应发出终止信号以结束数据的继续传送。

当主机接收数据时,它收到最后一个数据字节后,必须向从机发出一个结束传送的信号。这个信号是由对从机的"非应答"来实现的。然后,从机释放 SDA 线,以允许主机产生终止信号。如图 8-12 所示。

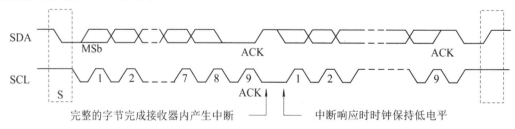

图 8-12　IIC 总线上数据传输

2. 数据传输格式

在 IIC 总线开始信号后,送出的第一个字节数据是用来选择从器件地址的。

(1) 其中前 7 位为地址码。

(2) 第 8 位为方向位(R/W)。方向位为"0"表示发送,即主器件把信息写到所选择的从器件;方向位为"1"表示主器件将从从器件读信息。

(3) 在 IIC 总线上每次传送的数据字节数不限,但每一个字节必须为 8 位,而且每个传送的字节后面必须跟一个认可位(第 9 位),也叫应答位(ACK)。

图 8-13~图 8-16 所示分别为带有 7bit 地址、10bit 地址的写读方式数据格式。

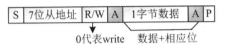

8-13 带有 7bit 地址的写方式数据格式   8-14 带有 7bit 地址的读方式数据格式

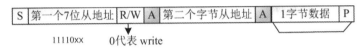

图 8-15 带有 10bit 地址的写方式数据格式

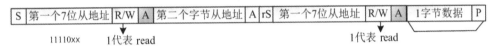

图 8-16 带有 10bit 地址的读方式数据格式

为了完成一个字节的传输,接收方应该向发送方发送一个 ACK 位。ACK 应该发生在 SCL 线的第九个脉冲期间。当接收到 ACK 信号时,发送方应该释放 SDA 线使 SDA 线电平为高。接收方应该驱动 SDA 线为低电平。因此,在第九个 SCL 脉冲的高电平期间 SDA 保持为低(因为信号是"与"的)。ACK 的传输可以由软件通过 IICSTAT 寄存器控制是否禁止,但它仍然是需要产生的。

每次都是先传最高位,通常从器件在接收到每个字节后都会做出响应,即释放 SCL 线返回高电平,准备接收下一个数据字节,主器件可继续传送。

如果从器件正在处理一个实时事件而不能接收数据时(例如正在处理一个内部中断,在这个中断处理完之前就不能接收 IIC 总线上的数据字节),可以使时钟 SCL 线保持为低电平,从器件必须使 SDA 保持高电平,此时主器件产生 1 个结束信号,使传送异常结束,迫使主器件处于等待状态。当从器件处理完毕时将释放 SCL 线,主器件继续传送。

3. 读写操作

在发送模式下,当一个数据传输时,IIC 总线接口将等待直到 IICDS 寄存器收到一个新数据。在一个新数据写入 IICDS 寄存器前,SCL 信号将保持为低。在数据被写入之后,信号线被释放(为高)。ARM 需要保持中断信号来辨别当前数据发送完成。在 ARM 接到一个中断请求后,它将写一个新的数据到 IICDS。

在接收模式下,当一个数据接收时,IIC 总线接口将等待直到 IICDS 寄存器数据被读出。在新数据被读出之前,SCL 信号保持为低。在数据被读出后,信号线被释放(为高)。ARM 应保持中断信号以辨别接收数据操作完成。在 ARM 收到一个中断请求时,它将从 IICDS 读出数据。

4. IIC 总线竞争和仲裁机制

总线上可能挂接有多个器件,有时会发生两个或多个主器件同时想占用总线的情况。

IIC 总线具有多主控能力,可以对发生在 SDA 线上的总线竞争进行仲裁。

仲裁原则为:当多个主器件同时想占用总线时,如果某个主器件发送高电平,而另一个主器件发送低电平,则发送电平与此时 SDA 总线电平不符的那个器件将自动关闭其输出级。

5. IIC 总线工作流程

开始:信号传输开始。

地址:主设备发送地址信息,包含 7 位的从设备地址和 1 位的指示位(表明读或者写,即数据流的方向)。

数据:根据指示位,数据在主设备和从设备之间传输。数据一般以 8 位传输,最重要的位放在前面;具体能传输多少量的数据并没有限制。接收器上用一位的 ACK 表明每一个字节都收到了。传输可以被终止或重新开始。

停止:信号结束传输。

在任何 IIC Tx/Rx 操作之前,下面的步骤必须被执行。

(1) 如果需要的话,向 IICADD 寄存器写从器件地址。

(2) 设置 IICCON 寄存器。

① 允许中断。

② 定义 SCL 的时钟周期。

(3) 设置 IICSTAT 来允许串行输出。

图 8-17 所示为主发送方式流程图。图 8-18 所示为主接收方式流程图。

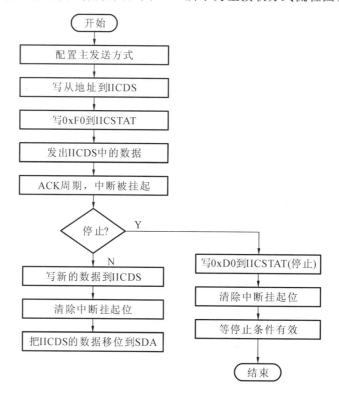

图 8-17 主发送方式流程图

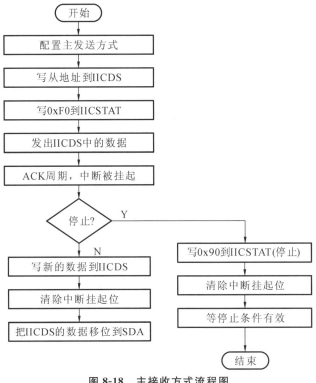

图 8-18 主接收方式流程图

8.2.5 IIC 总线控制相关寄存器

1. 多主 IIC 总线控制寄存器

多主 IIC 总线控制寄存器 IICCON 地址为 0x54000000,可读写,8 位,Reset 值为 0xX,(低 4 位未定义)具体描述见表 8-14。

表 8-14 多主 IIC 总线控制寄存器描述

IICCON	位	描 述	初始状态
应答(ACK)使能	[7]	IIC 总线应答使能位 0:无效,1:有效 在发送模式下,IICSDA 在应答时间内是空闲的 在接收模式下,IICSDA 在应答时间内是忙的	0
时钟选择	[6]	IIC 总线传输时钟源选择位 0:IICCLK = $f_{PCLK}/16$,1:IICCLK = $f_{PCLK}/512$	0
Tx/Rx 中断使能	[5]	IIC 总线接收发送中断使能位 0:无效,1:有效	000
中断挂起标志	[4]	IIC 总线接收和发送中断挂起标志 该位不能被写 1。当该位为 1,IICSCL 为低电平则 IIC 停止。 为了恢复操作,应清 0 该位。 0:(1) 无中断挂起(读时) (2) 清除挂起条件且恢复操作(写时) 1:(1) 中断挂起(读时) (2) 不使用	0
发送时钟值	[3:0]	IIC 总线发送时钟预分频值 IIC 总线发送时钟频率由该 4 位的值决定,根据以下式: Tx clock = IICCLK/(IICCON[3:0]+1)	未定义

2. 多主 IIC 总线控制/状态寄存器

多主 IIC 总线控制/状态寄存器 IICSTAT 地址为 0x54000004,可读写,8 位,Reset 值为 0x00,具体描述见表 8-15。

表 8-15　IICSTAT 寄存器描述

IICSTAT	位	描　述	初始状态
模式选择	[7:6]	IIC 总线主从接收发送模式选择位 00：从接收模式,01：从发送模式 10：主接收模式,11：主发送模式	0
忙状态	[5]	IIC 总线忙状态位 0:(读)不忙,1:(读)忙	0
输出使能	[4]	IIC 总线数据输出使能位。 0:无效 Rx/Tx,1:有效 Rx/Tx	000
仲裁过程状态	[3]	IIC 总线仲裁过程状态标志位 0:总线仲裁成功,1:在串行 IO 中总线仲裁失败	0
收到从地址状态	[2]	IIC 总线 address-as-slave 状态标志位 0:当检测到开始或停止条件,该位被清除 1:收到的从设备地址和 IICADD 中的地址匹配	未定义
地址 0 状态	[1]	IIC 总线地址 0 状态标志位 0:当检测到开始或停止条件,该位被清除 1:收到的从地址是 00000000b	
最后收到位状态	[0]	IIC 总线最后收到位状态标志位 0:最后收到位是 0(收到 ACK) 1:最后收到位是 1(未收到 ACK)	

3. 多主 IIC 总线地址寄存器

多主 IIC 总线地址寄存器 IICADD 地址为 0x54000008,可读写,8 位,Reset 值不确定,具体描述见表 8-16。

表 8-16　IICADD 寄存器描述

IICADD	位	描　述	初始状态
从地址	[7:0]	从 IIC 总线锁存的 7 位从设备地址 当串行输出使能＝0,IICADD 是写使能 不管当前串行输出使能位(IICSTAT 中)的设置,IICADD 的值可以在任何时间读取 Slave address ＝[7:1] [0]不做地址	

4. 多主 IIC 总线发送/接收数据移位寄存器

多主 IIC 总线发送/接收数据移位寄存器 IICDS 地址为 0x5400000C,可读写,8 位,Reset 值不确定,具体描述见表 8-17。

表 8-17　IICDS 寄存器描述

IICDS	位	描　述	初始状态
数据移位	[7:0]	对于 IIC 总线发送接收操作的 8 位数据移位寄存器。 当在 IICSTAT 寄存器中的串行输出使能＝1,IICDS 是写使能。不管当前串行输出使能位(IICSTAT 中)的设置,IICDS 的值可以在任何时间读取	

8.2.6 IIC 总线接口应用实例

如图 8-19 所示电路,试编写一个程序来实现 IIC 的读写操作。

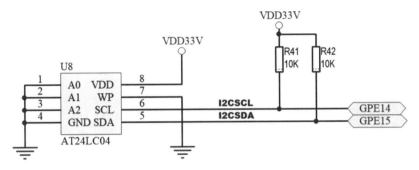

图 8-19　EEPROM 接口电路图

```
void Test_Iic2(void)
{
    unsigned int i,j,save_E,save_PE;
    static unsigned char data[256];
      save_E   = rGPECON;        //保存寄存器的原来的值,等程序结束后恢复原值。
    save_PE  = rGPEUP;
     rGPEUP  |= 0xc000;                     //上拉禁止
     rGPECON |= 0xa00000;                   //GPE15:IICSDA , GPE14:IICSCL
     rIICCON  = (1< < 7) | (0< < 6) | (1< < 5) | (0xf) ;       //Enable ACK,
Prescaler IICCLK= PCLK/16, Enable interrupt, Transmit clock value Tx clock=
IICCLK/16
     rIICADD  = 0x10;                   //2410 slave address = [7:1]
     rIICSTAT = 0x10;                   //IIC bus data output enable(Rx/Tx)
         for(i= 0;i< 256;i+ + )
        Wr24C04(0xa0,(unsigned char) i,i) ;     //向 EEPROM 写数据
     for(i= 0;i< 256;i+ + )
        data[i] = 0;               //初始化数组的值为 0,
      for(i= 0;i< 256;i+ + )
    Rd24C04(0xa0,(unsigned) i,&(data[i]) ) ; //读取 EEPROM 中的数据
      for(i= 0;i< 256;i+ + )
        Wr24C080(0xa0,(unsigned char) i,255-i) ;
     for(i= 0;i< 256;i+ + )
        data[i] = 0;
     for(i= 0;i< 256;i+ + )
        Rd24C080(0xa0,(U8) i,&(data[i]) ) ;
     rGPEUP  = save_PE;
     rGPECON = save_E;
}

;写 EEPROM 函数_Wr24C080
void Wr24C080(unsigned int slvAddr, unsigned int addr, unsigned char data)
{
    _iicMode    = WRDATA;
    _iicPt      = 0;
```

```
        _iicData[0]   = (U8) addr;
        _iicData[1]   = data;
        _iicDataCount = 2;

        rIICDS         = slvAddr;               //0xa0
          //Master Tx mode, Start(Write), IIC-bus data output enable
          //Bus arbitration sucessful, Address as slave status flag Cleared,
          //Address zero status flag cleared, Last received bit is 0
        rIICSTAT       = 0xf0;
          //Clearing the pending bit isn't needed because the pending bit has been
cleared.
        while(_iicDataCount! = -1)
          Run_IicPoll();

        _iicMode = POLLACK;

        while(1)
        {
            rIICDS     = slvAddr;
            _iicStatus = 0x100;                 //To check if _iicStatus is changed
            rIICSTAT    = 0xf0;                      //Master Tx, Start, Output Enable,
Sucessful, Cleared, Cleared, 0
            rIICCON   = 0xaf;                   //Resumes IIC operation.
            while(_iicStatus= = 0x100)
                Run_IicPoll();

            if(! (_iicStatus & 0x1))
                break;                          //When ACK is received
        }
        rIICSTAT = 0xd0;                            //Master Tx condition, Stop(Write),
Output Enable
        rIICCON  = 0xaf;                        //Resumes IIC operation.
        Delay(1);                               //Wait until stop condtion is in effect.
          //Write is completed.
}
;读 EEPROM 函数_Rd24C080
void Rd24C080(unsigned int slvAddr, unsigned int addr, unsigned char * data)
{
    _iicMode      = SETRDADDR;
    _iicPt        = 0;
    _iicData[0]   = (U8) addr;
    _iicDataCount = 1;

    rIICDS     = slvAddr;
    rIICSTAT = 0xf0;                            //MasTx,Start
      //Clearing the pending bit isn't needed because the pending bit has been
cleared.
    while(_iicDataCount! = -1)
```

```
        Run_IicPoll();

    _iicMode     = RDDATA;
    _iicPt       = 0;
    _iicDataCount = 1;

    rIICDS   = slvAddr;
    rIICSTAT = 0xb0;                    //Master Rx,Start
    rIICCON  = 0xaf;                    //Resumes IIC operation.
    while(_iicDataCount! = -1)
        Run_IicPoll();

    * data = _iicData[1];
}
```

8.3 SPI 总线接口

8.3.1 SPI 接口概述

SPI(serial peripheral interface)接口是一种常用的串行外围接口,是 Motorola 首先在其 MC68HCXX 系列处理器上定义的。SPI 接口主要应用在 EEPROM、FLASH、实时时钟、AD 转换器,还有数字信号处理器和数字信号解码器之间。

SPI 接口是在 CPU 和外围低速器件之间进行同步串行数据传输,在主器件的移位脉冲下,数据按位传输,低位在前,高位在后,为全双工通信,数据传输速度总体来说比 IIC 总线要快。

SPI 总线上有两类设备:一类是主机端,通常作为 SOC 系统的一个子模块出现,比如很多嵌入式 MPU 中都常常包含 SPI 模块;另一类是从机被控端,例如一些 SPI 接口的 Flash、传感器等。主机端是 SPI 总线的控制者,通过使用 SPI 协议主动发起 SPI 总线上的会话。而受控端则被动接收 SPI 主控端的指令,并做出响应。

在点对点的通信中,SPI 接口不需要进行寻址操作,且为全双工通信,显得简单高效。在多个从器件的系统中,每个从器件需要独立的使能信号,硬件上比 IIC 系统要稍微复杂一些。SPI 传输的数据以 8 位二进制数为一个单位,一般先发送 MSB。

SPI 接口在内部硬件上实际是两个简单的移位寄存器,传输的数据为 8 位,在主器件产生的从器件使能信号和移位脉冲下,按位传输,高位在前,低位在后。

8.3.2 SPI 接口特点

1. 接口特点

S3C2440A 片内有 2 个 SPI 通道,每个 SPI 通道有 1 个 8 位的移位寄存器用于发送数据,1 个 8 位的移位寄存器用于接收数据。在每个 SPI 传输器中,数据被同时发送(串行移位输出)和同时接收(串行移位输入)。8 位数据发送和接收使用确定的时钟频率,频率取决于它对应的 SPI 波特率预分频寄存器 SPPREn 中设定的值。如果用户仅仅要发送数据,那么收到的数据为无用(dummy)数据;如果用户仅仅要接收数据,用户应该发送无用(dummy)的数据 0xFF。

S3C2440A 的 SPI 支持基于查询、中断和 DMA 的传输方式。

2. 接口信号

接口特点:信号线少,协议简单,相对数据传送速率高。接口信号具体如下。

(1)MOSI(master out slave in):串行数据线,由主器件驱动数据输出,从器件数据输入,使用 SCK 同步传输。

(2) MISO(master in slave out)：主器件数据输入，从器件输出串行数据线，数据由从设备驱动输出，主设备接收，使用 SCK 同步传输。

(3) SCLK(serial clock)：串行时钟线，时钟由主设备创建、驱动并发送，从设备只能接收。主设备发送的时钟作为主、从设备数据传输的同步时钟。使用该时钟锁存串行输入线上接收到的数据位，或送出要发送的数据位到串行输出线上。

(4) NSS(slave select)：从器件使能信号，由主器件控制，有的 IC 会标注为 CS(chip select)。信号低电平有效，由主设备发出信号，通知连接的从设备被选中，它们之间的通信通道已经被激活。当一个主设备连接多个从设备时，主设备与每个从设备要连接一条单独的 nSS 线，某段时间内只能有一条 nSS 线上的信号为低电平。

3. 功能框图

SPI0 通道的组成框图如图 8-20 所示。另一个通道 SPI1 的硬件组成结构与 SPI0 上半部分相同。每个 SPI 通道有 4 个 I/O 引脚信号与 SPI 传输有关，2 个 SPI 通道使用以下引脚信号传输：SPICLK[1:0]、SPIMISO[1:0]、SPIMOSI[1:0] 和 nSS[1:0]。

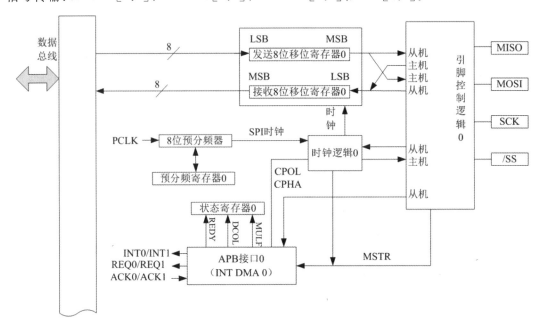

图 8-20　SPI0 通道的组成框图

8.3.3　数据传输

1. SPI 操作

使用 SPI 接口，S3C2440A 能够发送数据到外设，同时从外设接收数据，8 位数据为一组。

2. 编程步骤

(1) 如果 ENSCK 和 SPCONn 中的 MSTR 位都被置位，向 SPDATn 寄存器写入一个字节的数据，就启动一次发送，也可以使用典型的编程步骤来操作 SPI 卡。

(2) 设置波特率预分频寄存器(SPPREn)。

(3) 设置 SPCONn 配置 SPI 模块。

(4) 向 SPIDATn 中写入 10 次 0xFF 来初始化 MMC 或 SD 卡。

（5）把一个 GPIO（当作 nSS）清零来激活 MMC 或 SD 卡。

（6）发送数据→核查发送准备好标志（REDY = 1），然后向 SPDATn 中写数据。

（7）接收数据（1），禁止 SPCONn 的 TAGD 位，正常模式→向 SPDAT 中写 0Xff，确定 REDY 被置位后，从读缓冲区中读出数据。

（8）接收数据（2），使能 SPCONn 的 TAGD 位，自动发送虚拟数据模式→确定 REDY 被置位后，从读缓冲区中读出数据，然后自动开始数据传输。

（9）置位 GPIO 引脚（当作 nSS 的那个引脚），停止 MMC 或 SD 卡。

8.3.4 功能寄存器

1. SPI 控制寄存器

SPI 通道 0、通道 1 的控制寄存器为 SPCON0、SPCON1，地址分别是 0x59000000、0x59000020，可读写，Reset 值均为 0x00。其具体描述见表 8-18。

表 8-18 SPI 控制寄存器描述

SPCONn	位	描述	初始状态
SPI 的读/写模式选择	[6:5]	00＝查询模式，01＝中断模式 10＝DMA 模式，11＝保留	00
SCK 运行/禁止	[4]	0＝禁止 SCK，1＝允许 SCK	0
主/从位选择位	[3]	0＝从设备，1＝主设备	0
时钟极性选择	[2]	时钟极性选择位 0＝时钟高电平起作用，1＝时钟低电平起作用	0
时钟相位选择	[1]	0＝格式化 A，1＝格式化 B	0
自动发送虚拟数据允许选择	[0]	0＝正常模式，1＝自动发送虚拟数据模式	0

2. SPI 状态寄存器

SPI 通道 0、通道 1 的状态寄存器为 SPSTA0、SPSTA1，地址分别是 0x59000004、0x59000024，只读，Reset 值均为 0x01。SPI 状态寄存器具体描述见表 8-19。

表 8-19 SPI 状态寄存器描述

SPSTAn	位	描述	初始状态
保留	[7:3]	—	—
数据碰撞错误标志	[2]	数据碰撞错误标志 0＝未检测到碰撞，1＝检测到碰撞	0
多主设备错误标志	[1]	多主设备错误标志 0＝未检测到该错误，1＝检测到多主设备错误	0
数据传输完成标志	[0]	数据传输完成标志位 0＝未完成，1＝完成数据传输	1

3. SPI 引脚控制寄存器

SPI 通道 0、通道 1 的引脚控制寄存器是 SPPIN0 和 SPPIN1，地址分别是 0x59000008、0x59000028，Reset 值均为 0x00。其具体描述见表 8-20。

表 8-20 SPI 引脚控制寄存器描述

SPPINn	位	描述	初始状态
保留	[7:3]		

SPPINn	位	描　述	初始状态
多主设备检测 使能标志	[2]	多主设备检测使能（ENMUL） 0＝禁止该功能，1＝运行该功能	0
保留	[1]	保留	0
主设备发送后 继续还是释放	[0]	0＝释放，1＝继续驱动	0

4. SPI 波特率预分频寄存器

SPI 通道 0、通道 1 的波特率预分频寄存器为 SPPRE0、SPPRE1，地址分别是 0x5900000C、0x5900002C，可读写，Reset 值均为 0x00。SPI 波特率预分频寄存器具体描述见表 8-21。

表 8-21　SPI 波特率预分频寄存器描述

SPPREn	位	描　述	初始状态
预分频值	[7:0]	预分频值，可以通过预分频值来计算波特率	0x00

5. SPI Tx（发送）数据寄存器

SPI 通道 0、通道 1 的 Tx（发送）数据寄存器为 SPTDAT0、SPTDAT1，地址分别是 0x59000010、0x59000030，可读写，Reset 值均为 0x00。SPI Tx（发送）数据寄存器具体描述见表 8-22。

表 8-22　SPI 发送数据寄存器描述

SPTDATn	位	描　述	初始状态
发送数据	[7:0]	SPI 发送数据	0x00

6. SPI Rx（接收）数据寄存器

SPI 通道 0、通道 1 的 Rx（接收）数据寄存器为 SPRDAT0、SPRDAT1，地址分别是 0x59000014、0x59000034，只读，Reset 值均为 0x00。SPI Rx（接收）数据寄存器具体描述见表 8-23。

表 8-23　SPI 接收数据寄存器描述

SPRDATn	位	描　述	初始状态
接收数据	[7:0]	SPI 接收数据	0xFF

8.3.5　SPI 总线接口应用举例

以下程序是对 S3C2440A SPI 通道 0 初始化，配置为主方式，使用查询方式发送/接收数据的部分代码。在例子中用到的硬件管脚见表 8-24。

表 8-24　SPI0 的管脚标号描述

SPI 通道 0 信号	硬件管脚
NSS0	GPG2
MOSI	GPE12
MISO	GPE11
SPICLK	GPE13

用到的端口 E 和端口 G 的控制寄存器的功能描述见表 8-25。

表 8-25　SPI0 通道用到的端口 E 和端口 G 的控制寄存器的功能描述

GPECON	位	描　　　述	初始状态
GPE13	[27:26]	00 = 输入,01 = 输出,10 = SPICLK0,11 = 保留	0
GPE12	[25:24]	00 = 输入,01 = 输出,10 = SPIMOSI0,11 = 保留	0
GPE11	[23:22]	00 = 输入,01 = 输出,10 = SPIMISO0,11 = 保留	0
GPG2	[5:4]	00 = 输入,01 = 输出,10 = EINT[10],11 = nSS0	0

用到的相关函数和代码如下所示:

```
# include "spi.h" //头文件
# define  SPI_TXRX_READY   (((SPSTA0) & 0x1) = = 0x1)   //SPI 输入输出的判忙状态引
脚
# define  SPNSS0_DISABLE()      (GPEDAT &= ~(0x1< < 2))
# define  SPNSS0_ENABLE()      (GPEDAT |= (0x1< < 2))
```

1. SPI 用到的端口初始化函数

```
void Init_SPI(void)
{
int t;
GPGCON |= (3< < 4);  //使能 GPG2 对应的 NSS 端口
SPNSS0_ENABLE();
//设置 GPE 11,GPE12,GPE13 对应的 MISO0、MOSI0、SCK0 功能
GPECON &= ~((3< < 22)|(3< < 24)|(3< < 26));
GPECON |= ((2< < 22)|(2< < 24)|(2< < 26));
GPGUP &= ~(0x01< < 2);    //G2 端口上拉使能
GPEUP |= (0x07 < < 11); //GPEUP 设置全部禁止上拉功能
//SPI 预分频寄存器设置
SPPRE0= 0x18;      //PCLK= 50MHz,SPICLK= 50/2/(24+ 1) = 1MHz
CLKCON|= (1< < 18);    //使能 SPI 的时钟模块
SPCON0= (0< < 5)|(1< < 4)|(1< < 3)|(0< < 2)|(0< < 1)|(0< < 0);//设置查询方式,
时钟使能,主设备,正常模式
rSPPIN0= (0< < 2)|(1< < 1)|(0< < 0);         //禁止多主机模式,发送完成释
放 MOSI
for(t= 0;t< 10;t+ + )
rSPTDAT0= 0xff;    //初始化设备
  }
```

2. 发送字节函数

```
void WRITE_SPI(unsigned char data)
  {
int j;
    SPTDAT0= data;   //写一个字节到发送数据寄存器
while(! SPI_TXRX_READY)   //SPSTA0 的数据传输完成标志位是否置位
       for(j= 0; j< 0xFF; j+ + );
  }
```

3. 采用查询接收字节函数

```
char Read_SPI( char data)
  {
```

```
        int j = 0;
        char ch = 0;
        SPTDAT0 = data;    //需向 SPTDAT0 写数据,来确保 SPI 的时钟一直可用
//判忙标志位
        while(! SPI_TXRX_READY)
            for(j = 0; j < 0xFF; j+ +);
    ch = SPRDAT0;    //从寄存器中读取信息
    return ch;
}
```

8.4　本章小结

本章讲述了 S3C2440A 芯片内部的 UART 工作原理、UART 操作、UART 特殊功能寄存器、UART 与 RS-232C 接口连接举例,举例说明 UART 接口驱动代码的编写。概述了 S3C2440A 的 IIC 总线接口,;IIC 总线接口组成与操作方式中的功能关系,IIC 总线接口两种操作方式的操作流程图及 IIC 总线接口特殊功能寄存器和 IIC 总线接口程序举例。

8.5　本章习题

1.对于 S3C2440A 片内的 UART 模块,提供了几个通道的串行通信接口? 引脚的初始化需要怎样才能实现?

2.S3C2440A 片内的 UART 使用系统时钟 PCLK,传输率使用的范围是多少? 在配置传输率的时候,需要在哪里设置? 信号传输时错误容忍率是怎么考虑的?

3.串行数据传输时一帧数据的格式是什么样的? 数据的格式是怎么设置的?

4.串口通信数据传输中产生了错误,在接收时能产生哪些错误?

5.解释 UART 在 FIFO 和非 FIFO 方式下的区别。

6.如何配置波特率分频比寄存器 UBRDIVn 的分频系数?

7.在下面的代码中,设系统时钟 PCLK 为 50MHz,波特率 baud=115200bps,先计算出 UBRDIVn 的分频系数,再完成函数中的代码解释。

```
    void Uart_Init(int pclk,int baud)
    {
        int i;
        if(pclk == 0)
    pclk= PCLK;
    rULCON0 = 0x3;
        rUCON0= 0x245;    // Control register
        rUBRDIV0= ((int)(pclk/16./baud+ 0.5)-1);
    }
```

8.简述 S3C2440A 芯片中 IIC 接口工作原理。

9.在 IIC 总线通信中开始和停止条件是什么? 应答位是什么?

10.IIC 总线在数据传输中的数据格式是什么样的?

11.编写代码实现将 0～255 这 256 个数字通过 S3C2240A 的 IIC 总线接口写入到 EEPROM 芯片 AT24L04,再将写入的数据读出来,并且利用串口 0 传输到 PC 机上。

12.简述 SPI 通信接口的信号和特点。

13.简述 S3C2440A 的 SPI 接口通信的编程步骤。

14.编写代码实现 S3C2440A 的 SPI 接口通信的发送字节函数和接收字节函数。

第 9 章　LCD 控制器及其应用

9.1　液晶显示器控制器概述

1. 液晶显示器概述

显示器属于电脑的 I/O 设备,即输入/输出设备。LCD(liquid crystal display)液晶屏的工作原理就是利用液晶的物理特性,通电时排列变得有序,使光线容易通过;不通电时排列混乱,阻止光线通过。

液晶显示屏按显示原理分为 STN 和 TFT 两种。

STN(super twisted nematic,超扭曲向列)液晶屏:单色液晶屏及灰度液晶屏都是 STN 液晶屏。

TFT(thin film transistor,薄膜晶体管)彩色液晶屏:现在大多数笔记本电脑都使用 TFT 显示屏,它是目前的主流液晶屏。

2. 控制器的概述

要使一块 LCD 能够正常地显示所需的文字或图像,不仅需要 LCD 驱动电路(LCD 驱动电路一般集成在 LCD 模块中),而且需要相应的 LCD 控制器。目前很多的 MCU 内部都集成了 LCD 控制器,如 S3C2410/2440A 等。

S3C2440A 中的 LCD 控制器把位于系统存储器的视频缓冲区里的图像数据传送到外部的 LCD 驱动器,并提供一些控制信号。

(1) LCD 控制器支持单色显示 LCD 面板、2BPP(2 位每像素,4 阶灰度)或 4BPP(4 位每像素,16 阶灰度)模式,通过使用基于时间的抖动算法和帧频控制(FRC)方法,可以连接到 8BPP(8 位每像素,256 色)的彩色 LCD 面板或者连接到 12BPP(12 位每像素,4096 色)的 STN LCD。

(2) LCD 控制器支持 1BPP、2BPP、4BPP 和 8BPP 的调色 TFT 彩色 LCD 面板连接,以及 16BPP 和 24BPP 的无调色真彩显示。

(3) LCD 控制器可以通过编程来支持不同的需求,比如屏幕水平和垂直像素个数、数据接口的数据线宽度、接口时序和刷新率。

9.2　S3C2440A LCD 控制器的特点和接口信号

9.2.1　S3C2440A LCD 控制器的特点

1. STN LCD

(1) 支持 3 种类型的 LCD 面板:4 位双扫描、4 位单扫描和 8 位单扫描显示类型。

(2) 支持单色(1BPP)、4 级灰度(2BPP)和 16 级灰度(16BPP)的 STN LCD 面板。支持 256 色和 4096 色的彩色 STN LCD 面板。

(3) 支持多种屏幕尺寸,典型的实际屏幕尺寸有:640×480、320×240、160×160 等。最大虚拟屏幕可达 4M 字节 。

(4) 256 色模式下,最大虚拟屏幕尺寸为 4096×1024、2048×2048、1024×4096 等。

2. TFT LCD

(1) 支持单色(1BPP)、4 级灰度(2BPP)和 16 级灰度(16BPP)、256 色(8BPP)的调色板显示模式。

（2）支持 64K（16BPP）、16M（24BPP）色非调色板显示模式。

（3）支持 24BPP 下最大 16M 色显示。

（4）支持多种屏幕分辨率，如典型的实际屏幕尺寸有：640×480、320×240、160×160 等。最大的虚拟屏幕可达 4M 字节。

（5）在 64K 色模式下，最大虚拟屏幕尺寸为 2048×1024。

9.2.2 S3C2440A LCD 控制器的外部接口信号

LCD 控制器位于 S3C2440A 芯片的内部，通过芯片引脚，LCD 控制器提供如表 9-1 所示的接口信号。

表 9-1　LCD 控制器的外部接口信号

STN	TFT	SEC TFT （LTS350Q1-PD1/2）	SEC TFT （LTS350Q1-PE1/2）
VFRAME（帧同步信号）	VSYNC（垂直同步信号）	STV	STV
VLINE（行同步信号）	HSYNC（水平同步信号）	CPV	CPV
VCLK（像素时钟信号）	VCLK（像素时钟信号）	LCD_HCLK	LCD_HCLK
VD[23:0]（LCD像素 数据输出端口）	VD[23:1] （LCD像素数据输出端口）	VD[23:0]	VD[23:0]
VM（用于 LCD 驱动器 的交流偏置信号）	VDEN （数据允许信号）	TP	TP
—	LEND （行结束信号）	STH	STH
LCD_PWREN （电源开关信号）	LCD_PWREN （电源开关信号）	LCD_PWREN （电源开关信号）	LCD_PWREN （电源开关信号）
—	—	LPC_OE	LCC_INV
—	—	LPC_REV	LCC_REV
—	—	LPC_REVB	LCC_REVB

9.3　S3C2440A LCD 控制器组成

1. LCD 控制器组成

如图 9-1 所示，S3C2440A LCD 控制器主要用来传送视频数据和生成必要的控制信号，如 VFRAME、VLINE、VCLK、VM 等。除了控制信号外，S3C2440A 还有作为视频数据的数据端口，它们是如图 9-1 所示的 VD[23:0]。LCD 控制器由 REGBANK、LCDCDMA、VIDPRCS、TIMEGEN 和 LPC3600 组成。REGBANK 由 17 个可编程的寄存器和 1 个 256 ×16 的调色板存储器组成，它们可用来配置 LCD 控制器。LCDCDMA 是一个专用的 DMA，它能自动地把帧存储器中的视频数据传送到 LCD 驱动器。通过使用这个 DMA 通道，视频数据不需要 CPU 的干预就可以显示在 LCD 屏上。VIDPRCS 接收来自 LCDCDMA 的数据，将数据转换为合适的数据格式，如 4/8 位单扫描、4 位双扫描显示模式，然后通过数据端口 VD[23:0]传送视频数据到 LCD 驱动器。TIMEGEN 由可编程的逻辑组成，支持不同的 LCD 驱动器接口时序和速率的需求。TIMEGEN 模块可以产生 VFRAME、VLINE、VCLK、VM 等信号。

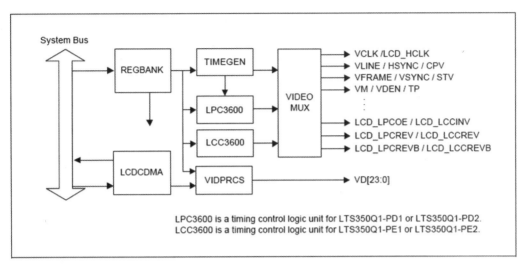

图 9-1 LCD 控制器组成

2. 数据流描述

LCDCDMA 中存在 FIFO 存储器。当 FIFO 为空，或者部分为空的时候，LCDCDMA 请求从帧存储器中获取数据。获取数据时采用突发（burst）的存储传输模式，每一个突发请求，连续从存储器中取 4 个字（16Byte）。在总线传输过程中，不允许将总线控制权转交给另一个总线控制设备。当传输请求被存储控制器中的总线仲裁器接受后，将会把产生的 4 个连续的字数据从系统存储器的帧缓冲区传送到 LCDCDMA 内部的 FIFO。FIFO 总共有 28 个字，由 12 个字的 FIFOL 和 16 个字的 FIFOH 组成。S3C2440A 中 FIFOL 和 FIFOH 用来支持双扫描显示模式。假如是单扫描显示模式，则只有一个 FIFOH 可以用。

 9.4 LCD 控制器操作

9.4.1 时序发生器

本书只对 TFT 型 LCD 的操作进行讲解。在图 9-1 中 TIMEGEN 模块产生 LCD 驱动器的控制信号，如 VSYNC、HSYNC、VCLK、VDEN 和 LEND 信号。这些控制信号与 REGBANK 中的 LCDCON1/2/3/4/5 中的配置密切相关。用户对 LCD 的控制寄存器进行编程配置，TIMEGEN 可以产生可编程控制信号，用来支持多种不同类型的 LCD 驱动器。

VSYNC 信号的作用是使 LCD 的行指针重新移动到显示器顶端的开始处。

VSYNC 和 HSYNC 脉冲的生成取决于 LCDCON2/3 中的 HOZVAL 域和 LINEVAL 域的配置。HOZVAL 和 LINEVAL 由 LCD 屏的面积大小确定，依照如下公式：

$$HOZVAL = (horizontal\ display\ size) - 1 \tag{9-1}$$
$$LINEVAL = (vertical\ display\ size) - 1 \tag{9-2}$$

VCLK 信号的速率取决于 LCDCON1 中的 CLKVAL 域。表 9-2 定义了 VCLK 与 CLKVAL 之间的关系。CLKVAL 最小的数值为 0。

$$VCLK(Hz) = HCLK/[(CLKVAL + 1) \times 2] \tag{9-3}$$

帧速率就是 VSYNC 信号的频率。帧速率与 LCDCON1/2/3/4 寄存器中的 VSYNC、VBPD、VFPD、LINEVAL、HSYNC、HBPD、HFPD、HOZVAL 和 CLKVAL 的域有关。大多数 LCD 驱动器需要适合于自己的帧速率。帧速率按如下公式计算：

$$帧速率（Hz）=1/[\{(1/VCLK)\times(HOZVAL+1)+(1/HCLK)\times(A+B+$$
$$(LINEBLANK\times8))\}\times(LINEVAL+1)]$$
$$A=2^{(4+WLH)},B=2^{(4+WDLY)} \tag{9-4}$$

表 9-2　VCLK 和 CLKVAL 之间的关系（TFT，HCLK＝**60** MHz）

CLKVAL	60 MHz/X	VCLK
1	60 MHz/4	15.0 MHz
2	60 MHz/6	10.0 MHz
⋮	⋮	⋮
1023	60/MHz/2048	30.0 MHz

9.4.2　像素显示举例

　　下面举例说明对每个像素使用 16 位显示，采用红∶绿∶蓝为 5∶5∶6 和 5∶6∶5 的显示格式，不使用调色板的数据格式。当每个像素用 16 位二进制数表示时，S3C2440A 的 LCD 控制器不使用调色板。视频缓冲区数据（内存）1 个字，表示 2 个像素，在不交换半字（LCDCON5 寄存器 HWSWP＝0）时，视频数据位与 I 位对应关系，以及它们在面板上的显示位置如图 9-2 所示。

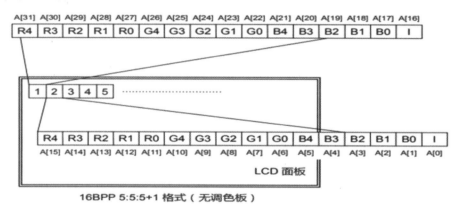

16BPP 5:5:5+1 格式（无调色板）

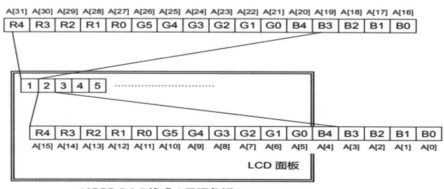

16BPP 5:6:5 格式（无调色板）

图 9-2　16BPP 显示类型数据格式（TFT）

　　假定存储器视频缓冲区地址 0000H 中，存放的数据为 A[31:0]。图 9-2 中上半部分为 5∶5∶5＋1 格式，下半部分为 5∶6∶5 格式。图 9-2 中 R 即 RED，G 即 GREEN，B 即 BLUE。

9.4.3 TFT LCD 时序举例

TFT LCD 时序举例如图 9-3 所示。

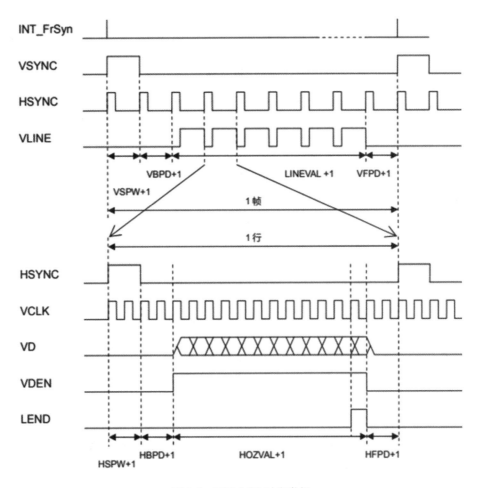

图 9-3　TFT LCD 时序举例

9.5 LCD 电源允许(STN/TFT)

S3C2440A 提供电源允许(PWREN)功能。当 LCDCON5 寄存器中 PWREN 被设置为
1 时,允许 LCD_PWREN 引脚信号输出,此时 LCD_PWREN 引脚的输出值被 ENVID 控
制。ENVID 的值在 LCDCON1 寄存器中设置。因此,当 LCD_PWREN 引脚被连接到 LCD
屏的电源开/关控制引脚时,LCD 屏的电源通过 ENVID 的设置自动被控制。

S3C2440A 也允许使用 LCDCON5 寄存器的 INVPWREN 位,用来反转 PWREN 信号
的极性。

以上的功能仅当 LCD 屏有它自己的电源开/关控制端口,并且端口连接到了 LCD_
PWREN 引脚时才起作用,如图 9-4 所示。

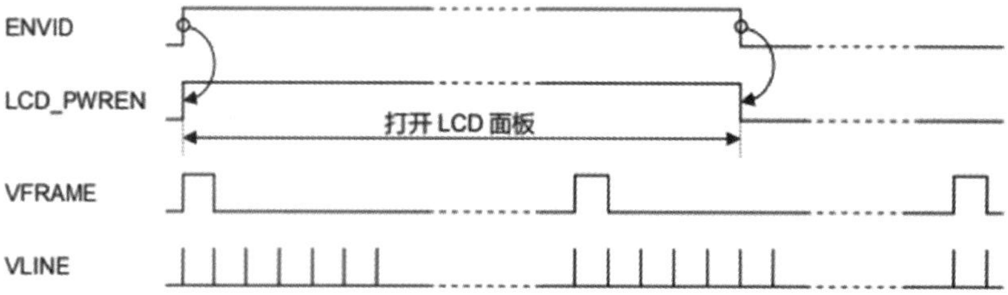

ENVID

LCD_PWREN

打开 LCD 面板

VFRAME

VLINE

（1）**STN LCD**

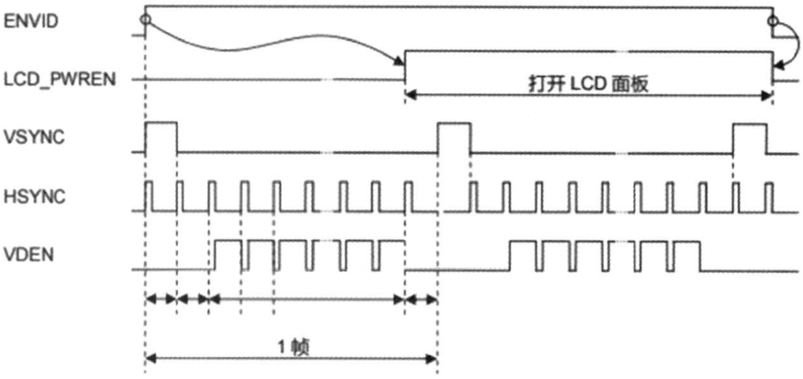

ENVID

LCD_PWREN

打开 LCD 面板

VSYNC

HSYNC

VDEN

1 帧

（2）**TFT LCD**

图 9-4　功能举例（**PWREN＝1，INVPWREN＝0**）

9.6　LCD 控制器特殊功能寄存器

9.6.1　LCD 控制器对应的特殊功能寄存器

1. LCD 控制寄存器 1

LCD 控制寄存器 1，即 LCDCON1，地址为 0x4D000000，reset 值为 0x00000000，可读写，具体使用方法如表 9-3 所示。

表 9-3　LCD 控制寄存器 1

LCDCON1	位	描　　述	初　始　值
LINECNT（只读）	[27:18]	提供行计数器的状态（计数值） 从 LINEVAL 值递减计数到 0	0000000000
CLKVAL	[17:8]	确定 VCLK 和 CLKVAL[9:0]的比率 STN：VCLK＝HCLK/（CLKVAL×2）（CLKVAL≥2） TFT：VCLK＝HCLK/[（CLKVAL＋1）×2]（CLKVAL≥0）	0000000000
MMODE	[7]	确定 VM 反转速率 0＝每帧 1＝速率由 MVAL 定义	0
PNRMODE	[6:5]	选择显示模式 00＝4 位双扫描显示模式（STN） 01＝4 位单扫描显示模式 10＝8 位单扫描显示模式（STN） 11＝TFT LCD 屏	00

LCDCON1	位	描　述	初　始　值
BPPMODE	[4:1]	选择每像素位(bits per pixel,BPP)模式 0000＝STN,1BPP,单色模式 0001＝STN,2BPP,4级灰度模式 0010＝STN,4BPP,16级灰度模式 0011＝STN,8BPP,彩色模式 0100＝STN,12BPP,彩色模式 1000＝TFT,1BPP;1001＝TFT,2BPP 1010＝TFT,4BPP;1011＝TFT,8BPP 1100＝TFT,16BPP;1101＝TFT,24BPP	0000
ENVID	[0]	LCD视频输出和逻辑允许/禁止 0＝禁止视频输出和LCD控制信号 1＝允许视频输出和LCD控制信号	0

2. LCD 控制寄存器 2

LCD控制寄存器2,即LCDCON2,地址为0x4D000004,Reset值为0x00000000,可读写,具体使用方法如表9-4所示。

表9-4　LCD 控制寄存器 2

LCDCON2	位	描　述	初　始　值
VBPD	[31:24]	TFT:1帧开始的垂直同步信号后沿之后的无效行数 STN:这些位应该被设置为0	0x00
LINEVAL	[23:14]	TFT/STN:这些位确定了LCD屏的垂直大小(size)	0000000000
VFPD	[13:6]	TFT:1帧结束的垂直同步信号前沿之前的无效行数 STN:这些位应该被设置为0	00000000
VSPW	[5:0]	TFT:垂直同步脉冲宽度,由无效行计数确定的VSYNC脉冲高电平的宽度 STN:这些位应该被设置为0	000000

3. LCD 控制寄存器 3

LCD控制寄存器3,即LCDCON3,地址为0x4D000008,Reset值为0x00000000,可读写,具体使用方法如表9-5所示。

表9-5　LCD 控制寄存器 3

LCDCON3	位	描　述	初　始　值
HBPD(TFT) WDLY(STN)	[25:19]	TFT:从HSYNC下降沿到有效数据开始传送,VCLK周期数	0000000
		STN:WDLY[1:0]位确定VLINE信号后沿到VCLK信号前沿之间的延时,由HCLK计数个数确定 　00＝16HCLK,01＝32HCLK,10＝48HCLK,11＝64HCLK 　WDLY[7:2]保留	
HOZVAL	[18:8]	TFT/STN:这些位确定LCD屏水平大小(size)HOZVAL被确定要满足以下条件:1行的全部字节数必须是4n字节。如果在单色显示模式,假定1行由120个像素,X表示水平大小,X＝120不能被支持,原因是1行由15字节组成的。相反X＝128能够被支持,原因是1行由16字节组成(4n)。LCD屏驱动器将丢弃多余的部分	00000000000

LCDCON3	位	描　　述	初　始　值
HFPD(TFT)	[7:0]	TFT:有效数据结束后,到 HSYNC 上升沿之间 VCLK 周期数	00000000
LINEBLANK (STN)		STN:这些位指示在 1 个水平行持续时间中的空白时间 (black time)。由于微调 VLINE 的速率,LINEBLANK 的单位是 HCLK×8。例如,如果 LINEBLANK 的值是 10,那么 80 个 HCLK 空白时间插入 VCLK 中	

4. LCD 控制寄存器 4

LCD 控制寄存器 4,即 LCDCON4,地址为 0x4D00000C,Reset 值为 0x00000000,可读写,具体使用方法如表 9-6 所示。

表 9-6　LCD 控制寄存器 4

LCDCON4	位	描　　述	初　始　值
MVAL	[15:8]	STN:如果 MMODE 位被设置为 1,这些位定义了 VM 信号将要反转的速率	0x00
HSPW(TFT)	[7:0]	TFT:水平同步脉冲宽度,由 HCLK 个数计数确定的 HSYNC 脉冲高电平的宽度	0x00
WLH(STN)		STN:WLH[1:0]位确定 VLNE 脉冲高电平的宽度,由 HCLK 个数计数决定 00=16HCLK,01=32HCLK 10=48HCLK,11=64HCLK WLH[7:2]保留	

5. LCD 控制寄存器 5

LCD 控制寄存器 5,即 LCDCON5,地址为 0x4D000010,Reset 值为 0x00000000,可读写,具体使用方法如表 9-7 所示。

表 9-7　LCD 控制寄存器 5

LCDCON5	位	描　　述	初　始　值
保留	[31:17]	保留,值应该为 0	0
VSTATUS	[16:15]	TFT:垂直状态(只读) 00=VSYNC,01=BACK Porch(VSYNC 后沿) 10=ACTIVE,11=FRONT Porch(VSYNC 前沿)	00
HSTATUS	[14:13]	TFT:水平状态(只读) 00=HSYNC,01=BACK Porch(HSYNC 后沿) 10=ACTIVE,11=FRONT Porch(HSYNC 前沿)	00
BPP24BL	[12]	TFT:这一位确定 24BPP 视频存储器数据格式 0=LSB 有效,1=MSB 有效	0
FRM565	[11]	TFT:这一位确定 16BPP 输出视频数据格式 0=5:5:5+1 格式,1=5:6:5 格式	0
INVVCLK	[10]	STN/TFT:这一位控制 VCLK 激活边沿的极性 0=在 VCLK 下降沿,视频数据被取 1=在 VCLK 上升沿,视频数据被取	0
INVVLINE	[9]	STN/TFT:这一位指示 VLINE/HSYNC 脉冲极性 0=通常(normal),1=反转	0

LCDCON5	位	描 述	初 始 值
INVVFRAME	[8]	STN/TFT:这一位指示 VFRAME/VSYNC 脉冲极性 0＝通常(normal),1＝反转	0
INVVD	[7]	STN/TFT:这一位指示 VD 视频数据脉冲极性 0＝通常(normal),1＝反转	0
INVVDEN	[6]	STN/TFT:这一位指示 VDEN 脉冲极性 0＝通常(normal),1＝反转	0
INVPWREN	[5]	STN/TFT:这一位指示 PWREN 脉冲极性 0＝通常(normal),1＝反转	0
INVLEND	[4]	STN/TFT:这一位指示 LEND 脉冲极性 0＝通常(normal),1＝反转	0
PWREN	[3]	STN/TFT:LCD_PWREN 输出信号允许/禁止 0＝禁止 PWREN 信号,1＝允许 PWREN 信号	0
ENLEND	[2]	STN/TFT:LEND 输出信号允许/禁止 0＝禁止 LEND 信号,1＝允许 LEND 信号	0
BSWP	[1]	STN/TFT:字节交换控制位 0＝交换(swap)禁止,1＝交换(swap)允许	0
HWSWP	[0]	STN/TFT:半字交换控制位 0＝交换(swap)禁止,1＝交换(swap)允许	0

6. 帧缓冲区起始地址 1 寄存器

帧缓冲区起始地址 1 寄存器,即 LCDSADDR1,地址为 0x4D000014,Reset 值为 0x00000000,可读写,具体使用方法如表 9-8 所示。

表 9-8　帧缓冲区起始地址 1 寄存器(STN/TFT)

LCDSADDR1	位	描 述	初 始 值
LCDBANK	[29:21]	这些位指示视频缓冲区在系统存储器中的 bank 地址 A[30:22]。即使移动视口(view port)时,LCDBANK 的值也不能被改变。LCD 帧缓冲区应该在以 4MB 地址对齐的区域内	0x00
LCDBASEU	[20:0]	对双扫描 LCD:这些位指示高(upper)地址计数器的开始地址 A[21:1],用于双扫描 LCD 的高帧存储器;对单扫描 LCD:这些位指示 LCD 帧缓冲区的起始地址 A[21:1]	0x000000

7. 帧缓冲区起始地址 2 寄存器

帧缓冲区起始地址 2 寄存器,即 LCDSADDR2,地址为 0x4D000018,Reset 值为 0x00000000,可读写,具体使用方法如表 9-9 所示。

表 9-9　帧缓冲区起始地址 2 寄存器(STN/TFT)

LCDSADDR2	位	描 述	初 始 值
LCDBASEL	[20:0]	对双扫描 LCD:这些位指示低(lower)地址计数器的开始地址 A[21:1],用于双扫描 LCD 的低帧存储器 对单扫描 LCD:这些位指示 LCD 帧缓冲区的终址 A[21:1] LCDBASEL ＝((frame end address)＞＞1)＋1＝LCDBASEU＝(PAGEWIDTH＋OFFSIZE)×(LINEVAL＋1)	0x000000

8. 帧缓冲区起始地址 3 寄存器

帧缓冲区起始地址 3 寄存器,即 LCDSADDR3,地址为 0x4D00001C,Reset 值为 0x00000000,可读写,具体使用方法如表 9-10 所示。

表 9-10 帧缓冲区起始地址 3 寄存器(STN/TFT)

LCDSADDR3	位	描　　述	初　始　值
OFFSIZE	[21:11]	虚拟屏偏移量(半字个数),这个值定义了两个地址之间的差值,即显示在 LCD 前一行最后一个半字的地址,与后一行第一个半字的地址之间的差值	00000000000
PAGEWIDTH	[10:0]	虚拟屏页宽(半字个数),这个值定义了帧的视口宽度	000000000

注意:当 ENVID 位(LCD 信号输出允许位)为 0 的时候,PAGEWIDTH 和 OFFSIZE 才能改变。

9. 帧缓冲区起始地址寄存器参数设定举例

例 9-1　　如果 LCD 显示屏为 320×240,16 级灰度,单扫描显示,帧起始地址 = 0x0c500000。

偏移点数(偏移像素个数)= 2048 点(即 512 个半字)。则此时:

```
LINEVAL = 240-1 = 0xef              ;240行,减 1
PAGEWIDTH = 320×4/16 = 0x50          ;320点/行,每个点用 4 位二进制数表示
OFFSIZE = 2048×4/16= 512 = 0x200     ;4 位/点,除以 16,得到半字个数
LCDBANK = 0x0c500000 >> 22 = 0x31    ;从帧起始地址分离出 A[30:22]位
LCDBASEU = 0x100000 >> 1 = 0x80000   ;从帧起始地址分离出 A[21:1]位
LCDBASEL = 0x80000 + ( 0x50 + 0x200 )×( 0xef + 1 ) = 0xa2b00 ;帧终址
```

例 9-2　　如果 LCD 显示屏 = 320×240,16 级灰度,双扫描显示,帧起始地址 = 0x0c500000。

偏移点数(偏移像素个数)= 2048 点(512 个半字)。则此时:

```
LINEVAL = 120-1 = 0x77          ;双扫描,120行,减 1
PAGEWIDTH = 320×4/16 = 0x50      ;320点/行,16级灰度,4位/点,除以 16得到半字个数
OFFSIZE = 2048×4/16= 512 = 0x200  ;4 位/点,除以 16,得到半字个数
LCDBANK = 0x0c500000 >> 22 = 0x31 ;从帧起始地址分离出 A[30:22]位
LCDBASEU = 0x100000 >> 1 = 0x80000 ;从帧起始地址分离出 A[21:1]位
LCDBASEL = 0x80000 + ( 0x50 + 0x200 )×( 0x77 + 1 ) = 0x91580;双扫描低帧起址
```

例 9-3　　如果 LCD 显示屏 = 320×240,彩色,单扫描显示,帧起始地址 = 0x0c500000。
偏移点数(偏移像素个数)= 1024 点(512 个半字)。则此时:

```
LINEVAL = 240-1 = 0xef            ;单扫描,240行,减1
PAGEWIDTH = 320×8/16 = 0xa0        ;256色,8位/点,除以16得到半字个数
OFFSIZE = 512 = 0x200             ;8位/点,除以16得到半字个数
LCDBANK = 0x0c500000 >> 22 = 0x31  ;从帧起始地址分离出 A[30:22]位
LCDBASEU = 0x100000 >> 1 = 0x80000 ;从帧起始地址分离出 A[21:1]位
LCDBASEL = 0x80000 + ( 0xa0 + 0x200 )×( 0xef + 1 ) = 0xa7600 ;帧终址
```

10. 红、绿、蓝查找表寄存器

红、绿、蓝查找表寄存器,即 REDLUT、GREENLUT、BLUELUT,地址分别为 0x4D000020、0x4D000024、0x4D000028,可读写,Reset 值分别为 0x00000000、0x00000000、0x0000。具体使用方法见表 9-11、表 9-12、表 9-13。蓝色查找表寄存器也可用于 4 级灰度模式。

表 9-11　红色查找表寄存器含义（STN）

REDLUT	位	描　　述	初　始　值
REDVAL	[31:0]	这些位从 16 级红色中定义了将被选择的 8 级红色 000＝REDVAL[3:0]　　001＝REDVAL[7:4] 010＝REDVAL[11:8]　　011＝REDVAL[15:12] 100＝REDVAL[19:16]　　101＝REDVAL[23:20] 110＝REDVAL[27:24]　　111＝REDVAL[31:28]	0x00000000

表 9-12　绿色查找表寄存器含义（STN）

GREENLUT	位	描　　述	初　始　值
GREENVAL	[31:0]	这些位从 16 级绿色中定义了将被选择的 8 级绿色 000＝GREENVAL[3:0]　　001＝GREENVAL[7:4] 010＝GREENVAL[11:8]　　011＝GREENVAL[15:12] 100＝GREENVAL[19:16]　　101＝GREENVAL[23:20] 110＝GREENVAL[27:24]　　111＝GREENVAL[31:28]	0x00000000

表 9-13　蓝色查找表寄存器含义（STN）

BLUELUT	位	描　　述	初　始　值
BLUEVAL	[15:0]	这些位从 16 级蓝色中定义了将被选择的 4 级蓝色 00＝BLUEVAL[3:0]　　01＝BLUEVAL[7:4] 10＝BLUEVAL[11:8]　　11＝BLUEVAL[15:12]	0x0000

11. 抖动模式寄存器

抖动模式寄存器，即 DITHMODE，地址、Reset 值及用法如表 9-14 所示。

表 9-14　抖动模式寄存器地址、Reset 值及用法

DITHMODE	地址	R/W	位	描　　述	初　始　值
BLUEVAL	0x4D00004C	R/W	[18:0]	寄存器 Reset 后的值为 0x00000，但是用户可以改变这个值为 0x12210，或不改变	0x00000

12. 临时调色板寄存器

临时调色板寄存器，即 TPAL，地址为 0x4D000050，Reset 值为 0x0000000，可读写，具体使用方法如表 9-15 所示。

表 9-15　临时调色板寄存器（TFT）

TPAL	位	描　　述	初　始　值
TPALEN	[24]	临时调色板寄存器允许位　　　0＝禁止，1＝允许	0
TPALVAL	[23:0]	临时调色板值寄存器：TPALVAL[23:16]:RED（红），TPALVAL[15:8]:GREEN(绿)，TPALVAL[7:0]:BLUE(蓝)	0x000000

13. LCD 中断挂起寄存器

LCD 中断挂起寄存器，即 LCDINTPND，地址为 0x4D000054，Reset 值为 0x0，可读写，具体使用方法如表 9-16 所示。

表 9-16　LCD 中断挂起寄存器

LCDINTPND	位	描　　述	初　始　值
INT_FrSyn	[1]	LCD 帧同步中断登记位 0＝无中断请求，1＝帧已经发出中断请求	0

LCDINTPND	位	描　　述	初　始　值
INT_FiCnt	[0]	LCD FIFO 中断登记位 0＝无中断请求 1＝当 LCD FIFO 达到触发电平时,LCD FIFO 中断被请求	0

14. LCD 中断源挂起寄存器

LCD 中断源挂起寄存器,即 LCDSRCPND,地址为 0x4D000058,Reset 值为 0x0,可读写,具体使用方法如表 9-17 所示。在 LCD 中断源挂起寄存器某一位写 1,可以清除该中断源登记位。

表 9-17　LCD 中断源挂起寄存器

LCDSRCPND	位	描　　述	初　始　值
INT_FrSyn	[1]	LCD 帧同步中断源登记位 0＝无中断请求,1＝帧已经发出中断请求	0
INT_FiCnt	[0]	LCD FIFO 中断源登记位 0＝无中断请求 1＝当 LCD FIFO 达到触发电平时,LCD FIFO 中断被请求	0

15. LCD 中断屏蔽寄存器

LCD 中断屏蔽寄存器,即 LCDINTMSK,地址为 0x4D00005C,Reset 值为 0x3,可读写,具体使用方法如表 9-18 所示。

表 9-18　LCD 中断屏蔽寄存器

LCDINTMSK	位	描　　述	初　始　值
FIWSEL	[2]	确定 LCD FIFO 触发电平　　0＝4 字,1＝8 字	0
INT_FrSyn	[1]	屏蔽 LCD 帧同步中断 0＝中断服务允许,1＝中断服务被屏蔽	0
INT_FiCnt	[0]	屏蔽 LCD FIFO 中断 0＝中断服务允许,1＝中断服务被屏蔽	0

16. TCON 控制寄存器

TCON 控制寄存器,即 TCONSEL,该寄存器用于控制 LPC3600 或 LCC3600 模式。地址为 0x4D000060,Reset 值为 0xf84,可读写,具体使用方法如表 9-19 所示。

表 9-19　TCON 控制寄存器

TCONSEL	位	描　　述	初　始　值
LCC_TESE2	[11]	LCC3600 测试模式 2(只读)	1
LCC_TESE1	[10]	LCC3600 测试模式 1(只读)	1
LCC_SEL5	[9]	选择 STV 极性	1
LCC_SEL4	[8]	选择 CPV 信号引脚 0	1
LCC_SEL3	[7]	选择 CPV 信号引脚 1	1
LCC_SEL2	[6]	选择行/点反转	0
LCC_SEL1	[5]	选择 DG/普通模式	0
LCC_EN	[4]	决定 LCC3600 允许/禁止 0＝LCC3600 禁止,1＝LCC3600 允许	0
CPV_SEL	[3]	选择 CPV 脉冲低电平宽度	0

TCONSEL	位	描 述	初 始 值
MODE_SEL	[2]	选择 DE 同步模式 0＝同步模式,1＝DE 模式	1
RES_SEL	[1]	选择输出分辨率类型 0＝320×240,1＝240×320	0
LPC_EN	[0]	确定 LPC3600 允许/禁止:0＝LPC3600 禁止,1＝LPC3600 允许	0

> 注意:LPC_EN 和 LCC_EN 不能都设置为允许,同一时间只有一个 TCON 可以被允许使用。

9.6.2 特殊功能寄存器设置举例

通过设置特殊功能寄存器,可以使得 LCD 控制器支持多种屏幕分辨率。CLKVAL 数值决定 VCLK 的频率。而 VCLK 的数值必须大于数据传输速率。LCD 控制器的 VD 端口的数据传输速率被用来决定 CLKVAL 寄存器的数值。

数据传输速率由以下公式给出:

$$数据传输速率 = HS×VS×FR×MV$$

其中,HS 表示 LCD 水平尺寸大小,VS 表示 LCD 垂直尺寸大小,FR 表示帧速率,MV 的值依赖于不同的显示模式,具体如表 9-20 所示。

表 9-20　每种显示模式的 MV 值

显 示 模 式	MV 值
单色,4 位单扫描	1/4
单色,8 位单扫描或 4 位双扫描	1/8
4 级灰度,4 位单扫描	1/4
4 级灰度,8 位单扫描或 4 位双扫描	1/8
16 级灰度,4 位单扫描	1/4
16 级灰度,8 位单扫描或 4 位双扫描	1/8
彩色,4 位单扫描	3/4
彩色,8 位单扫描或 4 位双扫描	3/8

假如 HS＝320,VS＝240,FR＝70,MV＝3/8,则数据传输率为:

$$HS×VS×FR×MV＝320×240×70×3/8＝2016000 \ Hz＝2.016 \ MHz$$

LCDBASEU 寄存器值是帧缓冲区的起始地址。LCDBASEL 寄存器数值取决于 LCD 的尺寸和 LCDBASEU。LCDBASEL 值由以下公式算出:

$$LCDBASEL＝LCDBASEU＋LCDBASEL \ 偏移量$$

例 9-4 某一 LCD 显示屏,160×160,4 级灰度,80 帧/秒,4 位单扫描模式,HCLK 频率为 60MHz,LINEBLANK＝10,WLH＝1,WDLY＝1,HOZVAL＝39,LINEVAL＝159,不使用虚拟显示。假设已知 LCDBASEU 的值,计算数据传输速率和 LCDBASEL。

分析

$$数据传输速率 = 160×160×80×1/4 = 512 \ kHz$$

因为 VCLK 的速率要求大于数据传输速率,假定 CLKVAL＝58,则计算出 VCLK＝HCLK/(CLKVAL×2)＝60 MHz/(58×2)＝517 kHz,因此在 LCDCON1 寄存器中,设置

CLKVAL = 58,能够满足要求,同时考虑了 LINEBLANK、WLH、WDLY 的值。

另外,LCD 显示屏的一行由 160 个像素,每像素 4 级灰度要用 2 位表示,所以 1 行需要 320 位表示,即 40 个字节,所以:

$$LCDBASEL = LCDBASEU + [(160 行 \times 40 字节/行)/2]$$
$$= LCDBASEU + 3200(半字)$$

 例 9-5 (虚拟屏寄存器):某一 LCD 显示屏为 320×240 像素,虚拟屏大小为 1024×1024,4 级灰度,LCDBASEU = 0×64,4 位双扫描模式,求 LCDBASEL。

 分析

$$1 个半字 = 8 像素(4 级灰度,每个像素用 2 位表示)$$
$$虚拟屏 1 行 = 128 半字 = 1024 像素$$
$$LCD 1 行 = 320 像素 = 40 半字$$
$$OFFSIZE = 128 - 40 = 88 = 0 \times 58$$
$$PAGEWIDTH = 320 像素 = 40 半字 = 0 \times 28$$
$$LCDBASEL = LCDBASEU + (PAGEWIDTH + OFFSIZE) \times (LINEVAL + 1)$$
$$= 100 + (40 + 88) \times 120 = 0x3C64$$

9.7 LCD 接口电路设计

	LCD1		
VDD5V	1	2	VDD5V
VD0	3	4	VD1
VD2	5	6	VD3
VD4	7	8	VD5
VD6	9	10	VD7
GND	11	12	VD8
VD9	13	14	VD10
VD11	15	16	VD12
VD13	17	18	VD14
VD15	19	20	GND
VD16	21	22	VD17
VD18	23	24	VD19
VD20	25	26	VD21
VD22	27	28	VD23
GND	29	30	LCD_PWR
GND	31	32	nRESET
VM	33	34	VFRAME
VLINE	35	36	VCLK
TSXM	37	38	TSXP
TSYM	39	40	TSYP
	41		

图 9-5 LCD 接口电路设计

S3C2440A 与 LCD 的接口电路连接如图 9-5 所示。图 9-5 中数据信号 VD0 ～ VD23 和 S3C2440A 的 LCD 控制器的 VD0 ～ VD23 的信号相连,LCD_PWR 信号是背光控制信号,和 S3C2440A 的 GPG4 相连。用到的时序控制信号有:VCLK 是液晶像素时钟信号,VM 是数据使能信号,VLINE 是行同步信号,VFRAME 帧同步信号,VCLK、VM、VLINE、VFRAME 和 S3C2440A 的 LCD 控制器时序产生信号连接。nRESET:液晶复位信号,通常可以不接。

TSXM、TSXP、TSYM、TSYP 是触摸屏控制信号,这里不做介绍。

9.8 LCD 控制器编程举例

采用 320×240 TFT 型 LCD,LCD 控制器初始化程序主要包括配置 LCD 引脚用到的 GPIO;设置 LCDCON1/2/3/4/5 寄存器参数,设置 LCDSADDR1/2/3 寄存器参数,设置 DITHMODE 寄存器参数以及与电源及控制信号相关的参数。

1. LCD 端口初始化,TFT LCD 电源控制引脚使能

```
void Lcd_PowerEnable(int invpwren,int pwren)
{
    rGPGUP = rGPGUP|(1< < 4) ; // 上拉禁止
    rGPGCON = rGPGCON|(3< < 8) ; ////GPG4 设置为 LCD_PWREN
    //设置 LCD 电源使能功能,详见寄存器 LCDCON5
    rLCDCON5 = rLCDCON5&(~ (1< < 3) ) |(pwren< < 3) ;  // 允许 PWREN 信号
    rLCDCON5 = rLCDCON5&(~ (1< < 5) ) |(invpwren< < 5) ;  // INVPWREN
```

```
}
void void Lcd_Port_Init(void)
{
rGPCUP =  0x0; // 上拉允许
rGPCCON =  0xaaaa56a9; //初始化 VD[7:0],LCDVF[2:0],VM,VFRAME,VLINE,VCLK,LEND
rGPDUP =  0x0 ; // 使能上拉
rGPDCON= 0xaaaaaaaa; //初始化 VD[15:8]
}
```

2. LCD 控制器初始化

下面的代码完成 320×240 16BPP TFT LCD 功能模块初始化,按照 TFT LCD 液晶屏参数对 LCD 控制器的 5 个寄存器 LCDCON1～LCDCON5 进行配置。这个参数必须要参照 LCD 的参数。

```
void void Lcd_Init(void)
{
LCDCON1= (CLKVAL_TFT_240320< < 8) |(MVAL_USED< < 7) |(3< < 5) |(12< < 1) |0;
//CLKVAL= 5;MMODE= 0;16 bpp for TFT;Disable the video output
LCDCON2= (VBPD_240320< < 24) |(LINEVAL_TFT_240320< < 14) |(VFPD_240320< < 6) |
(VSPW_240320) ;//VBPD= 2;LINEVAL= 319;VFPD= 2;VSPW= 4
LCDCON3= (HBPD_240320< < 19) |(HOZVAL_TFT_240320< < 8) |(HFPD_240320) ;//HBPD= 8;
HOZVAL= 239;HFPD= 8
LCDCON4= (MVAL< < 8) |(HSPW_240320) ;//MVAL= 13;HSPW= 6
LCDCON5= (1< < 11) |(0< < 9) |(0< < 8) |(0< < 6) |(BSWP< < 1) |(HWSWP) ; //FRM5:6:5,
HSYNC and VSYNCare inverted
LCDSADDR1= (((U32) LCD_BUFFER> > 22) < < 21) |M5D((U32) LCD_BUFFER> > 1) ;
rLCDSADDR2= M5D( ((U32) LCD_BUFER+ (SCR_XSIZE_TFT_240320* LCD_YSIZE_TFT_240320*
2) ) > > 1) ;
LCDSADDR3= (((SCR_XSIZE_TFT_240320-LCD_XSIZE_TFT_240320) /1) < < 11) |(LCD_XSIZE_
TFT_240320/1) ;//OFFSIZE= 640-240= 400;PAGEWIDTH= 240
rLCDINTMSK|= (3) ; // 屏蔽 LCD 子中断
rTPAL= 0; // 禁止临时调色板
}
```

3 . LCD 开关函数

LCD 视频和控制信号输出或者停止,1 开启视频输出。

```
static void Lcd_EnvidOnOff(int onoff)
{
if(onoff= = 1)
LCDCON1|= 1; // ENVID= ON
else
LCDCON1 = LCDCON1 & 0x3fffe; // ENVID Off
}
```

4. LCD 单个像素的显示数据输出

```
static void PutPixel(U32 x,U32 y,U16 c)
{
    if(x< SCR_XSIZE && y< SCR_YSIZE)
  LCD_BUFFER[(y) ][(x) ] =  c;
}
```

5. TFT LCD 全屏填充特定颜色单元或清屏

```
static void Lcd_ClearScr( U16 c)
{
```

```
unsigned int x,y;

    for( y = 0 ; y < SCR_YSIZE ; y+ + )
    {
  for( x = 0 ; x < SCR_XSIZE ; x+ + )
  {
  LCD_BUFFER[y][x] = c ;
  }
    }
}
```

6. 在 LCD 屏幕上用颜色填充一个矩形

```
static void Glib_FilledRectangle(int x1,int y1,int x2,int y2, U16 color)
{
    int i;

    for(i= y1;i< = y2;i+ + )
  Glib_Linc(x1,i,x2,i,color) ;
}
```

7. 在 LCD 屏幕上指定坐标点画一个指定大小的图片

```
static void Paint_Bmp(int x0,int y0,int h,int 1,const unsigned char * bmp)
{
  int x,y;
  U32 c;
  int p = 0;

    for( y = 0 ; y < 1 ; y+ + )
    {
  for( x = 0 ; x < h ; x+ + )
  {
  c = bmp[p+ 1] | (bmp[p]< < 8) ;
  if ( ( (x0+ x) < SCR_XSIZE) && ( (y0+ y) < SCR_YSIZE) )
  LCD_BUFFER[y0+ y][x0+ x] = c ;
  p = p+ 2 ;
  }
    }
}
```

8. LCD 测试函数

```
void Test_Lcd_Tft_240X320( void )
{
Uart_Printf("\nTest 240* 320 TFT LCD ! \n") ;
Lcd_Port_Init() ;
Lcd_Init() ;
Lcd_EnvidOnOff(1) ; //turn on vedio
Lcd_ClearScr(0xffff) ; //fill all screen with white
Lcd_ClearScr(0x00) ; //fill all screen with black
while(1)
{
Paint_Bmp( 0,0,240,320, flower_240_320) ; //paint a bmp
```

```
    Delay(10000);
    Paint_Bmp( 0,0,240,320, girl13_240_320) ; //paint a bmp
    Delay(10000);
    }
```

 ## 9.9　本章小结

本章介绍了液晶显示屏的基础知识,包括 S3C2440A LCD 控制器的结构组成、外部接口信号;介绍了 LCD 控制器的操作,包括 STN LCD 控制器的操作和 TFT LCD 控制器的操作,同时介绍了时序发生器和存储器数据格式及显示类型。另外还对虚拟显示和 LCD 控制器的寄存器进行了介绍。重点讲述了 TFT LCD 的显示控制,包括寄存器的数据格式和调色板的使用。

 ## 9.10　本章习题

1.简述支持 TFT LCD 的 LCD 控制器外部接口信号的含义。

2.简述 LCD 控制器的组成及对数据流的描述。

3.简述查找表在灰度显示模式及彩色显示模式中的用法 。

4.简述 LCD 控制器如何支持 STN 面板显示不同灰度级的主要原理。

5.简述 LCD 控制器如何支持 STN 面板显示红、绿、蓝不同色级的主要原理。

6.简述单扫描显示和双扫描显示的区别。

7.简述在 4 位单扫描、4 位双扫描、8 位单扫描中,4 位和 8 位的含义分别是什么。

8.对 TFT LCD,在 24BPP 显示模式下,视频数据区的 24 位数据送到 LCD 控制器后,LCD 控制器对 24 位数据是处理还是不处理? 是直接经由 VD[23:0]送到 LCD 驱动器吗?

9.简述 TFT5:6:5 格式的含义。

10.简述在 TFT24BPP、16BPP、8BPP 3 种显示模式中,哪一种模式使用 256 色调色板。经过调色板调色后的颜色数据用几位二进制数表示。

11.在虚拟显示模式下,解释以下参数含义:

    LCDBASEU、LCDBASEL、PAGEWIDTH、OFFSIZE、LINEVAL

12.解释以下术语含义:

术　语	解　释	术　语	解　释
bits per pixel(位/像素)		lookup table(查找表)	
view port(视口)		palette(调色板)	
frame buffer(帧缓冲区)		frame rate control (帧率控制)	
video buffer(视频缓冲区)		dithering algorithm (抖动算法)	
dual scan(双扫描)		duty cycle(占空比)	
single scan(单扫描)			

第10章 嵌入式操作系统实践

10.1 嵌入式 Linux 开发环境简介

嵌入式 Linux 开发环境的运行有下面的两种方式。

(1) 在 Windows 下安装虚拟机后,再在虚拟机中安装一个版本的 Linux 操作系统;

(2) 在 PC 机上直接安装和运行一个版本的 Linux 操作系统。

建议一般初学者选择先在 Windows 操作系统上运行 Vmware 虚拟机,再在 Vmware 虚拟机上运行 Linux 操作系统的方式。而且 Windows 系统上有很多开发软件,如 Xshell、Sourceinsight 等,这些对于嵌入式操作系统初学者容易学习和使用。

1. 交叉编译环境

交叉编译(cross-compilation)指的是在主机平台上(这里主机是 PC)用交叉编译器工具编译出可在嵌入式处理器平台上(比如 ARM)运行的代码的过程。

编译(compile) 就是把高级语言变成计算机可以识别的二进制语言。计算机只认识 1 和 0,编译程序把人们熟悉的语言换成二进制的。编译程序把一个源程序翻译成目标程序的最后生成目标代码。常用的计算机软件,都需要通过编译的方式,把使用高级计算机语言编写的代码(比如 C 代码)编译(compile)成计算机可以识别和执行的二进制代码。

嵌入式系统开发为何要交叉编译呢?

在 Windows 平台上,可使用 Visual C++ 开发环境,编写程序并编译成可执行程序。使用 PC 平台上的 Windows 工具开发针对 Windows 本身的可执行程序。

这种方式通常不适合于嵌入式系统的软件开发。因为嵌入式系统平台(例如 ARM 构架平台)资源匮乏,存储空间有限,CPU 运算能力一般不能像 PC 一样安装本地编译器和调试器,因此不能在本地编写、编译和调试自身运行的程序,而需借助其他系统如 PC 来完成这些工作,这样 PC 机系统通常被称为宿主机。运行程序的 ARM 目标平台就称为目标板。在 PC(宿主机) 运行 Linux 系统和使用交叉编译、汇编及连接工具形成可执行的二进制代码(这种可执行代码并不能在宿主机上执行,而只能在目标板上执行),然后把可执行文件下载到目标机上运行。

所以交叉编译,就是在宿主机平台上使用某种特定的交叉编译器,为某种与宿主机不同平台的目标系统编译程序,得到的程序在目标系统上运行而非在宿主机本地运行。这里的平台包含两层含义:一是核心处理器的架构,二是所运行的系统。

因为一般的编译工具链(compilation tool chain)需要很大的存储空间,并需要很强的 CPU 运算能力,运行程序的目标平台存储空间和运算能力有限,如常见的 ARM 平台。为了解决这个问题,交叉编译工具就应运而生了。通过交叉编译工具,我们就可以在 CPU 能力很强、存储空间足够的主机台平台上(比如 PC 上)编译出针对其他平台的可执行程序。交叉编译调试环境建立在宿主机(即一台 PC 机)上,对应的开发板叫作目标板。

嵌入式系统调试时的方法很多,可以使用串口,以太网口等,具体使用哪种调试方法可以根据目标机处理器提供的支持做出选择。宿主机和目标板的处理器一般不相同,宿主机为 Intel 处理器,而目标板可以是嵌入式开发板。交叉开发的连接框图如图 10-1 所示。

在进行嵌入式开发前第一步的工作就是要安装一台装有指定操作系统的 PC 机作宿主开发机,对于嵌入式 LINUX,宿主机上的操作系统可不限。嵌入式开发通常要求宿主机配置有网络,支持 NFS(开发时 mount 所用)。然后要在宿主机上建立交叉编译调试的开发环境。

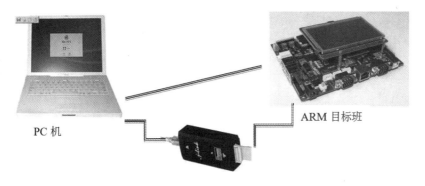

PC 机   ARM 目标班

图 10-1 交叉编译环境框图

2. 安装交叉编译器

不同目标硬件平台使用的交叉编译器是有严格的版本环境要求,当安装好交叉编译器后用户只需将该交叉编译器的路径添加至系统默认环境变量中,以后即可以使用该交叉编译器了。打开一个终端,即可使用 arm-linux-gcc 交叉编译器。

 10.2 编译实例

在交叉编译环境建立好后,下面编写一个简单的例子实现通过串口在 PC 机终端打印"Hello,World!"

10.2.1 编译源程序

1. 创建目录

在宿主机端任意目录下建立一个工作目录 hello。

```
[root@ localhost ~ ]# mkdir hello
[root@ localhost ~ ]# cd hello
```

2. 编写程序源代码

在 Linux 下的文本编辑器有许多,常用的是 vim 和 Windows 界面下的 gedit 等。hello.c 源代码较简单,源码如下所示:

```
# include < stdio.h>
main()
{
printf("hello world \n");
}
```

源码的编辑可以用下面的命令来编写 hello.c 源代码,进入 hello 目录使用 vi 命令来编辑代码:

```
[root@ localhosthello]# vi hello.c
```

按"i"或者"a"进入编辑模式,将上面的代码录入进去,完成后按 Esc 键进入命令状态,再用命令":wq"保存并退出。这样我们便在当前目录下建立了一个名为 hello.c 的文件。

3. 编写 Makefile

Makefile 文件是在 Linux 系统下进行程序编译的规则文件,通过 Makefile 文件来指定和规范程序编译和组织的规则。

```
CC= arm- linux- gcc
EXEC = hello
OBJS = hello.o
```

```
CFLAGS + =
LDFLAGS+ = - static
all:$ (EXEC)
$ (EXEC):$ (OBJS)
$ (CC)$ (LDFLAGS) - o$ @ $ (OBJS)
clean:
- rm - f$ (EXEC) * .elf * .gdb * .o
```

Makefile 内容和解释如下：

```
CC 指明编译器
EXEC 表示编译后生成的执行文件名称
OBJS 目标文件列表
CFLAGS 编译参数
LDFLAGS 连接参数
all:编译主人口
clean:清除编译结果
```

与上面编写 hello.c 的过程类似，用 vi 来创建一个 Makefile 文件并将代码录入其中。

```
[root@ localhosthello]#  vi Makefile
```

4.编译应用程序

在上面的步骤完成后，就可以在 hello 目录下运行"make"来编译我们的程序了。如果进行了修改，重新编译则运行。

```
[root@ localhost hello]#  make clean
[root@ localhost hello]#  make
```

make clean 命令在第一次编译程序时候无须使用，在多次编译程序的时候可以用该命令来清除上次编译程序过程中生成的中间文件。这样做可以避免一些非改动的 make 编译错误提示。

这里所有的编译、修改程序都是在宿主机(PC 机上 Linux)上进行，不是在 ARM 终端下进行。这就是嵌入式的交叉编译过程。

10.2.2 运行程序(NFS 方式)

1.硬件启动

启动 ARM 目标板系统，连好网线、串口线。利用串口终端作为 Linux 控制台，可以免去额外的键盘、显示卡和显示器，同时可将 Linux 主机作为一个任意用途的嵌入式黑匣。通过串口终端挂载宿主机实验目录。

在宿主机上启动 NFS 服务，并设置好共享的目录，具体配置请参照前面章节中关于嵌入式 Linux 环境开发环境的建立。在建立好 NFS 共享目录以后，我们就可以进入 ARM 串口终端建立开发板与宿主 PC 机之间的通信了。

2.进入串口终端的 NFS 共享实验目录

进入/mnt/nfs 目录下查看文件编译的结果：

```
# ls
Makefile hello hello.c hello.o
```

运行刚刚编译好的 hello 程序，查看运行结果。

3.执行程序

执行程序用./表示执行当前目录下 hello 程序。

```
# ./hello
hello world
```

程序将向系统的标准输出，即串口控制台打印字符串"hello world"。

10.3 Linux 内核裁剪与编译

下面以 Linux 内核版本为 linux-3.5 为例讲解内核的裁剪和编译。

10.3.1 内核目录结构

linux-3.5 源码目录结构如图 10-2 所示。

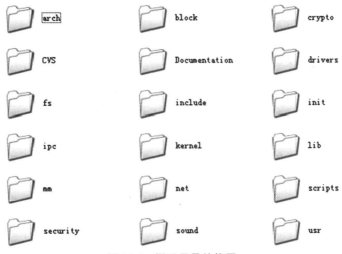

图 10-2 源码目录结构图

1. arch

arch 目录包括了所有和体系结构相关的核心代码。它下面的每一个子目录都代表一种 Linux 支持的体系结构，例如 i386 就是 Intel CPU 及与之相兼容体系结构的子目录。PC 机一般都基于此目录。与体系结构相关的代码全部放在这里，如图 10-3 所示，我们的实验设备中使用的是其中的 arm 目录。

图 10-3 arch 目录结构

2. Documentation

这里存放着内核的所有开发文档，如图所示，其中的文件会随版本的演变发生变化，通过阅读这里的文件是获得内核最新的开发资料的最好的地方。目录下是一些文档,没有内核代码,是对每个目录作用的具体说明。

3. Drivers

此目录包括所有的驱动程序,如图所示,下面又建立了多个目录,分别存放各个分类的驱动程序源代码。下面是 drivers 目录文件列表。

drivers 目录是内核中最大的源代码存放处,大约占整个内核的一多半。其中我们经常会用到的目录有以下几个。

1)Drivers/char

字符设备是 drivers 目录中最为常用,也许是最为重要的目录,因为其中包含了大量与驱动程序无关的代码。通用的 tty 层在这里实现,console.c 定义了 linux 终端类型,vt.c 中定义了虚拟控制台;lp.c 中实现了一个通用的并口打印机的驱动,并保持设备无关性;kerboard.c 实现高级键盘处理,它导出 handle_scancode 函数,以便于其他与平台相关的键盘驱动使用。

2)Drives/ide

专门存放针对 IDE 设备的驱动。

3)Drives/scsi

存放 SCSI 设备的驱动程序,当前的 cd 刻录机、扫描仪、U 盘等设备都依赖这个 SCSI 的通用设备。

4)Drives/net

存放网络接口适配器的驱动程序,还包括一些线路规程的实现,但不实现实际的通信协议,这部分在顶层目录的 net 目录中实现。

5)Drives/video

这里保存了所有的帧缓冲区视频设备的驱动程序,整个目录实现了一个单独的字符设备驱动。/dev/fb 设备的入口点在 fbmem.c 文件中,该文件注册主设备号并维护一个此设备的清单,其中记录了哪一个帧缓冲区设备负责哪个次设备号。

6)Drivers/media

这里存放的代码主要是针对无线电和视频输入设备,比如目前流行的 usb 摄像头。

4. fs

此目录下包括了大量的文件系统的源代码,如图所示,其中在嵌入式开发中要使用的包括:devfs、cramfs、ext2、jffs2、romfs、yaffs、vfat、nfs、proc 等。

文件系统是 Linux 中非常重要的子系统,这里实现了许多重要的系统调用,比如 exec.c 文件中实现了 execve 系统调用;用于文件访问的系统调用在 open.c、read_write.c 等文件中定义,select.c 实现了 select 和 poll 系统调用,pipe.c 和 fifo.c 实现了管道和命名管道,mkdir、rmdir、rename、link、symlink、mknod 等系统调用在 namei.c 中实现。

文件系统的挂装和卸载和用于临时根文件系统的 initrd 在 super.c 中实现。Devices.c 中实现了字符设备和块设备驱动程序的注册函数;file.c、inode.c 实现了管理文件和索引节点内部数据结构的组织。Ioctl.c 实现 ioctl 系统调用。

5. include

这里是内核的所有头文件存放的地方,其中的 linux 目录是头文件最多的地方,也是驱动程序经常要包含的目录。

6. init

Linux 的 main.c 程序,通过这个比较简单的程序,我们可以理解 LINUX 的启动流程。

7. ipc

system V 的进程间通信的原语实现,包括信号量、共享内存。

8. kernel

kernel 目录下存放的是除网络、文件系统、内存管理之外的所有其他基础设施,从图 10-4 所示文件列表,可以看出,其中至少包括进程调度 sched. c,进程建立 fork. c,定时器的管理 timer. c,中断处理,信号处理等。内核管理的核心代码,此目录下的文件实现了大多数 linux 系统的内核函数,其中最重要的文件当属 sched. c;同时与处理器结构相关代码都放在/arch/ * /kernel 目录下。

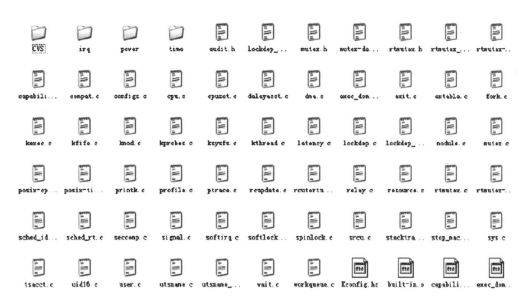

图 10-4 kernel 目录结构

9. lib

lib 包括一些通用支持函数,类似于标准 C 的库函数。其中包括了最重要的 vsprintf 函数的实现,它是 printk 和 sprintf 函数的核心。还有将字符串转换为长整形数的 simple_atol 函数。

10. mm

这个目录包含实现内存管理的代码,包括所有与内存管理相关的数据结构,其中我们在驱动中需要使用的 kmalloc 和 kfree 函数在 slab. c 中实现,mmap 定义在 mmap. c 中的 do_mmap_pgoff 函数。

将文件映射到内存的实现在 filemap. c 中,mprotect 在 mprotect. c,remap 在 remap. c 中实现;vmscan. c 中实现了 kswapd 内核线程,它用于释放未使用和老化的页面到交换空间,这个文件对系统的性能起着关键的影响。

11. net

这个目录包含了套接字抽象和网络协议的实现,每一种协议都建立了一个目录。我们可以看到有 26 个目录,但是其中的 core、bridge、ethernet、sunrpc、khttpd 不是网络协议。我们使用最多的是 ipv4、ipv6、802、ipx 等。Ipv4、ipv6 是 ip 协议的第 4 版本和第 6 版本。

Core 目录中实现了通用的网络功能:设备处理、防火墙、组播、别名等。

ethernet 和 bridge 实现特定的底层功能:以太网相关的辅助函数以及网桥功能。

Sunrpc 中提供了支持 NFS 服务器的函数。

12. script

script 目录包含用于配置核心的脚本文件等。这个目录存放许多脚本,主要用于配置内核,其文件列表如图 10-5 所示。

图 10-5　script 目录结构

10.3.2　Linux 内核配置及裁剪

Linux 内核的裁剪与编译操作并不复杂,只是对配置菜单的简单选择。但是内核配置菜单的结构和内容很复杂,所以熟悉和了解该菜单的各项具体含义就显得比较重要。下面就对其做一些必要介绍。

Linux 内核的编译菜单有好几个版本,运行如下。

(1) make config:进入命令行,可以一行一行的配置,这个方式不友好所以我们不具体介绍。

(2) make menuconfig:进入我们熟悉的 menuconfig 菜单,相信很多人对此都不陌生。

(3) make xconfig:在 2.4.X 以及以前版本中 xconfig 菜单是基于 TCL/TK 的图形库的。

所有内核配置菜单都是通过 Config.in 经由不同脚本解释器产生.config。而目前的 2.6.X 以上的内核用 QT 图形库。由 KConfig 经由脚本解释器产生。这两版本差别很大。2.6.X 的 xconfig 菜单结构清晰,使用也更方便。但基于目前 2.4.X 版本比较成熟、稳定,用得最多。所以这里我还是以 2.4.X 版本为基础介绍相关裁剪内容。同时因为 xconfig 界面比较友好,大家容易掌握。但它却没有 menuconfig 菜单稳定。有些人机器跑不起来。所以考虑最大众化角度,我们以较稳定的 menuconfig 为例进行介绍。图 10-6 所示是 menuconfig 配置菜单。

212

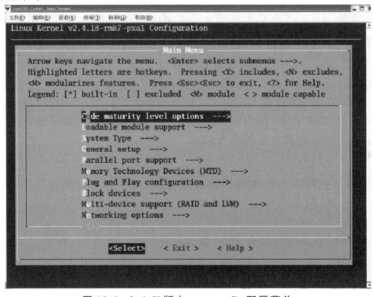

图 10-6　2.4.X 版本 menuconfig 配置菜单

在选择相应的配置时,有三种选择方式,它们分别代表的含义如下。

Y:将该功能编译进内核。

N:不将该功能编译进内核。

M:将该功能编译成可以在需要时动态插入到内核中的模块。

需要使用空格键进行选取。在每一个选项前都有一个括号,有的是中括号有的是尖括号,还有圆括号。用空格键选择时可以发现,中括号里要么是空,要么是"＊",而尖括号里可以是空,"＊"和"M"这表示前者对应的项要么不要,要么编译到内核里;后者则多一样选择,可以编译成模块。而圆括号的内容是要你在所提供的几个选项中选择一项。

下面是具体配置菜单,进入内核所在目录,键入 make menuconfig 可以看到配置菜单具有如下一些项。

1. Code maturity level options

代码成熟度选项,它又有以下子项。

1) prompt for development and/or incomplete code/drivers

该选项是对那些还在测试阶段的代码,驱动模块等的支持。一般应该选这个选项,除非你只是想使用 LINUX 中已经完全稳定的东西。但这样有时对系统性能影响挺大。

2) prompt for obsolete code/drivers

该项用于对那些已经老旧的,被现有文件替代了的驱动,代码的支持,可以不选,除非机器配置比较旧。但那也会有不少问题。所以该项以基本不用,在新的版本中已被替换。

2. loadable module support

动态加载模块支持选项,其子项如下。

1) enable module support

支持模块加载功能,应该选上。

2) set version information on all module symbols

该项用来支持跨内核版本的模块支持。即为某个版本的内核编译的模块可以在另一个版本的内核下使用,我们一般用不上。所以不选。

3) kernel module loader

如果启用这个选项,可以通过 kerneld 程序的帮助在需要的时候自动载入或卸载那些可载入式的模块。我们一般会选上。

3. system type

系统类型,主要是 CPU 类型,以及与此相关的内容。该项下的子项比较多,内容也比较复杂,无法对每个 CPU 都加以说明。

如果你的内核版本支持你目标平台所用的 CPU 那你就选上它。但不要选同系列中高于你所用的 CPU 型号否则不支持。你也可以在 Config. in 或 KConfig 中修改该项以支持你的目标平台。

4. General setup

1) support hot-plugable devieces

对可热拔插的设备的支持,看情况选择。若要对 U 盘等 USB 设备进行控制,建议选上。

2) Networking

support 网络支持,用到网络设备当然要选上。

3) System V IPC

支持 systemV 的进程间通信,选上吧。

4) sysctl support

该项支持在不重启情况下直接改变内核的参数。启用该选项后内核大约会增大 8K,如果你的内存太小就别选。

5) NWFPE math emulation

一般要选一个模拟数字协处理器。

6) Power manager

电源管理,给 X86 编译内核时较有用可以选上,尤其是笔记本。给 ARM 编内核时可不选。

5. Networking option

网络选项,它主要是关于一些网络协议的选项。Linux 号称网络操作系统,它最强大的功能也就是在于对网络功能的灵活支持。这部分内容相当多,看情况,一般我们把以下几项选上。

1) packet socket

包协议支持,有些应用程序使用 Packet 协议直接同网络设备通信,而不通过内核中的其他中介协议。同时它可以让你在 TCP 不能用时找到一个通信方法。

2) unix domain socket

对基本 UNIX socket 的支持。

3) TCP/IP networking

对 TCP/IP 协议栈的支持,当然要。如果内核很在意大小,而且没有什么网络要就,也不跑类似 Windows 之类基于 Unix Socket 的应用那可以不选,可节省大约 144K 空间。

Network firewalls:是否让内核支持采用网络防火墙。如果计算机想当 firewalls server 或者是处于 TCP/IP 通信协议的网络结构下这一项就选上。

Packet socket:mmapped IO 选该项则 Packet socket 可以利用端口进行快速通讯的。

IP:advanced router 如果你想把自己的 Linux 配成路由器功能这项肯定要选。选上后会带出几个子项。

这些子项可以更精确配置相关路由功能。

socket filter:就是包过滤。

IP:multicasting 即网络广播协议的支持,可以一次一个 packet 送到好几台计算机的操作。

IP:syncookies 一种保护措施,将各种 TCP/IP 的通信协议加密,防止 Attacker 攻击用户的计算机,并且可以纪录企图攻击用户的计算机的 IP 地址。

IP: masquerading:这个选项可以在 Network Firewalls 选项被选后生效。

6. 内核中的 Kconfig 和 Makefile 文件

在 3.5 内核的源码树目录下一般都会有两个重要文件:Kconfig 和 Makefile。分布在各目录下的 Kconfig 构成了一个分布式的内核配置数据库,每个 Kconfig 分别描述了所属目录下源文件相关的内核配置菜单。

在内核配置 make menuconfig(或 xconfig 等)时,从 Kconfig 中读出配置菜单,用户配置完后保存到 .config(在内核源码顶层目录下生成)中。在内核编译时,主 Makefile 调用这个 .config(隐藏文件),就知道了用户对内核的配置情况。

Kconfig 的作用就是对应着内核的配置菜单。假如要想添加新的驱动到内核的源码中,可以通过修改 Kconfig 来增加对我们驱动的配置菜单,这样就有途径选择我们的驱动。

如果想使这个驱动被编译进内核或被内核支持,还要修改该驱动所在目录下的 Makefile 文件。该 Makefile 文件定义和组织该目录下驱动源码在内核目录树中的编译规则。这样在 make 编译内核的时候,内核源码目录顶层 Makefile 文件会递归的连接相应子目录下的 Makefile 文件,进而对驱动程序进行编译。

如上所述,添加用户驱动程序(内核程序)到内核源码目录树中,一般需要修改 Konfig

及 Makefile 两个文件。

7. 内核的 Makefile 语法

内核的 Makefile 分为以下 5 个组成部分。

（1）Makefile：最顶层的 Makefile。

（2）config：内核的当前配置文档，编译时成为顶层 Makefile 的一部分。

（3）arch/MYM(ARCH)/Makefile：和体系结构相关的 Makefile。

（4）Makefile.*：一些 Makefile 的通用规则。

（5）kbuild Makefile：各级目录下的大概 500 个文档，编译时根据上层 Makefile 传下来的宏定义和其他编译规则，将源代码编译成模块或编入内核。

顶层的 Makefile 文档读取.config 文档的内容，并总体上负责 build 内核和模块。Arch Makefile 则提供补充体系结构相关的信息。其中.config 的内容是在 make menuconfig 时通过 Kconfig 文档配置的结果。

10.3.3 Linux 内核配置及裁剪步骤

1. 进入宿主机中解压平台配套 Linux 内核源码包

```
[root@ localhost ~ ]# cd /SRC/kernel/
[root@ localhost kernel]# tar xjvf linux- 3.5..tar.bz2
```

2. 进入解压后的内核源码，拷贝获取内核配置文件.config

```
[root@ localhost kernel]# cd linux- 3.5
[root@ localhost linux- 3.5]#
[root@ localhost linux- 3.5]# cp linux_defconfig .config
```

内核的编译依赖源码目录的.config 文件。

3. 通过 make menuconfig 命令进入内核菜单，进行相应功能模块的订制与裁剪

```
[root@ localhost linux- 3.5]# make menuconfig
```

用户可以通过键盘上的方向键和空格键，对图 10-7 所示的菜单进行选择和控制，其中"*"代表该模块功能静态编译，"M"代表模块化编译，"空"代表不编译该模块功能。make menuconfig 命令将打开内核配置菜单，需要当前终端窗口符合一定大小范围才能正常显示，不能过大或过小，使用该命令时请注意。

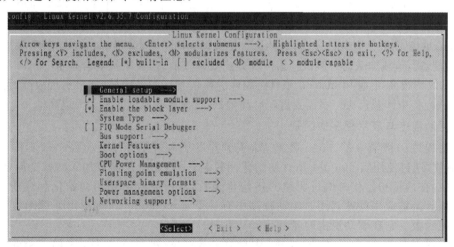

图 10-7　模块的裁剪

该内核默认的配置已经在出厂时候完成，用户可以简单尝试进入其中目录去学习和了解相关内核模块的内容，如果对其中的模块不是很熟悉，建议不要随意修改内核配置，以免导致无法正常启动。

如果做了配置的修改,在退出时,在图 10-8 中系统会提示保存,保存后新的配置即生效。

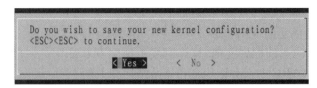

Do you wish to save your new kernel configuration?
<ESC><ESC> to continue.

< Yes >　　　　< No >

图 10-8　保存的选择

4.编译内核

在 3.5 的内核中只需使用 make 命令,即可完成内核的编译,最终在内核源码根目录 arch/arm/boot 目录下生成内核的镜像文件 zImage。

```
[root@ localhost linux- 3.5]# make
[root@ localhost linux- 3.5]# ls arch/arm/boot/zImage
arch/arm/boot/zImage
```

5.下载 Linux 内核

先完成硬件连接,将 ARM 开发板与电脑连接好串口线和网线。进入 bootloader 界面利用烧写命令完成内核的下载。

10.4　设备底层驱动的开发

10.4.1　LINUX 设备驱动概述

设备驱动是应用程序与硬件之间的一个中间软件层,充当了硬件和应用软件之间的纽带,它使得应用软件只需要调用系统软件的应用编程接口(API)就可让硬件去完成要求的工作。在系统中没有操作系统的情况下,工程师可以根据硬件设备的特点自行定义接口,自己为函数命名。而在有操作系统的情况下,设备驱动的架构则由相应的操作系统定义,驱动工程师必须按照相应的架构设计设备驱动,这样,设备驱动才能良好地整合到操作系统的内核中。驱动程序有时会被多个进程同时使用,这时我们要考虑如何处理并发的问题,就需要调用一些内核的函数使用互斥量和锁等机制。

驱动程序主要需要考虑下面三个方面:提供尽量多的选项给用户,提高驱动程序的速度和效率,尽量使驱动程序简单,使之易于维护。

Linux 的驱动调试有两种方法,一种是直接编译到内核,再运行新的内核来测试;二是编译为模块的形式,单独加载运行调试。第一种方法效率较低,但在某些场合是唯一的方法。模块方式调试效率很高,它使用 insmod 工具将编译的模块直接插入内核,如果出现故障,可以使用 rmmod 从内核中卸载模块。不需要重新启动内核,这使驱动调试效率大大提高。

1.驱动程序与应用程序的区别

应用程序一般有一个 main 函数,从头到尾执行一个任务;驱动程序却不同,它没有 main 函数,通过使用宏 module_init(初始化函数名);将初始化函数加入内核全局初始化函数列表中,在内核初始化时执行驱动的初始化函数,从而完成驱动的初始化和注册,之后驱动便停止等待被应用软件调用。驱动程序中有一个宏 moudule_exit(退出处理函数名)注册退出处理函数。它在驱动退出时被调用。

应用程序可以和 GLIBC 库连接,因此可以包含标准的头文件,比如<stdio. h><stdlib. h>,在驱动程序中是不能使用标准 C 库的,因此不能调用所有的 C 库函数,比如输出打印函数只能使用内核的 printk 函数,包含的头文件只能是内核的头文件,比如<linux/module. h>。

2. 内核版本与编译器的版本依赖

当模块与内核链接时,insmod 会检查模块和当前内核版本是否匹配,每个模块都定义了版本符号__module_kernel_version,这个符号位于模块文件的 ELF 头的. modinfo 段中。只要在模块中包含<linux/module. h>,编译器就会自动定义这个符号。

每个内核版本都需要特定版本的编译器的支持,高版本的编译器并不适合低版本的内核,LINUX-3.5 的内核需要 4.5 的 GCC 版本交叉编译器。

3. 主设备号和次设备号

Linux 的设备管理是和文件系统紧密结合的,各种设备都以文件的形式存放在/dev 目录下,称为设备文件。应用程序可以打开、关闭和读写这些设备文件,完成对设备的操作,就像操作普通的数据文件一样。为了管理这些设备,系统为设备编了号,每个设备号又分为主设备号和次设备号。主设备号用来区分不同种类的设备,而次设备号用来区分同一类型的多个设备。对于常用设备,Linux 有约定俗成的编号,如硬盘的主设备号是 3。

设备操作宏 MAJOR() 和 MINOR() 可分别用于获取主次设备号,宏 MKDEV() 用于将主设备号和次设备号合并为设备号,这些宏定义在 include/linux/kdev_t. h 中。对于 LINUX 中对设备号的分配原则可以参考 Documentation/devices. txt。

对于查看/dev 目录下的设备的主次设备号可以使用如下命令:

```
[/mnt/yaffs]ls /dev - 1
crw- - - - - - 1 root root 5, 1 Jan 1 00:00 console
crw- - - - - - 1 root root 5, 64 Jan 1 00:00 cua0
crw- - - - - - 1 root root 5, 65 Jan 1 00:00 cua1
crw- rw- rw- 1 root root 1, 7 Jan 1 00:00 full
drwxr- xr- x 1 root root 0 Jan 1 00:00 keyboard
crw- r- - - - - 1 root root 1, 2 Jan 1 00:00 kmem
crw- r- - - - - 1 root root 1, 1 Jan 1 00:00 mem
drwxr- xr- x 1 root root 0 Jan 1 00:00 mtd
drwxr- xr- x 1 root root 0 Jan 1 00:00 mtdblock
crw- rw- rw- 1 root root 1, 3 Jan 1 00:00 null
crw- r- - - - 1 root root 1, 4 Jan 1 00:00 port
crw- - - - - - 1 root root 108, 0 Jan 1 00:00 ppp
crw- rw- rw- 1 root root 5, 2 Jan 1 00:00 ptmx
crw- r- - r- - 1 root root 1, 8 Jan 1 00:00 random
lr- xr- xr- x 1 root root 4 Jan 1 00:00 root - > rd/0
crw- rw- rw- 1 root root 5, 0 Jan 1 00:00 tty
crw- - - - - - 1 root root 4, 64 Jan 1 00:11 ttyS0
crw- - - - - - 1 root root 4, 65 Jan 1 00:00 ttyS1
crw- r- - r- - 1 root root 1, 9 Jan 1 00:00 urandom
crw- rw- rw- 1 root root 1, 5 Jan 1 00:00 zero
```

10.4.2 设备驱动程序接口描述

通常所说的设备驱动程序接口是指结构 file_operations{},它定义在 include/linux/fs. h 中。

1. file_operations 数据结构说明

```
struct file_operations {
struct module * owner;
loff_t (* llseek) (struct file * , loff_t, int);
ssize_t (* read) (struct file * , char * , size_t, loff_t * );
ssize_t (* write) (struct file * , const char * , size_t, loff_t * );
```

```
int (* readdir) (struct file * , void * , filldir_t);
unsigned int (* poll) (struct file * , struct poll_table_struct * );
int (* ioctl) (struct inode * , struct file * , unsigned int, unsigned long);
int (* mmap) (struct file * , struct vm_area_struct * );
int (* open) (struct inode * , struct file * );
int (* flush) (struct file * );
int (* release) (struct inode * , struct file * );
int (* fsync) (struct file * , struct dentry * , int datasync);
int (* fasync) (int, struct file * , int);
int (* lock) (struct file * , int, struct file_lock * );
ssize_t (* readv) (struct file * , const struct iovec * , unsigned long, loff_t * );
ssize_t (* writev) (struct file * , const struct iovec * , unsigned long, loff_t
* );
ssize_t (* sendpage) (struct file * , struct page * , int, size_t, loff_t * , int);
unsigned long (* get_unmapped_area)(struct file * , unsigned long, unsigned long,
unsigned long, unsignedlong);
# ifdef MAGIC_ROM_PTR
int (* romptr) (struct file * , struct vm_area_struct * );
# endif
};
```

file_operations 结构是整个 Linux 内核的重要数据结构,它也是 file{}、inode{}结构的重要成员,表 10-1 中分别说明了结构中主要的成员。

表 10-1　file_operations 结构成员描述

Owner	module 的拥有者
Llseek	重新定位读写位置
Read	从设备中读取数据
Write	向字符设备中写入数据
Readdir	只用于文件系统,对设备无用
Ioctl	控制设备,除读写操作外的其他控制命令
Mmap	将设备内存映射到进程地址空间,通常只用于块设备
Open	打开设备并初始化设备
Flush	清除内容,一般只用于网络文件系统中
Release	关闭设备并释放资源
Fsync	实现内存与设备的同步,如将内存数据写入硬盘
Fasync	实现内存与设备之间的异步通讯
Lock	文件锁定,用于文件共享时的互斥访问
Readv	在进行读操作前要验证地址是否可读
Writev	在进行写操作前要验证地址是否可写

在嵌入式系统的开发中,我们一般仅仅实现其中几个接口函数:read、write、ioctl、open、release,就可以完成应用系统需要的功能。

file 结构中与驱动相关的重要成员说明:

```
struct file {
struct list_head f_list;
struct dentry * f_dentry;
struct vfsmount * f_vfsmnt;
struct file_operations * f_op;
atomic_t f_count;
unsigned int f_flags;
mode_t f_mode;
loff_t f_pos;
unsigned long f_reada, f_ramax, f_raend, f_ralen, f_rawin;
struct fown_struct f_owner;
unsigned int f_uid, f_gid;
int f_error;
unsigned long f_version;
void * private_data;
struct kiobuf * f_iobuf;
long f_iobuf_lock;
};
```

file 结构中与驱动相关的成员说明如表 10-2 所示。

表 10-2　file 结构中与驱动相关的成员描述

f_mode	标识文件的读写权限
f_pos	当前读写位置,类型为 loff_t 是 64 位的数,只能读不能写
f_flag	文件标志,主要用于进行阻塞/非阻塞型操作时检查
f_op	文件操作的结构指针,内核在 OPEN 操作时对此指针赋值
private_data Open	系统调用在调用驱动程序的 open 方法前,将此指针值 NULL,驱动程序可以将这个字段用于任何目的,一般用它指向已经分配的数据,但在内核销毁
file	结构前要在 release 方法中释放内存
f_dentry	文件对应的目录项结构,一般在驱动中用 filp→f_dentry→d_inode 访问索引节点时用到它

2. Open 方法

Open 方法提供给驱动程序初始化设备的能力,从而为以后的设备操作做好准备,此外 open 操作一般还会递增使用计数,用以防止文件关闭前模块被卸载出内核。在大多数驱动程序中 Open 方法应完成如下工作。

(1) 递增使用计数。

(2) 检查特定设备错误。

(3) 如果设备是首次打开,则对其进行初始化。

(4) 识别次设备号,如有必要修改 f_op 指针。

(5) 分配并填写 filp→private_data 中的数据。

3. Release 方法

与 open 方法相反,release 方法应完成如下功能。

(1) 释放由 open 分配的 filp→private_data 中的所有内容。

(2) 在最后一次关闭操作时关闭设备。

(3) 使用计数减一。

4. read 和 write 方法

read 方法完成将数据从内核拷贝到应用程序空间，write 方法相反，将数据从应用程序空间拷贝到内核。

read 方法完成将数据从内核拷贝到应用程序空间，write 方法相反，将数据从应用程序空间拷贝到内核。

1）read 的返回值

（1）返回值等于传递给 read 系统调用的 count 参数，表明请求的数据传输成功。

（2）返回值大于 0，但小于传递给 read 系统调用的 count 参数，表明部分数据传输成功，根据设备的不同，导致这个问题的原因也不同，一般采取再次读取的方法。

（3）返回值＝0，表示到达文件的末尾。

（4）返回值为负数，表示出现错误，并且指明是何种错误。

（5）在阻塞型 io 中，read 调用会出现阻塞。

2）write 的返回值

（1）返回值等于传递给 write 系统调用的 count 参数，表明请求的数据传输成功。

（2）返回值大于 0，但小于传递给 write 系统调用的 count 参数，表明部分数据传输成功，根据设备的不同，导致这个问题的原因也不同，一般采取再次读取的方法。

（3）返回值＝0，表示没有写入任何数据。标准库在调用 write 时，出现这种情况会重复调用 write。

（4）返回值为负数，表示出现错误，并且指明是何种错误。错误号的定义参见＜linux/errno.h＞

（5）在阻塞型 io 中，write 调用会出现阻塞。

5. ioctl 方法

ioctl 方法主要用于对设备进行读写之外的其他控制，比如配置设备、进入或退出某种操作模式，这些操作一般都无法通过 read/write 文件操作来完成，用户空间的 ioctl 函数的原型为：

```
int ioctl(inf fd,int cmd,…)
```

其中的…代表可变数目的参数表，实际中是一个可选参数，一般定义为：

```
int ioctl(inf fd,int cmd,char * argp)
```

驱动程序中定义的 ioctl 方法原型为：

```
int (* ioctl) (struct inode * inode, struct file * file,unsigned int cmd, unsigned
long arg)
```

inode 和 file 两个指针对应应用程序传递的文件描述符 fd，cmd 不会被修改地传递给驱动程序，可选的参数 arg 则无论用户应用程序使用的是指针还是其他类型值，都以 unsigned long 的形式传递给驱动。

1）ioctl 方法的命令编号确定

由于为了防止向不该控制的设备发出正确的命令，LINUX 驱动的 ioctl 方法中的 cmd 参数推荐使用唯一编号，编号方法并根据如下规则定义。

编号分为以下 4 个字段。

（1）type（类型）：也称为幻数，8 位宽。

（2）number（号码）：顺序数，8 位宽。

（3）direction（方向）：如果该命令有数据传输，就要定义传输方向，2 位宽，可使用的数值：

① _IOC_NONE；

② _IOC_READ；

③ _IOC_WRITE。

（4）size（大小）：数据大小，宽度与体系结构有关，在 ARM 上为 14 位。

这些定义在<linux/ioctl.h>中可以找到。其中还定义了一些用于构造命令号的宏：

```
# define _IOC_NRBITS 8
# define _IOC_TYPEBITS 8
# define _IOC_SIZEBITS 14
# define _IOC_DIRBITS 2
# define _IOC_NRMASK ((1 < < _IOC_NRBITS)- 1)
# define _IOC_TYPEMASK ((1 < < _IOC_TYPEBITS)- 1)
# define _IOC_SIZEMASK((1 < < _IOC_SIZEBITS)- 1)
# define _IOC_DIRMASK ((1 < < _IOC_DIRBITS)- 1)
# define _IOC_NRSHIFT 0
# define _IOC_TYPESHIFT (_IOC_NRSHIFT+ _IOC_NRBITS)
# define _IOC_SIZESHIFT(_IOC_TYPESHIFT+ _IOC_TYPEBITS)
# define _IOC_DIRSHIFT (_IOC_SIZESHIFT+ _IOC_SIZEBITS)
# define _IOC_NONE 0U
# define _IOC_WRITE 1U
# define _IOC_READ 2U
# define _IOC(dir,type,nr,size) (((dir) < < _IOC_DIRSHIFT) | ((type) < < _IOC_
TYPESHIFT) | ((nr) < < _IOC_NRSHIFT) | ((size) < < _IOC_SIZESHIFT))
/* used to create numbers * /
# define _IO(type,nr) _IOC(_IOC_NONE,(type),(nr),0)
# define _IOR(type,nr,size) _IOC(_IOC_READ,(type),(nr),sizeof(size))
# define _IOW(type,nr,size) _IOC(_IOC_WRITE,(type),(nr),sizeof(size))
# define _IOWR (type,nr,size) _IOC (_IOC_READ|_IOC_WRITE,(type),(nr),sizeof
(size))
/* used to decode ioctl numbers.. * /
# define _IOC_DIR(nr) (((nr) > > _IOC_DIRSHIFT) & _IOC_DIRMASK)
# define _IOC_TYPE(nr) (((nr) > > _IOC_TYPESHIFT) & _IOC_TYPEMASK)
# define _IOC_NR(nr) (((nr) > > _IOC_NRSHIFT) & _IOC_NRMASK)
# define _IOC_SIZE(nr) (((nr) > > _IOC_SIZESHIFT) & _IOC_SIZEMASK)
```

2）ioctl 方法的返回值

ioctl 通常实现一个基于 switch 语句的各个命令的处理，对于用户程序传递了不合适的命名参数时，POSIX 标准规定应返回-ENOTTY，返回-EINVAL 是以前常见的方法。

不能使用与 LINUX 预定义命令相同的号码，因为这些命令号码会被内核 sys_ioctl 函数识别，并且不再将命令传递给驱动的 ioctl。Linux 针对所有文件的预定义命令的幻数为"T"。所以我们不应使用 TYPE 为"T"的幻数。

6. 关于阻塞型 IO

read 调用有时会出现当前没有数据可读，但是马上就会有数据到达，这时就会使用睡眠并等待数据的方法，这就是阻塞型 IO，write 也是同样的道理。在阻塞型 IO 中涉及如何使进程睡眠、如何唤醒，如何在阻塞的情况查看是否有数据。

1）睡眠与唤醒

当进程等待一个事件时，应该进入睡眠，等待被事件唤醒，这主要是由等待队列这种机制来处理多个进程的睡眠与唤醒。这里要使用到如下几个函数和结构。

这个结构和函数的定义在<linux/wait.h>文件中。

```
wait_queue_head_t
struct __wait_queue_head
{
wq_lock_t lock;
struct list_head task_list;
# if WAITQUEUE_DEBUG
long __magic;
long __creator;
# endif
};
typedef struct __wait_queue_head wait_queue_head_t;
```

初始化函数：

```
static inline void init_waitqueue_head(wait_queue_head_t * q)
```

如果声明了等待队列，并完成初始化，进程就可以睡眠。根据睡眠的深浅不同，可调用 sleep_on 的不同变体函数完成睡眠。

一般会用到如下几个函数：

```
sleep_on(wait_queue_head_t * queue);
interruptible_sleep_on(wait_queue_head_t * queue);
sleep_on_timeout(wait_queue_head_t * queue, long timeout);
interruptible_sleep_on_timeout(wait_queue_head_t * queue, long timeout);
wait_event(wait_queue_head_t queue,int condition);
wait_event_interruptible (wait_queue_head_t queue,int condition);
```

我们大多数情况下应使用"可中断"的函数，也就是带 interruptible 的函数。还要注意，睡眠进程被唤醒并不一定代表有数据，也有可能被其他信号唤醒，所以醒来后需要测试 condition。

2）中断处理

中断是所有现在微处理器的重要功能，Linux 驱动程序中对于中断的处理方法一般使用以下几个函数。

请求安装某个中断号的处理程序：

```
extern int request_irq(unsigned int irq,
void (* handler)(int, void * , struct pt_regs * ),
unsigned long flag,
const char * dev_name,
void * dev_id);
```

释放中断：

```
extern void free_irq(unsigned int, void * );
```

request_irq 函数中的参数说明如表 10-3 所示。

表 10-3　request_irq 函数中的参数说明

irq	请求的中断号
void（ * handler）（int, void ＊ , struct pt_regs ＊ ）	要安装的处理函数指针
unsigned long flag	与中断管理相关的位掩码
const char ＊ dev_name	用于在/proc/interrupts 中显示的中断的拥有者
void ＊ dev_id	用于标识产生中断的设备号

其中的 flag 中的可以设置的位定义如表 10-4 所示。

表 10-4　Flag 的位定义

SA_INTERRUPT	快速中断程序,一般运行在中断禁用状态
SA_SHIRQ	中断可以在设备之间共享
SA_SAMPLE_RANDOM	指出产生的中断对/dev/random 和/dev/urandom 设备使用的商池有贡献。从这些设备读取会返回真正的随机数

一般我们应该在设备第一次 open 时使用 request_irq 函数,在设备最后一次关闭时使用 free_irq。

中断处理程序与普通 C 代码没有太大不同,不同的是中断处理程序在中断期间运行,编写中断处理函数的注意事项如下。

(1) 不能向用户空间发送或接收数据。

(2) 不能执行有睡眠操作的函数。

(3) 不能调用调度函数。

10.4.3　驱动的调试

1. 使用 printk 函数

最简单的方法是使用 printk 函数,printk 函数中可以使用附加不同的日志级别或消息优先级,如下例子:

```
printk(KERN_DEBUG "Here is :% s: % i \n",__FILE,__LINE__);
```

上述例子中宏 KERN_DEBUG 和后面的""之间没有逗号,因为宏实际是字符串,在编译时会由编译器将它和后面的文本拼接在一起。在头文件<linux/kernel.h>中定义了 8 种可用的日志级别字符串:

(1) KERN_EMERG;

(2) KERN_ALERT;

(3) KERN_CRIT;

(4) KERN_ERR;

(5) KERN_WARNING;

(6) KERN_NOTICE;

(7) KERN_INFO;

(8) KERN_DEBUG。

当优先级小于 Console_loglevel 这个整数时,消息才能被显示到控制台,如果系统运行了 klogd 和 syslogd 则内核将把消息输出到/var/log/messages 中。

2. 使用/proc 文件系统

/proc 文件系统是由程序创建的文件系统,内核利用它向外输出信息。/proc 目录下的每一个文件都被绑定到一个内核函数,这个函数在此文件被读取时,动态地生成文件的内容。典型的例子就是 ps、top 命令就是通过读取/proc 下的文件来获取他们需要的信息。

大多数情况下 proc 目录下的文件是只读的。使用/proc 的模块必须包含<linux/proc_fs.h>头文件。接口函数 read_proc 可用与输出信息,其定义如下:

```
int (* read_proc)(char * page, char * * start, off_t offset, int count, int * eof,
    void * data);
```

其中的参数说明如表 10-5 所示。

表 10-5　接口函数的参数说明

参　数	说　明
Page	将要写入数据的缓冲区指针
Start	数据将要写入的页面位置
Offset	页面中的偏移量
count	写入的字节数
eof	指向一个整形数,当没有更多数据时,必须设置这个参数
data	驱动程序特定的数据指针,可用于内部使用

函数的返回值表示实际放入页面缓冲区的数据字节数。如何建立函数与/proc 目录下的文件之间的关联使用 create_proc_read_entry() 函数,其定义如下:

```
struct proc_dir_entry * create_proc_entry(const char * name, mode_t mode, struct
proc_dir_entry * parent);
```

参数含义说明如下。

Name:文件名称;

Mode:文件权限;

Parent:文件的父目录的指针,为 null 时代表父目录为/proc。

3. 使用 ioctl 方法

ioctl 系统调用会调用驱动的 ioctl 方法,我们可以通过设置不同的命名号来编写一些测试函数,使用 ioctl 系统调用在用户级调用这些函数进行调试。

4. 使用 strace 命令进行调试

strace 命令是一个功能强大的工具,它可以显示用户空间的程序发出的全部系统调用,不仅可以显示调用,还可以显示调用的参数和用符号方式表示的返回值。

Strace 是从内核接收信息,所以它可以跟踪没有使用调试方式编译的程序。还可以跟踪一个正在运行的进程。可以使用它生成跟踪报告,交给应用程序开发人员;但是对于内核开发人员同样有用。我们可以通过每次对驱动调用的输入输出数据的检查,来发现驱动的工作是否正常。

10.5　PWM 蜂鸣器驱动及控制举例

10.5.1　硬件接口原理

硬件平台上 S3C2440A 处理器将 TOUT0 定时器引脚连接到了一个板载的蜂鸣器。这里实例采用在 MINI2440 开发板上测试完成。通过程序设置 PWM 电压脉宽占空比即可调试板载蜂鸣器的声响。

图 10-9 中驱动蜂鸣器所用的 GPB0 端口是复用的功能,它其实也是 PWM 输出 TOUT0。我们需要在驱动程序中,首先把 GPB0 端口设置为 PWM 功能输出,再设定相应的 Timer 就可以控制 PWM 的输出频率了。

S3C2440A 处理器相关寄存器如表 10-6 所示。

表 10-6　端口 B 引脚配置寄存器

GPBCON	位	描　述	初 始 状 态
GPB10	[21:20]	00 = 输入 01 = 输出 10 = nXDREQ0 11 = 保留	0

GPBCON	位	描 述	初始状态
GPB9	[19:18]	00 = 输入 01 = 输出 10 = nXDACK0 11 = 保留	0
GPB8	[17:16]	00 = 输入 01 = 输出 10 = nXDREQ1 11 = 保留	0
GPB7	[15:14]	00 = 输入 01 = 输出 10 = nXDACK1 11 = 保留	0
GPB6	[13:12]	00 = 输入 01 = 输出 10 = nXBREQ 11 = 保留	0
GPB5	[11:10]	00 = 输入 01 = 输出 10 = nXBACK 11 = 保留	0
GPB4	[9:8]	00 = 输入 01 = 输出 10 = TCLK [0] 11 = 保留	0
GPB3	[7:6]	00 = 输入 01 = 输出 10 = TOUT3 11 = 保留	0
GPB2	[5:4]	00 = 输入 01 = 输出 10 = TOUT2 11 = 保留	0
GPB1	[3:2]	00 = 输入 01 = 输出 10 = TOUT1 11 = 保留	0
GPB0	[1:0]	00 = 输入 01 = 输出 10 = TOUT0 11 = 保留	0

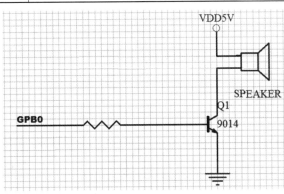

图 10-9 电路连接图

处理器的定时器 TOUT0 对应处理器 GPIO B 组第一个引脚,该 IO 具有 TOUT0 PWM 功能,因此,需要在编写驱动程序的时候初始化上述 GPIO 为相应的 PWM 定时器功能,即可使用 PWM 控制蜂鸣器设备。

10.5.2 软件接口介绍

在 Linux 系统中,存在一类字符设备,他们共享一个主设备号(10),但次设备号不同,我们称这类设备为混杂设备(miscdeivce),查看/proc/device 中可以看到一个名为 misc 的主设备号为 10. 所有的混杂设备形成一个链表,对设备访问时内核根据次设备号找到对应的 miscdevice 设备。

Linux 内核使用 struct miscdeivce 来描述一个混杂设备。

```
struct miscdevice
{int minor;
const char * name;
const struct file_operations * fops;
struct list_head list;
struct device * parent;
struct device * this_device;
const char * nodename;
mode_t mode;
};
```

minor 是这个混杂设备的次设备号,若由系统自动配置,则可以设置为 MISC_DYNANIC_MINOR,name 是设备名.使用时只需填写 minor 次设备号,＊name 设备名,＊fops 文件操作函数集即可。

Linux 内核使用 misc_register 函数注册一个混杂设备,使用 misc_deregister 移除一个混杂设备。注册成功后,linux 内核为自动为该设备创建设备节点,在/dev/下会产生相应的节点。

注册函数:

```
int misc_register(struct miscdevice *  misc)
```

输入参数:struct miscdevice。

返回值:0 表示注册成功。负数表示未成功。

卸载函数:

```
int misc_deregister(struct miscdevice * misc)
```

输入参数:struct miscdevice。

返回值:0 表示注册成功。负数表示未成功。

10.5.3 关键代码分析

在 linux-3.5/drivers/char/目录下,增加一个驱动程序文件 mini2440_pwm.c。

```
# define DEVICE_NAME "pwm" //设备名
/* 定义 IOCTL 命令字与应用程序一致* /
# define PWM_IOCTL_SET_FREQ 1
# define PWM_IOCTL_STOP 0
static struct semaphore lock;
static void PWM_Set_Freq( unsigned long freq ) //设置 pwm 的频率,配置各个寄存器
{
unsigned long tcon;
unsigned long tcnt;
unsigned long tcfg1;
unsigned long tcfg0;
struct clk * clk_p;
unsigned long pclk;
//set GPB0 as tout0, pwm output 设置 GPB0 为 tout0,pwm 输出
S3C2440_gpio_cfgpin(S3C2440_GPB(0) , S3C2440_GPB0_TOUT0) ;
tcon = __raw_readl(S3C2440_TCON) ; //读取寄存器 TCON 到 tcon
tcfg1 = __raw_readl(S3C2440_TCFG1) ; //读取寄存器 TCFG1 到 tcfg1
tcfg0 = __raw_readl(S3C2440_TCFG0) ; //读取寄存器 TCFG0 到 tcfg0
//prescaler =  50
tcfg0 &=  ~ S3C2440_TCFG_PRESCALER0_MASK;
// S3C2440_TCFG_PRESCALER0_MASK 定时器 0 和 1 的预分频值的掩码,TCFG[0~ 8]
tcfg0 |=  (50 - 1) ; // 预分频为 50
//mux =  1/16
tcfg1 &=  ~ S3C2440_TCFG1_MUX0_MASK; //S3C2440_TCFG1_MUX0_MASK 定时器 0 分割值的掩码:
TCFG1[0~ 3]
tcfg1 |=  S3C2440_TCFG1_MUX0_DIV16; //定时器 0 进行 16 分割
__raw_writel(tcfg1, S3C2440_TCFG1) ; //把 tcfg1 的值写到分割寄存器 S3C2440_TCFG1 中
__raw_writel(tcfg0, S3C2440_TCFG0) ; //把 tcfg0 的值写到预分频寄存器 S3C2440_TCFG0 中
clk_p =  clk_get(NULL, "pclk") ; //得到 pclk
```

226

```
pclk = clk_get_rate(clk_p);
tcnt = (pclk/50/16) /freq; //得到定时器的输入时钟,进而设置 PWM 的调制频率
__raw_writel(tcnt, S3C2440_TCNTB(0)); //PWM 脉宽调制的频率等于定时器的输入时钟
__raw_writel(tcnt/2, S3C2440_TCMPB(0)); //占空比是 50%
tcon &= ~ 0x1f;
tcon |= 0xb; //disable deadzone, auto-reload, inv-off, update TCNTB0&TCMPB0, start
timer 0
__raw_writel(tcon, S3C2440_TCON); //把 tcon 写到计数器控制寄存器 S3C2440_TCON 中
tcon &= ~ 2; //clear manual update bit
__raw_writel(tcon, S3C2440_TCON);
}
static void PWM_Stop(void)
{
S3C2440_gpio_cfgpin(S3C2440_GPB(0), S3C2440_GPIO_OUTPUT); //设置 GPB0 为输出
S3C2440_gpio_setpin(S3C2440_GPB(0), 0); //设置 GPB0 为低电平,使蜂鸣器停止
}
static int s3c24xx_pwm_open(struct inode * inode, struct file * file)
{
if (! down_trylock(&lock)) //是否获得信号量,是 down_trylock(&lock)= 0,否则非 0
return 0;
else
return -EBUSY; //返回错误信息:请求的资源不可用
}
static int s3c24xx_pwm_close(struct inode * inode, struct file * file)
{
PWM_Stop();
up(&lock); //释放信号量 lock
return 0;
}
/* cmd 是 1,表示设置频率;cmd 是 2 ,表示停止 pwm* /
static int s3c24xx_pwm_ioctl(struct inode * inode, struct file * file, unsigned
int cmd, unsigned long arg)
{
switch (cmd) {
case PWM_IOCTL_SET_FREQ: //if cmd= 1 即进入 case WM_IOCTL_SET_FREQ
if (arg == 0) //如果设置的频率参数是 0
return -EINVAL; //返回错误信息,表示向参数传递了无效的参数
PWM_Set_Freq(arg); //否则设置频率
break;
case PWM_IOCTL_STOP: // if cmd= 2 即进入 case PWM_IOCTL_STOP
PWM_Stop(); //停止蜂鸣器
break;
}
return 0; //成功返回
}
/* 初始化设备的文件操作的结构体* /
static struct file_operations dev_fops = {
.owner = THIS_MODULE,
```

```
.open = s3c24xx_pwm_open,
.release = s3c24xx_pwm_close,
.ioctl = s3c24xx_pwm_ioctl,
};
static struct miscdevice misc = {
.minor = MISC_DYNAMIC_MINOR,
.name = DEVICE_NAME,
.fops = &dev_fops,
};
static int __init dev_init(void)
{
int ret;
init_MUTEX(&lock); //初始化一个互斥锁
ret = misc_register(&misc); //注册一个 misc 设备
printk(DEVICE_NAME"\tinitialized\n");
return ret;
}
static void __exit dev_exit(void)
{
misc_deregister(&misc); //注销设备
}
module_init(dev_init);
module_exit(dev_exit);
MODULE_LICENSE("GPL");
MODULE_AUTHOR("FriendlyARM Inc.");
MODULE_DESCRIPTION("S3C2440/S3C2440 PWM Driver");
```

以上驱动程序中,一些关键词的解释和说明如下。

1. CPU 计数器控制寄存器

1) 配置定时器输入时钟

TCFG0-时钟配置寄存器 0,用于获得预分频值(1~255)

TCFG1-时钟配置寄存器 1,用于获得分割值(2,4,8,16,32)

定时器输入时钟频率=PLCK/{预分频+1}/{分割值}

2) 配置 PWM 的占空比

TCNTB0-定时器 0 计数缓存寄存器,是由定时器的输入时钟分频得到,是脉宽调制的频率

TCMTB0-定时器 0 比较缓存寄存器,用于设定 PWM 的占空比,寄存器值为高定平的假设 TCNTB0 的频率是 160,如果 TCMTB0 是 110,则 PWM 在 110 个周期是高定平,50 周期是低电平,从而占空比为 11:5

3) 定时器控制寄存器 TCON

TCON[0~4]用于控制定时器 0

2. 读写寄存器的函数:__raw_readl 和 __raw_writel

读端口寄存器用__raw_readl(a),该函数从端口 a 返回一个 32 位的值。相关的定义在 include/asm-arm/io. h 中。#define __raw_readl(a) (* (volatile unsigned int *) (a)),写端口寄存器用__raw_writel(v,a),该函数将一个 32 位的值写入端口 a 中。相关的定义在 include/asm-arm/io. h 中。#define __raw_writel(v,a) (* (volatile unsigned int *) (a) = (v))。此处设置功能控制寄存器,将相应的引脚设为输出状态。

3. 内核中操作 gpio

gpio_cfgpin 配置相应 GPIO 口的功能, gpio_setpin IO 口为输出功能时, 写引脚。

4. 内核中基于信号量的 Llinux 的并发控制

在驱动程序中, 当多个线程同时访问相同的资源时, 可能会引发"竞态", 因此必须对共享资源进行并发控制。信号量(绝大多数作为互斥锁使用)是一种进行并发控制的手段(还有自旋锁, 它适合于保持时间非常短的时间)。信号量只能在进程的上下文中使用。

void init_MUTEX(&lock)初始化一个互斥锁, 即它把信号量 lock 设置为 1。

void up (&lock)释放信号量, 唤醒等待者。

int down_trylock(&lock)尝试获得信号量 lock, 如果能够立刻获得, 就获得信号量, 并返回为 0, 否则返回非 0, 并且它不会导致休眠, 可以在中断上下文中使用。在 PWM 中, 当计数值溢出时, 就会引发计数中断。所以在这里用这个函数来获得信号。

以上程序主要通过内核提供的 PWM 设备驱动接口及 MISC 型设备模型完成对 PWM 设备驱动程序的设计。

10.5.4 驱动程序加入内核

接下来, 打开 linux-3.5/drivers/char/Kconfig 文件, 加入如下部分内容:

```
config MINI2440_BUZZER
tristate "Buzzer driver for FriendlyARM Mini2440 development boards"
depends on MACH_MINI2440
default y if MACH_MINI2440
help
this is buzzer driver for FriendlyARM Mini2440 development boards
```

再打开 linux-3.5/drivers/char/Makefile, 把该驱动程序的目标文件根据配置定义加入, 如下部分:

```
obj- $ (CONFIG_MINI2440_BUZZER) + = mini2440_pwm.o
```

10.5.5 配置和编译新内核

1. 配置内核

在内核源代码目录下执行:make menuconfig 重新配置内核, 依次选择进入如下子菜单项。

选择 Device Drivers, 如图 10-10 所示。

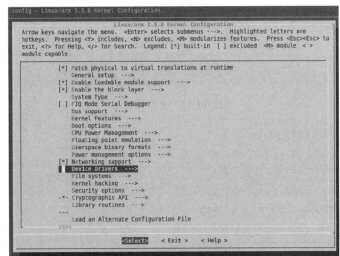

图 10-10　设备驱动选项子菜单

选择 Character devices,如图 10-11 所示。

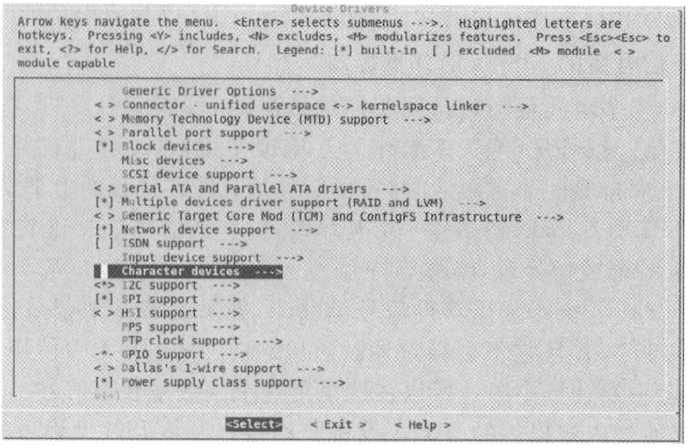

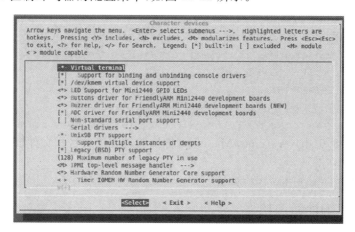

图 10-11　字符设备选项子菜单

进入 PWM 控制蜂鸣器的配置菜单,如图 10 12 所示。

图 10-12　蜂鸣器的配置子菜单

在此按空格键选择"< * > Buzzer driver for FriendlyARM Mini2440 development boards(NEW)"选项,并退出保存内核配置,如图 10-13 所示。

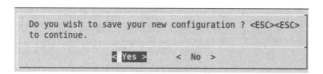

图 10-13　保存内核

2. 重新编译内核,运行 make 命令

```
[root@ localhost linux- 3.5]# make
CHK include/linux/version.h
CHK include/generated/utsrelease.h
make[1]: "include/generated/mach- types.h"是最新的。
CALL scripts/checksyscalls.sh
CHK include/generated/compile.h
...............................................
```

最终在内核源码目录的 arch/arm/boot 目录下生成新的 ARM-LINUX 内核镜像文件 zImage。

3. 将新生成的内核镜像文件 zImage 烧写到 ARM 设备中

为了测试上面蜂鸣器的驱动,创建一个 PWM 蜂鸣器测试程序。下面是测试代码部分:

```
int main(int argc, char * * argv)
{
  int freq = 1000 ;
  open_buzzer() ;
  printf( "\nBUZZER TEST ( PWM Control ) \n" ) ;
  printf( "Press + /- to increase/reduce the frequency of the BUZZER\n" ) ;
  printf( "Press 'ESC' key to Exit this program\n\n" ) ;
  while( 1 )
  {
  int key;
  set_buzzer_freq(freq) ;
  printf( "\tFreq = % d\n", freq ) ;
  key =  getch() ;
  switch(key) {
  case '+ ':
  if( freq <  20000 )
  freq + =  10;
  break;
  case '-':
  if( freq >  11 )
  freq -=  10 ;
  break;
  case ESC_KEY:
  case EOF:
  stop_buzzer() ;
  exit(0) ;
  default:
  break;
  }
  }
}
```

 ## 10.6　本章小结

本章讲解了嵌入式 Linux 系统开发环境的搭建,举例说明编译和运行的过程。阐述了讲解内核的裁剪和编译的过程。重点讲解了 Linux 内核配置及裁剪步骤和底层设备驱动开发的接口函数的描述,驱动加入内核的方法,编译新内核的过程和编写了测试代码进行测试一个简单驱动的过程。

参 考 文 献

[1] 杜春雷. ARM 体系结构与编程[M]. 北京：清华大学出版社,2003.
[2] 田泽. 嵌入式系统开发与应用[M]. 北京：北京航空航天大学出版社,2005.
[3] 马忠梅,马广云,徐英慧,等. ARM 嵌入式处理结构与应用基础[M]. 北京：北京航空航天大学出版社,2002.
[4] 邹思铁. 嵌入式 Linux 设计与应用[M]. 北京：清华大学出版社,2002.
[5] 许海燕,付炎. 嵌入式系统技术与应用[M]. 北京：机械工业出版社,2002.
[6] 谭会生. ARM 嵌入式系统原理及应用开发[M]. 西安：西安电子科技大学出版社,2012.
[7] 王田苗. 嵌入式系统设计与实例开发[M]. 北京：清华大学出版社,2013.
[8] Wayne Wolf. 嵌入式计算机系统设计原理[M]. 孙玉芳,梁彬,罗保国,等,译. 北京：机械工业出版,2009.
[9] 桑楠. 嵌入式系统原理及应开发技术[M]. 北京：北京航空航天大学出版社,2012.
[10] 刘彦文. 嵌入式系统原理及接口技术[M]. 北京：清华大学出版社,2010.
[11] 周立功. ARM 嵌入式系统基础教程[M]. 北京：北京航空航天人学出版社,2005.
[12] 陈赜. ARM9 嵌入式技术及 Linux 高级实践教程[M]. 北京：北京航空航天大学出版社,2005.
[13] 探矽工作室. 嵌入式系统开发圣经[M]. 北京：中国青年出版社,2011.
[14] David A. Rusling. Lmux 编程白皮书[M]. 朱珂,等,译. 北京：机械工业出版社,2000.
[15] Michael Barr,Anthony Massa. Programming Embedded Systems in C and C++,嵌入式系统编程[M]. 南京：东南大学出版社,2007.
[16] S3C2440A 32-Bit CMOS Microcontroller User's Manual, Revision 1. Samsung Electronics Co. , Ltd,2004.